Zusammenarbeit von Klinik
und Klinischer Chemie

Optimierung der Diagnostik

Herausgeber
H. Lang · W. Rick · L. Róka

Mit 50 Abbildungen und 53 Tabellen

Deutsche Gesellschaft für Klinische Chemie
Merck-Symposium 1973

Springer-Verlag Berlin · Heidelberg · New York 1973

Dr. HERMANN LANG, Biochemische Forschung, E. Merck, Darmstadt

Prof. Dr. WIRNT RICK, Klinisch-chemische Abteilung
I. Medizinische Klinik der Universität Düsseldorf

Prof. Dr. LADISLAUS RÓKA, Institut für Klinische Chemie
an den Universitätskliniken Gießen

Merck-Symposium
der Deutschen Gesellschaft für Klinische Chemie
Mainz, 18. – 20. Januar 1973
Leitung: L. RÓKA

Das Symposium wurde von der Merck'schen Gesellschaft für Kunst
und Wissenschaft unterstützt

ISBN-13:978-3-540-06462-6   e-ISBN-13:978-3-642-65717-7
DOI: 10.1007/978-3-642-65717-7

<u>BEGRÜSSUNG</u>

Meine sehr verehrten Damen und Herren!

Es ist mir eine Freude, das Merck-Symposium 1973 der Deutschen Gesellschaft für Klinische Chemie zu eröffnen. Ich möchte besonders die klinischen Kollegen sehr herzlich begrüßen, die hier mit uns in diesen 2 Tagen diskutieren wollen. Das Merck-Symposium ist vor etwa 2 Jahren zum ersten Mal abgehalten worden und hat sich - wie ich meine - als sehr großer Erfolg erwiesen. Deswegen hat die Deutsche Gesellschaft für Klinische Chemie den Vorschlag der Firma Merck gerne aufgegriffen, ein zweites Symposium in ähnlicher Weise zu veranstalten. Bei einer solchen Tagung ist das Mäzenatentum des Hauses Merck wirklich angebracht, denn derartige Gespräche zwischen Klinik und Klinischer Chemie sind dringend notwendig. Die Klinische Chemie hat sich gerade in Deutschland aus der Klinik, und zwar besonders aus der inneren Klinik heraus entwickelt, und wir müssen im Gespräch bleiben, wenn wir dieses neue Fach weiter ausbauen wollen.

Der Rahmen des Symposiums gibt uns die Gewißheit, daß wir auch dieses Mal wieder, so meine ich, zu einer fruchtbaren Diskussion zusammenkommen. Das Thema ist die Optimierung der Diagnostik. Ich bin sicher, daß das Haus Merck und daß besonders Herr LANG die Optimierung der Randbedingungen des ganzen Symposiums in bewährter Weise durchführen werden. Die anstehenden Probleme können meines Erachtens heute einer Lösung zugeführt werden, wenn wir sie im gemeinsamen Gespräch mit der Klinik eingehend diskutieren. Dieses Merck-Symposium ist eigentlich eine workshop-Konferenz, ein intensives Gespräch, und ich glaube, daß wir diese Art Begegnung brauchen, um in der Klinischen Chemie und in der Diagnostik überhaupt weiterzukommen.

In diesem Sinne möchte ich das Merck-Symposium 1973 eröffnen.

H. BÜTTNER

BEGRÜSSUNG

Meine sehr verehrten Damen und Herren!

Im Namen der Patenfirma heiße ich Sie zum 2. Merck-Symposium herzlich
willkommen. Das positive Echo auf die erste Veranstaltung hat uns ermutigt,
eine zweite Tagung in ähnlicher Form zu organisieren.
Als besonders erfreulich sehe ich es an, daß sich die Mehrzahl der Teilnehmer der Wiesbadener Konferenz hier wiederum zur Fortsetzung der Diskussionen versammelt hat. Wenn es uns auch bei dieser Veranstaltung gelingt, einige für die gemeinsame Arbeit relevante Ergebnisse zu erzielen,
wollen wir das Symposium zu einer festen Einrichtung werden lassen.

In diesem Zusammenhang möchte ich dem Vorstand der Gesellschaft für
Klinische Chemie, ganz besonders den Herren BREUER und BÜTTNER, für
das entgegengebrachte Vertrauen danken, das mir die Ausrichtung dieser
Symposien als Veranstaltungen der Deutschen Gesellschaft für Klinische
Chemie mit freier Wahl der Themen und der Teilnehmer ermöglicht.

Erlauben Sie mir eine kurze Bemerkung zum Programm: Wir erleben in der
Wissenschaft wie in den anderen Bereichen des Lebens die Tendenz, daß
ständig neue Prinzipien erhoben und auf Grund neuer Theorien bestimmte
Forderungen gestellt werden. Die Diagnostik ist aber eine Aufgabe der
Praxis. Daher sehe ich den Sinn dieses Symposiums darin, in den praktischen Fragen Fortschritte zu erzielen, die den täglichen Dienst am Kranken
verbessern und erleichtern sollen.

Ich darf Ihnen einen angenehmen Aufenthalt in Mainz und möglichst viele Anregungen aus den kommenden Beiträgen und Diskussionen wünschen.

H. LANG

EINLEITUNG

Meine sehr verehrten Kolleginnen und Kollegen!

Wenn wir uns die "Optimierung der Diagnostik" als Ziel gesetzt haben,
meinen wir nicht nur eine Verbesserung in der Diagnostik an sich, sondern
in erster Linie einen verbesserten Nutzen diagnostischer Ergebnisse für
die gesamte ärztliche Tätigkeit, d. h. für Prophylaxe, Therapie und Rehabi-
litation. Der Patient will gesund werden oder wenigstens so gut wie möglich
mit seiner Krankheit leben. Eine noch so genaue Bezeichnung seiner Krankheit allein nutzt ihm nichts. Die Diagnose hat ihr Ziel verfehlt, wenn sie
lediglich den Patienten als Diabetiker, Herz- oder Niereninsuffizienten,
Übergewichtigen, Leukämiker oder Asthmatiker bezeichnet. Die Diagnostik
soll erkennen lassen, wie der Patient zu seiner Krankheit gekommen ist und
was diese Krankheit für den Patienten bedeutet. Nicht das jetzige Ergebnis,
sondern die Prozesse, die dazu geführt haben, sind zu analysieren; warum,
wann und wo Regelprozesse gestört wurden oder versagt haben. Die Diagnostik soll möglichst auf molekular-biologischer Ebene die individuellen Varianten der Lebensprozesse erkennen lassen. Das Resultat soll nicht die
Krankheitsbezeichnung, sondern der Behandlungsplan sein.

Vergleichen wir die Klinische Chemie von heute mit diesen uns allen bekannten Forderungen, so müssen wir feststellen, daß die Klinische Chemie
über weite Strecken nur phänomenologische Informationen liefert, uns nur
über Spuren abgelaufener Prozesse, nicht jedoch über den zugrundeliegenden
Krankheitsprozeß selbst informiert. Der Blutzuckerspiegel z. B. läßt nicht
erkennen, worin die Störung der Blutzuckerregulation im Einzelnen liegt.
Genauso wenig kann die Verteilung der Blut-Eiweiß-Fraktionen im Elektro-
pherogramm erklären, wie eine beobachtete Umverteilung zustandekommt.
Die heutigen Labordaten sind noch nicht unmittelbar das, was der Arzt wissen muß, um dem Patienten helfen zu können. Sie müssen erst interpretiert,
entschlüsselt, pathophysiologisch und pathochemisch eingeordnet und gedeu-
tet werden.

Dem Klinischen Chemiker geht es aber nicht nur darum, die Meßergebnisse
richtig zu ermitteln, sondern vor allem auch darum, dem Arzt die wirklich
benötigten Größen zu liefern. Ein Gespräch zwischen Klinikern und Klini-

schen Chemikern soll daher in erster Linie helfen, die <u>richtigen</u> Daten auszuwählen. Dabei wird man die jetzt vorhandenen Listen der Laboruntersuchungen kritisch durchforschen und sich bei jeder einzelnen Bestimmung
die Frage vorlegen müssen, wie weit es sich dabei um eine Fährte handelt,
die weit vom eigentlichen Krankheitsprozeß entfernt ist, oder wie weit sich
daraus unmittelbar etwas über das Funktionieren eines Organs oder über
den abgelaufenen Krankheitsprozeß erfahren läßt. Ein Beispiel dafür: Eine
Expertenkommission hat am 21. Juni 1972 auf dem 8. Internationalen Kongreß für Klinische Chemie in Kopenhagen die folgenden Methoden zur Plasma-
Protein-Analyse abgelehnt: den Albumin-Globulin-Quotienten, die Flockungs-
teste, den SIA-Test, den Kryoglobulin-Nachweis, den spezifischen Nachweis
von Rheumafaktoren, den Nachweis des C-reaktiven Proteins, den Nachweis
von Mucoproteinen und - das ist bemerkenswert - die Elektrophorese, insbesondere das Elektrophorese-Diagramm und die quantitative Elektrophorese-
Auswertung. Sie empfiehlt die quantitative Bestimmung von IgG, IgA, IgM,
Albumin und Transferrin und ggf. noch von α_1-Antitrypsin, α_2-Makroglobu-
lin, Haptoglobin, Orosomucoid und Coeruloplasmin. Sie stellt eine diffusions-
beschränkte, schärfer auflösende Elektrophorese mit mindestens 8 Banden
und die Blutsenkungsreaktion zur Diskussion, solange letztgenannte noch
nicht mit einer der empfohlenen Bestimmungen gut korreliert werden kann.
Keine Einigung kam zustande über den Thymoltrübungstest, hier wurden verschiedene Ansichten geäußert. Soweit das Beispiel.

Die Laboratoriumsdiagnostik ist in der Regel abstrakt und vom Patienten los-
gelöst. Wir diagnostizieren den Zustand einer Probe, obwohl der Arzt etwas
über die Funktion beim Patienten wissen möchte. Beiträge zur Diagnose aus
dem Verhalten des Patienten, seiner Anamnese und seiner bisherigen Reaktion auf seine Erkrankung fehlen dem Labor. Einiges davon steckt vielleicht
mit in der zu analysierenden Probe und ist dem Arzt bekannt, wenn es auch
von ihm nicht immer bewußt registriert wird. In der Regel dagegen ist diese
Information für den Analysierenden versteckt, es sei denn, sie wird der
Probe mitgegeben. Die im Labor vorhandenen Möglichkeiten können nur dann
optimal für jeden einzelnen Patienten eingesetzt werden, wenn der Arzt im
Labor nicht nur eine Anforderungsliste über Laborbestimmungen erhält,
sondern den Diagnoseplan des Klinikers versteht, insbesondere auch erfährt,
was mit diesem Diagnoseplan beabsichtigt ist. Auch hier sollte ein Gespräch
zwischen Klinikern und Klinischen Chemikern noch weitere Verbesserungen
finden lassen. Die vor uns liegende offizielle 12-Stunden-Diskussion ist
natürlich für ein solches Gespräch zu kurz. Als permanentes Gespräch sollte
man - insbesondere an den Universitäten - regelmäßige Konferenzen zwischen
Klinikern und allen an der Diagnostik zusätzlich Beteiligten, wie Röntgenolo-
gen, Klinischen Chemikern, Mikrobiologen, Immunologen usw. abhalten, bei
denen die Verläufe ausgesuchter Fälle von der Aufnahme bis zur Entlassung
ausführlich diskutiert und die einzelnen Maßnahmen kritisch beleuchtet werden. Auch unser Gespräch soll sich möglichst an konkrete Probleme des All-
tags halten, denn nur dann wird es uns gelingen, unmittelbar für den Patienten verwertbare Ergebnisse mit nach Hause zu nehmen.

L. RÓKA

INHALTSVERZEICHNIS

APPEL, W., Dr.
St. Vincentius-Krankenhäuser, Zentrallaboratorium
Karlsruhe

BREUER, H., Prof. Dr.
Institut für Klinische Biochemie der Universität
Bonn

BREUER, J., Priv.-Doz. Dr.
Medizinische Forschung, Fachbereich Klinische Chemie, E. Merck
Darmstadt

BUCHBORN, E., Prof. Dr.
II. Medizinische Universitätsklinik
München

BÜTTNER, H., Prof. Dr. Dr.
Institut für Klinische Chemie, Medizinische Hochschule
Hannover

DENGLER, H.J., Prof. Dr.
Medizinische Universitätsklinik
Bonn

DEUTSCH, E., Prof. Dr.
I. Medizinische Universitätsklinik
Wien

GROSS, R., Prof. Dr.
Medizinische Universitätsklinik
Köln

HILLMANN, G., Prof. Dr.
Städtische Krankenanstalten, Chemisches Institut
Nürnberg

KATTERMANN, R., Prof. Dr.
Medizinische Universitätsklinik, Abteilung für Klinische Chemie
Göttingen

KELLER, H., Prof. Dr. Dr.
Zentrallaboratorium des Kantonsspitals
St. Gallen

KNEDEL, M., Priv.-Doz. Dr.
Städtisches Krankenhaus Harlaching, Klinisch-chemisches Institut
München

KREUTZ, F.H., Prof. Dr.
Zentrallaboratorium des Stadtkrankenhauses
Kassel

KRÜSKEMPER, H.-L., Prof. Dr.
II. Medizinische Universitätsklinik
Düsseldorf

KÜNZER, W., Prof. Dr.
Universitäts-Kinderklinik
Freiburg i. Br.

LANG, H., Dr.
Biochemische Forschung, E. Merck
Darmstadt

LASCH, H.G., Prof. Dr.
Medizinische Universitätsklinik und Poliklinik
Gießen

LAUE, D., Dipl.-Chem. Dr.
Neumarkt 1 c
Köln

LUDWIG, U., Dr.
Medizinische Universitätsklinik
Tübingen

MATTENHEIMER, H., Prof. Dr.
Presbyterian-St. Lukes Hospital, Department of Medicine,
Renal and Nutrition Section
Chicago

MAURER, C., Priv.-Doz. Dr.
Chirurgische Universitätsklinik, Klinisch-chemische Abteilung
Heidelberg

OETTE, K., Prof. Dr.
Medizinische Universitätsklinik, Klinisch-chemisches Laboratorium
Köln

PRELLWITZ, W., Prof. Dr.
Zentrallaboratorium der Universitätskliniken
Mainz

RICK, W., Prof. Dr.
I. Medizinische Universitätsklinik, Klinisch-chemische Abteilung
Düsseldorf

RÓKA, L., Prof. Dr.
  Institut für Klinische Chemie der Universität
  Gießen

ROMMEL, K., Priv.-Doz. Dr.
  Zentrum für Innere Medizin, Sektion Klinische Chemie
  Ulm

SCHLEBUSCH, H., Dr.
  Universitäts-Frauenklinik, Laboratorium
  Bonn

SCHMIDT, E., Frau Prof. Dr.
  Medizinische Hochschule, Medizinische Klinik, Abteilung für
  Gastroenterologie
  Hannover

SCHMIDT, F.W., Prof. Dr.
  Medizinische Hochschule, Medizinische Klinik, Abteilung für
  Gastroenterologie
  Hannover

SCRIBA, P.C., Prof. Dr.
  II. Medizinische Universitätsklinik
  München

SIEGENTHALER, W., Prof. Dr.
  Departement für Innere Medizin der Universität
  Zürich

STAMM, D., Prof. Dr. Dr.
  Max-Planck-Institut für Psychiatrie, Klinisch-chemische Abteilung
  München

SZASZ, G., Prof. Dr.
  Institut für Klinische Chemie der Universität
  Gießen

VAHLENSIECK, W., Prof. Dr.
  Urologische Universitätsklinik
  Bonn

WITT, I., Frau Priv.-Doz. Dr.
  Universitäts-Kinderklinik, Laboratorium
  Freiburg i. Br.

WOLF, H.P., Prof. Dr.
  Medizinische Forschung, E. Merck
  Darmstadt

ZÖLLNER, N., Prof. Dr.
  Medizinische Universitäts-Poliklinik
  München

WIE LÄSST SICH DER BEITRAG DER KLINISCHEN CHEMIE ZUR DIAGNOSTIK OPTIMIEREN ?

Moderator: H. G. LASCH

Wie läßt sich der Beitrag der Klinischen Chemie

zur Diagnostik optimieren?

Anregungen des Klinikers

R. GROSS

Zunächst darf ich für die Ehre danken, wiederum dieses 1970 so fruchtbare
Symposium aus der Sicht des Klinikers einzuleiten.
Ich erkenne für uns alle eine Gefahr und eine Hoffnung. Die Gefahr liegt,
mindestens im allgemeinen Teil, in Wiederholungen, da ich zwischen dem
Leitthema von 1970 und dem Leitthema von 1973 keine grundlegenden Unterschiede zu erkennen vermag. Das schadet aber nichts: Wir diskutieren um
eine der großen Schaltstellen zwischen personeller und apparativer Diagnostik, wenn Sie so wollen, zwischen Qualifizierbarem und Quantifizier-
barem, zwischen Medizin und Naturwissenschaft. Unter diesen Aspekten ist
es durchaus angemessen, das Generalthema immer wieder aufzugreifen und
von immer neuen Seiten zu beleuchten. Die Hoffnung liegt in der freimütigen
Diskussion, die in einem unübersetzbaren Wort ein "challenge" sein soll.
Nur durch Überspitzung, hier und dort vielleicht durch Provokation kann
der Standpunkt der Kliniker und der der Klinischen Chemiker herausgearbeitet und auf Deckung gebracht werden.
So habe ich beispielsweise beim ersten Symposium (5) laut Text gesagt, daß
der Klinische Chemiker "... entscheidende Beiträge zur Differentialdiagnose
und auch zur Verlaufs- und Therapiekontrolle liefert" (S. 17). Nach RÓKA
habe ich damit vom "Lieferanten Klinische Chemie" (S. 278) gesprochen. Ich
bin über diese Akzentverschiebung keineswegs böse; obwohl auch ein Liefe-
rant als solcher nichts Negatives ist - denken Sie etwa an die Presse als
einen wesentlichen Lieferanten von Informationen - erschöpft sich die Rolle
der Klinischen Chemiker gewiß nicht in der Lieferung von Meßdaten.

Eine kritische Bemerkung zum heutigen Generalthema möchte ich mir allerdings nicht versagen: Sie bezieht sich auf die sogen. Optimierung der Diagnostik. Der Begriff der "Optimierung" wird in verschiedenen Disziplinen
verschieden gebraucht, z. B. in der Kybernetik für Lernprozesse zur Ermittlung etwa der günstigsten Relation zwischen verschiedenen Einflußgrös-

sen (2), in der Operationsforschung für Systeme mit dem günstigsten Einsatz beschränkter Mittel (6), in der Mathematik für lineare oder nichtlineare Approximation bei großen oder komplexen Zahlenmassen (z. B. (1)). In der Medizin ist der Begriff aber ebenfalls vorbelegt durch die Arbeiten von KOLLER (7) und durch meine eigenen Studien (3). Man versteht unter Optimierung die Einbeziehung des Risikos unterlassener Therapie für die in Betracht kommenden Diagnosen, also eben das, was über die hier interessierenden reinen diagnostischen Maßnahmen hinausgeht, was therapeutische Konsequenzen in die klinische Entscheidung einbezieht (Beispiel s. Tab. 1).

Tab. 1. Beispiel der Optimierung einer Diagnose aus Wahrscheinlichkeit und Risiko.

Diagnose	Wahrschein-lichkeit	Risiko, wenn behandelt	
		als A (= a)	als B (= b)
Lungeninfarkt (= A)	60 %	12 %	40 %
Bronchuscarcinom (= B)	40 %	100 %	30 %

Wahrscheinlichkeit · Risiko:

$$A \cdot a = 7,2\,\% \ \Big\} \ \text{Summe } 47,2\,\%$$
$$B \cdot a = 40,0\,\%$$

$$A \cdot b = 24,0\,\% \ \Big\} \ \text{Summe } 36,0\,\%$$
$$B \cdot b = 12,0\,\%$$

Somit:

Wahrscheinlichkeit eines Carcinoms   2 : 3

Für Vorgehen "wie bei Carcinom" (umgekehrtes Risiko) sprechen   4 : 3

So würde ich vorschlagen, zur Vermeidung von Mißverständnissen von einer optimalen Diagnostik zu sprechen und nicht den schon präjudizierten Ausdruck der Optimierung zu benutzen.

Meine weiteren Gedanken möchte ich in 3 Gruppen fassen:

1. Zum Wesen des diagnostischen Prozesses;
2. zu falschen Befunden und falschen Deutungen;
3. zur Zusammenarbeit zwischen Klinikern und Klinischen Chemikern.

1. Zum Wesen des diagnostischen Prozesses

Tab. 2 zeigt ein Grundschema der Diagnose. Letztlich handelt es sich um die Prüfung von Hypothesen gegen einen Hintergrund von Informationen.

Tab. 2. Grundschema der Diagnose.

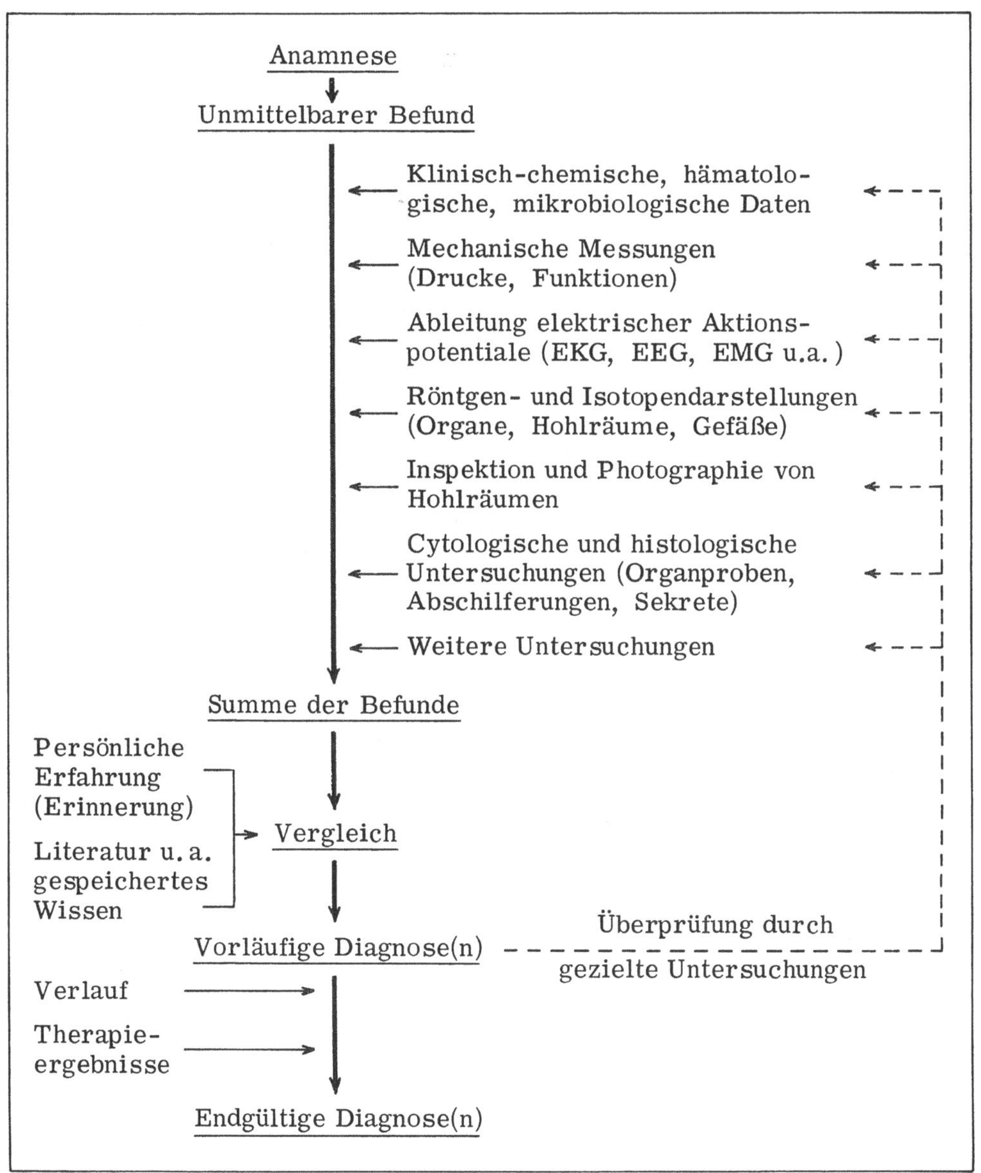

Das Wesen dieser Prüfung ist zunächst der Vergleich: Die verfügbaren Informationen werden mit ähnlichen aus dem Erfahrungswissen und aus der Literatur verglichen. Die vorläufige Diagnose ist somit ein Analogieschluß oder - in logischer Terminologie - ein induktiver Schluß: Aus der speziellen Kombination von Erscheinungen wird auf einen allgemeinen Kausalzusammenhang, die Krankheit, geschlossen. Wie Sie alle wissen, sind Diagnosen auf Grund von Anamnese und unmittelbaren Befunden meist Vermutungsdiagnosen, die der Bestätigung durch möglichst exakte naturwissenschaftliche Methoden bedürfen. Diese Prüfung kann als "hypothetico-deduktiver Schluß" oder "Deduktion in der Induktion" bezeichnet werden (4): Man prüft, ob die aus dem Krankheitsbegriff abgeleiteten weiteren Erscheinungen tatsächlich vorhanden sind. Ohne an dieser Stelle auf weitere Einzelheiten einzugehen, möchte ich die Aufmerksamkeit auf zwei Aspekte lenken:

1. Dieser Kreis der Bildung und Prüfung von Hypothesen wird u. U. mehrfach durchlaufen im Sinne einer Art Rezirkulation, wobei die differentialdiagnostischen Möglichkeiten immer mehr eingeengt werden.

2. Die Klinische Chemie hat in diesem Kreis zwei ganz verschiedene und bedeutsame Funktionen:
   a) Sie liefert Daten für die Bildung der Hypothese(n). Diese Daten haben sinngemäß den Wert eines Symptoms. Hier sind die nicht diskriminierten Untersuchungen anzusiedeln, ein mehr oder minder breiter Fächer von Laborbestimmungen, der bei jedem Kranken durchgeführt wird.
   b) Sie bringt auf der hypothetico-deduktiven Seite Daten für deren Bestätigung oder Verwerfung.

2. Falsche Ergebnisse und falsche Deutungen

Die Doppelfunktion der Klinischen Chemie und anderer naturwissenschaftlicher Methoden sollte schon gezeigt haben, wie anfällig die Diagnostik von beiden Seiten her gegen objektiv falsche Befunde ist. Im Positiven möchte ich sagen: Die Klinische Chemie ist - mindestens für die Innere Medizin - in diesem diagnostischen Kreis ausschlaggebend. Im Negativen muß ich aber - auf die Gefahr hin, morgen in absentia verurteilt zu werden - anfügen: Die Zuverlässigkeit und Richtigkeit der Daten hat noch lange nicht den Stand erreicht, den sie nach der Theorie haben müßte. Plausibilitätskontrollen sind sorgfältig ausgearbeitet worden und werden weithin schon praktiziert. Die Untersuchung vorgegebener Kontrollproben, etwa in Ringversuchen, entspricht durchaus der vertretbaren Streuung. Aber immer wieder ist diese oder jene Bestimmung nicht in Ordnung und es dauert Tage oder Wochen, bis ein systematischer Fehler ausgemerzt ist. Denken Sie nur in Ihrem eigenen Bereich etwa an die Sonntags- oder an die Montagsergebnisse im Verhältnis zu den Variationskoeffizienten während der übrigen Woche. Nichts liegt mir ferner, als etwa mit der Arroganz eines bundesdeutschen Verbrauchers gegenüber den Herstellern aufzutreten. Aber ich glaube, wir sollten unsere Kollegen von der Klinischen Chemie doch bitten, neben den Fortschritten in den Grundlagen ihr Augenmerk immer noch und immer wieder auf die Daten in praxi zu lenken. Deren Richtigkeit und Zuverlässigkeit, d. h. deren weitgehende Störungsfreiheit ist in meiner Sicht der z. Zt. vielleicht wichtigste Beitrag der Klinischen Chemie zu einer noch besseren Diagnostik. Falsche Daten sind schlechter als keine Daten, oder positiv formuliert: Die Intension verdient mehr Aufmerksamkeit als die Extension.

Die moderne Instrumentierung, Mechanisierung und Automation haben den Zufluß von Labordaten, gerade auch in der Praxis, im letzten Jahrzehnt enorm gesteigert und werden ihn weiter bis an die Grenzen des Rationellen ansteigen lassen. Nicht damit Schritt gehalten haben aber die Kenntnisse in der Deutung der Befunde. Waren mangelnde Daten eine der wichtigsten Ursachen von Fehldiagnosen, so werden sie allmählich abgelöst durch falsche oder zu weitgehende Schlüsse aus objektiv richtigen Ergebnissen. Das gilt besonders für Praxen, die entweder ein breites Screening-Programm erhalten oder Parameter bestimmen lassen, mit denen sie nicht regelmäßig konfrontiert werden.

Letzten Endes hat jedes Laborergebnis den Wert eines Symptoms. Die Symptome haben ihrerseits ganz unterschiedliches Gewicht, wie es - in ganz allgemeiner Form - Tab. 3 zeigt. Deshalb sollten die Klinischen Chemiker in

Tab. 3. Gewichtung von Symptomen (S.).

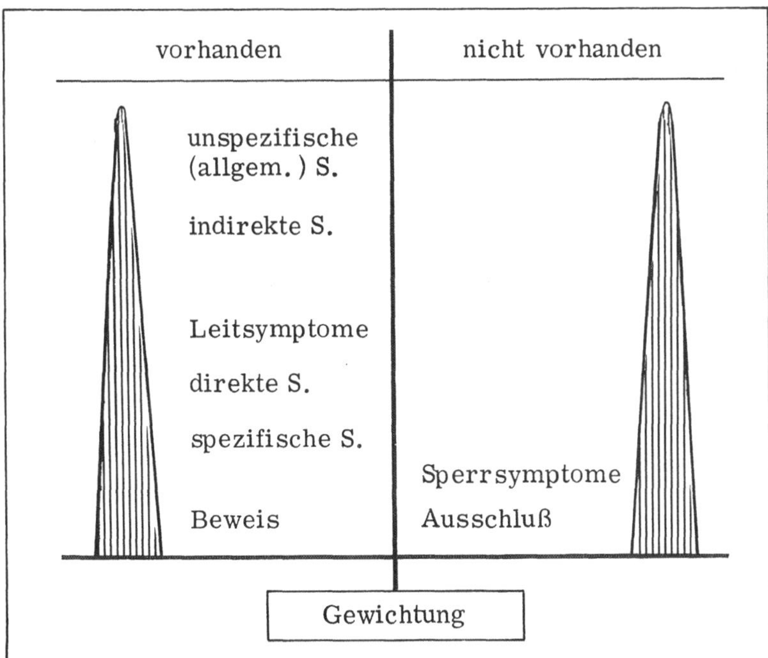

der Fortbildung und im persönlichen Gespräch dazu beitragen, daß die Kollegen am Krankenbett jeden Laborbefund unter folgenden Kriterien prüfen:

   a) Welche methodische Zuverlässigkeit kann unterstellt werden?
   b) Wo liegen die Grenzbereiche der Norm?
   c) Welche Bedeutung hat dieses Ergebnis als Symptom?
   d) Zu welcher differentialdiagnostischen Hypothese führt der Befund - oder: Was trägt er zur Prüfung schon bestehender Hypothesen bei?

In meiner Sicht wird die Belehrung über die Beantwortung dieser Fragen eine allgemeine sein müssen; die Übertragung auf den einzelnen Kranken bleibt dem diagnostizierenden Arzt oder dem Konsilium.

3. Zur Zusammenarbeit zwischen Klinikern und Klinischen Chemikern

Beim letzten Wechselgespräch 1970 hat sich für mich die Tendenz der Klinischen Chemiker gezeigt, nicht nur Daten beizutragen, sondern in die krankenbettnahe diagnostische Entscheidung einbezogen zu werden. Das ist, soweit es sich um Mediziner handelt, nicht nur ihr legitimes Recht; es kann die Diagnostik nur fördern. Die Klinischen Chemiker können ferner darauf verweisen, daß der Arzt am Krankenbett ja auch eine Doppelfunktion ausübt: Mit der Anamnese und mit der unmittelbaren Untersuchung trägt er analytische Daten bei; bei der Bildung der Hypothese und ihrer Prüfung werden von ihm synthetische Leistungen verlangt. Solche synthetischen Leistungen erbringen auch der Cytologe, der Histologe, der Röntgenologe u. a. Nur liegen hier für mich die Vorteile und die Nachteile für den Klinischen Chemiker. In den Teildiagnosen der genannten anderen Fachvertreter liegt ein großer subjektiver Ermessensspielraum; ihre Erfahrung ist umgekehrt unerläßlich und in die Befundung integriert. Die Methoden der Klinischen Chemie sind weitgehend automatisiert und objektiv; die Normgrenzen sind mindestens arbitrarisch festgelegt. Eine besondere Deutung ist in den meisten Fällen nicht erforderlich. Dazu kommt, daß der Kliniker mit zunehmender Spezialisierung sich gerade mit gewissen Werten und ihren Bezügen eingehender beschäftigt, ja z. T. als Spezialist auch selbst differenziertere und kompliziertere Bestimmungen erbringt als ein gut abgestimmtes Routinelaboratorium. Ich erinnere nur an die Clearance-Methoden im Vergleich zu den üblichen Retentionswerten, an die Knochenmarkcytologie im Vergleich zum Standardblutbild, an die Faktorenanalyse in der Blutgerinnung im Vergleich zu einem Standardprogramm.

Von dem Sonderfall abgesehen, in dem der Klinische Chemiker in Personalunion der Spezialist für eine bestimmte Krankheitsgruppe ist, wird sein Rat in der Einordnung seiner Befunde bei einzelnen Kranken im Regelfall nicht benötigt werden. Natürlich wären solche Konsilien für beide Seiten im Sinne einer gegenseitigen Fortbildung und Kooperation immer erwünscht. Meine Betrachtung geht aber zunächst aus von der diagnostischen Ökonomie und von dem Limit, das uns allen gesetzt ist: der Zeit. Ich betone ausdrücklich: "im Regelfall...". In Sonderfällen wird man den Klinischen Chemiker als Konsiliarius bemühen und seinen Rat über die Möglichkeiten besonderer Untersuchungen oder scheinbar divergierender Befunde ebenso dankbar annehmen wie den des anderen Fachvertreters. Die wichtigste Funktion - eben in dem schon zitierten Regelfall - liegt aber wohl in der allgemeinen Information des Klinikers oder auch einer Gruppe von Praktikern, für die das Institut tätig ist, in der regelmäßigen Aufklärung über die zur Verfügung stehenden Methoden, ihre Grundlagen, ihre Präzision, ihre Zuverlässigkeit, die Verteilung der Werte in den Kollektiven von Gesunden und Kranken, ihre Interkorrelation mit anderen Parametern, über den sogen. Normalbereich und - als Summe aus diesen allen - über die klinische Dignität.

Literatur

1. COLLATZ, L. und WETTERLING, W.: Optimierungsaufgaben.
   Heidelberg: Springer 1966.

2. FLECHTNER, H. J.: Grundbegriffe der Kybernetik.
   Stuttgart: Wiss. Verlagsgesellschaft 1967.

3. GROSS, R.: Medizinische Diagnostik - Grundlagen und Praxis.
   Heidelberg: Springer 1969.

4. GROSS, R.: Der Prozeß der Diagnose. Dtsch. med. Wschr. (im Druck).

5. LANG, H. und RICK, W. (Hrsg.): Auftrag der Klinik an das klinisch-chemische Laboratorium.
   Stuttgart: Schattauer 1972.

6. KLAUS, G.: Wörterbuch der Kybernetik.
   Frankfurt: Fischer 1969.

7. KOLLER, S.: Klin. Wschr. 45, 1065 (1967).

Wie läßt sich der Beitrag der Klinischen Chemie
zur Diagnostik optimieren?
Anregungen des Klinischen Chemikers

W. RICK

Nachdem ich den Auftrag von Herrn RÓKA übernommen hatte, hier Anregungen zu der Frage zu geben, wie sich der Beitrag des Klinischen Chemikers
zur Diagnostik optimieren lasse, wurde mir bald klar, wie schwierig es sein
würde, auch nur die wesentlichsten Punkte zu besprechen, die hierbei von
Bedeutung sind: Allgemeine Richtlinien sind nicht anschaulich genug, einzelne
Beispiele können kein umfassendes Bild geben.

Wenn ich im folgenden versuche, die ganze Problematik und die alltäglichen
Schwierigkeiten, die es abzuändern gilt, an einigen konkreten Beispielen zu
verdeutlichen, so hoffe ich, damit Anregungen für die anschließende Diskussion zu geben.

Zahlreiche der Überlegungen, die wir anstellen sollten, ergeben sich aus den
Referaten und Diskussionsbeiträgen unseres letzten Symposiums im Herbst
1970. Schon damals wurde festgestellt, daß es in vielen Fällen nicht möglich
ist, die Fragestellung des Klinikers adäquat zu bearbeiten. So interessiert
ja eigentlich nicht die Höhe der Glucosekonzentration im Blut, sondern die
Frage, ob der Kohlenhydratstoffwechsel richtig geregelt ist; die primäre
Frage ist nicht, wie hoch der QUICK-Wert liegt, sondern ob die gerinnungs-
hemmende Therapie wirksam ist und ob andererseits keine Blutungsgefahr
besteht. Zur Klärung der ersten Frage könnte man zwar den Insulinspiegel
im Blut heranziehen, aber es ist bisher nicht gelungen, Insulinsekretions-
raten zu messen; die Bestimmung von Sekretionsraten anderer, in diesem
Zusammenhang wichtiger Hormone, z. B. der Corticosteroide, ist noch
Forschungslaboratorien vorbehalten.
Auch für die Beurteilung anderer Organe und Organsysteme - ich darf hier
an das Referat von Herrn LASCH über den Schock anknüpfen (7) - konnten
keine entscheidenden Verbesserungen erzielt werden. Im Rahmen der Bearbeitung der eigentlichen klinischen Fragestellung liegt die Aufgabe der

Optimierung also noch weitgehend vor uns. Wir wollen das Stichwort "Optimierung" vorläufig auf diejenigen Schritte begrenzen, die sich auf die heute allgemein gebräuchlichen Parameter beziehen, denn auch hier bedarf es meiner Meinung nach noch ganz wesentlicher Anstrengungen.

Ich darf von der Feststellung von Herrn GROSS ausgehen, daß "der Klinische Chemiker sich bewußt sein darf, daß er gewöhnlich entscheidende Beiträge zur Differentialdiagnose, zur Verlaufsbeurteilung und zur Therapiekontrolle liefert" (3). Wie damals schon betont wurde, darf allein aus der Tatsache, daß die meisten unserer Laborergebnisse zahlenmäßig auszudrücken sind, nicht geschlossen werden, daß es sich um "harte Daten" handelt. Es ist außerordentlich schwer, die "Härte" solcher Daten im Einzelfall genau zu ermitteln, aber bei der Bedeutung der klinisch-chemischen Befunde muß tatsächlich versucht werden, die Qualität des individuellen Ergebnisses ganz in den Vordergrund zu stellen. In Übereinstimmung mit Herrn GROSS (2) darf ich SELIGSON (10) zitieren:

> "Falsche Daten sind schlechter als keine Daten. Auch die beinahe richtigen sind nur wenig besser. Sie verwischen nur die Grenzen zwischen Gesundheit und Krankheit."

Es muß erreicht werden, so zuverlässige Befunde zu liefern, daß der Kliniker Zahlen, die nicht in den Rahmen seiner direkten klinischen Untersuchungsergebnisse einzuordnen sind, nicht verdrängt, sondern daß er jeden nicht passenden Befund zum Anlaß nimmt, neue differentialdiagnostische Überlegungen anzustellen.

Wenn es unser Ziel ist, im Einzelfall "harte Daten" zu liefern, wenn wir für jedes einzelne Ergebnis geradestehen wollen, dann sollten wir uns zunächst noch einmal die Einzelschritte vergegenwärtigen, die zur Erstellung eines Laborbefundes notwendig sind. Wir können 5 Abschnitte unterteilen:

> 1. Vorbereitung des Patienten
> 2. Gewinnung und Kennzeichnung des Untersuchungsmaterials
> 3. Aufbewahrung und Transport der Proben
> 4. Analytik im Laboratorium
> 5. Übermittlung und Interpretation der Ergebnisse

Bei jedem dieser Schritte sind Fehler möglich, so daß sich ein Meßwert ergeben kann, der für den Zustand des Patienten nicht repräsentativ ist. Nur auf die Punkte 4 und 5 aber haben wir im Labor einen direkten Einfluß, so daß eine ganz enge Zusammenarbeit zwischen Klinikern und Klinischen Chemikern notwendig ist, wenn optimale Ergebnisse erzielt werden sollen. Auf beiden Seiten muß die Anstrengung gleich groß sein, wenn das gesetzte Ziel erreicht werden soll.
Es nützt nichts, daß dem Labor mitgeteilt wird, einer der unter 1 - 3 genannten Schritte sei nicht exakt ausgeführt worden, denn es gibt keine Möglichkeit, das Meßergebnis in angemessener Weise zu korrigieren. Es muß

erreicht werden, daß durch eine umfassende Information aller Beteiligten
einschließlich des Pflegepersonals und - wenn möglich - der Patienten dafür
gesorgt wird, daß auch für die Vorbereitung des zu Untersuchenden, für Gewinnung und Kennzeichnung sowie zur Aufbewahrung und zum Transport der
Proben ähnliche Maßstäbe gelten, wie sie - insbesondere durch die Qualitätskontrolle - im Laboratorium für die Analytik selbst entwickelt wurden.

Die Zuverlässigkeit von Laborergebnissen muß zahlenmäßig definiert werden.
Es ist daher die Frage an den Kliniker zu stellen: Wie genau sollen oder müssen die Befunde sein, damit sie einen optimalen Beitrag zur Diagnostik leisten? Die Antwort des Klinikers wird für die Maßnahmen, die wir zu den genannten 5 Punkten ergreifen müssen, entscheidend sein.

Beim vorigen Symposium ist über die Vertrauensbereiche diskutiert worden,
die wir zur Charakterisierung der Präzision unserer Ergebnisse errechnen
und angeben können. Ich möchte heute ein anderes, mehr klinisches Problem
in den Vordergrund stellen: Wie genau muß ein Befund sein, damit er von
einem anderen, im Verlauf der Erkrankung gewonnenen Ergebnis unterschieden werden kann?

Viele Diagnosen ergeben sich ja nicht aus einem einzelnen Wert, sondern aus
dem Verlauf.

Als Beispiel soll die Hämoglobin-Bestimmung im Vollblut dienen, eine
Methode, die allgemein als einfach angesehen wird und die ja auch weitgehend
standardisiert ist.

Wir stellen an den Kliniker die Frage: Ist es erforderlich, daß beim Hämoglobin zwischen 7, 0 und 8, 0 g/100 ml unterschieden werden kann?
Wenn ja, so dürfen die Doppelwerte, aus denen sich die Mittelwerte ergeben,
maximal um 0, 4 g/100 ml auseinander liegen (Tab. 1).

Tab. 1. Bestimmung der Hämoglobinkonzentration im Vollblut
nach der Cyanhämiglobin-Methode. Diagnostische Signifikanz
in Abhängigkeit von den Ergebnissen der Doppelanalysen.

Ergebnisse der Doppelanalysen g/100 ml	ΔE bei 546 nm zwischen den Doppelanalysen	Mittelwerte g/100 ml	P
6, 7/7, 3 7, 7/8, 3	0, 016 0, 016	7, 0 8, 0	< 0, 10
6, 8/7, 2 7, 8/8, 2	0, 011 0, 011	7, 0 8, 0	< 0, 05
6, 9/7, 1 7, 9/8, 1	0, 005 0, 005	7, 0 8, 0	< 0, 01

Diese Differenz erscheint zunächst groß, sie beträgt jedoch nur 5 %. Bedenken Sie weiterhin auch, daß 0, 4 g/100 ml nur einer Extinktionsdifferenz von 0, 011 entsprechen, die durch leicht vorkommende technische Fehler, etwa durch die unterschiedliche Lichtabsorption von zwei Küvetten, sehr schnell zustandekommen kann. Sind die Differenzen zwischen den Bestimmungen aus dem gleichen Material größer, so ist der Unterschied nach dem t-Test nicht zu sichern! Voraussetzung für eine derartige Beurteilung ist außerdem, daß auf Grund der Ergebnisse der statistischen Qualitätskontrolle nachgewiesen worden ist, daß sich die Analysenmethode während der Messungen in einem stationären Zustand befand.

Betrachten wir nun vor diesem Hintergrund den ersten Schritt im Analysengang, die <u>Vorbereitung des Patienten.</u>

Herr KELLER (5) hat beim letzten Symposium die Frage gestellt, ob wirklich zur Gewinnung diagnostischer Informationen die Probenahme morgens zwischen 7 und 8 Uhr am günstigsten sei. Für zahlreiche Meßgrößen muß man sagen, daß die Aussage tatsächlich am wenigsten von unkontrollierbaren Einflüssen verändert wird, daß die Ergebnisse am besten reproduzierbar sind, wenn z. B. die Blutentnahme morgens beim liegenden, nüchternen Patienten unter Grundumsatzbedingungen erfolgt. Als Beispiel sei an die Abhängigkeit der Konzentrationen aller nicht ultrafiltrierbaren Blutbestandteile von der Körperlage erinnert, die seit langem bekannt ist (FAWCETT und WYNN 1960 (4)). Aber einen dauerhaften Eindruck erhält man wohl erst dann, wenn man diese Abhängigkeit einmal selbst untersucht hat (Tab. 2).

Tab. 2. Hämoglobinkonzentration im Vollblut in Abhängigkeit
von der Körperlage.

	Hb g/100 ml $\bar{x}$	n	s	P
Nach 8 Std. Laborarbeit Blutentnahme 17 Uhr	13, 6	10	0, 094	< 0, 0005
Nach 1 Std. Bettruhe Blutentnahme 18 Uhr	12, 6	10	0, 065	

Durch die Änderung der Körperlage sinkt die Hämoglobinkonzentration um 1 g/100 ml oder 8 % ab. Wir haben bewußt bei dem Versuch die Veränderung vom Stehen zum Liegen gewählt, um eine Analogie zur Klinik herzustellen: Ich denke an den akut eingelieferten Patienten, bei dem in regelmäßigen Abständen die Hämoglobinkonzentration bestimmt wird, um eine Blutung zu erkennen.

Der Effekt der Körperlage ist also bei der Bewertung der Ergebnisse keineswegs zu unterschätzen oder außer acht zu lassen. Es gäbe noch wesentlich mehr Beispiele zu diesem Thema; denken Sie nur an die ausreichende Kohlenhydratzufuhr an drei Tagen vor einer Glucosebelastung oder an die diätetische Vorbereitung zur Funktionsdiagnostik des Fettstoffwechsels.

Wenn nun der Zustand des Patienten von so großem Einfluß auf den Befund ist, dann ist auch bei allem analytischen Aufwand zur Erreichung einer genügenden Präzision die Probengewinnung unter definierten Bedingungen die einzige Möglichkeit, tatsächlich zu vergleichbaren Befunden zu kommen.

Betrachten wir Punkt 2: Die Gewinnung und Kennzeichnung des Untersuchungsmaterials.

Die Schwierigkeiten bei der Probengewinnung sind weithin bekannt. Es sei hier nur an die Einflüsse von zu starker Stauung bei der Blutentnahme, von Kontamination mit den zu bestimmenden Bestandteilen wie Eisen, Kupfer, Jod u. a. oder mit hämolysierenden Agentien erinnert. Auch die richtige Verdünnung des Blutes mit der erforderlichen Antikoagulantienlösung ist offenbar manchmal nicht zu erreichen. Ich möchte Ihre Aufmerksamkeit aber vor allem auf das völlig ungelöste Problem der Zuordnung einer Probe zu dem Probanden, dem das Blut entnommen wurde, lenken. Eine Beobachtung aus unserem Labor ist in Tab. 3 dargestellt.

Tab. 3

Datum	6.11.	9.11.	13.11.	17.11.	24.11.	1.12.	4.12.
Kennzeichnung durch Station	M.S.	M.S.	M.S.	M.S.	M.S.	M.S.	M.S.
Kreatinin (mg/100 ml)	8,7	8,3	6,6	6,0	7,6	1,1 [x)]	9,5
Harnstoff-N (mg/100 ml)	93	79	51	45	45	20 [x)]	62

x) Ergebnisse durch Kontrollanalysen aus dem von Station beschrifteten und eingesandten Proberöhrchen bestätigt

Bei einer Patientin mit chronischer Pyelonephritis fanden sich völlig unerwartete Werte für Kreatinin und Harnstoff. Zunächst wurden die Ergebnisse durch Kontrollanalysen aus dem Originalröhrchen bestätigt. Nach Rücksprache stellte sich dann heraus, daß das eingesandte Blut versehentlich bei einer anderen Patientin entnommen und unter dem Namen M. S. eingesandt worden war.

Tab. 4 zeigt ein weiteres Beispiel:

Tab. 4

Datum	7. 12. 72	7. 12. 72	8. 12. 72	
Kennzeichnung durch Station	"B. Z."	"K. St."	"K. St."	
Tages-Nr.	43	54		
Leukocyten	12.600	12.000	7.800	/μl
Erythrocyten	5, 1	5, 1	5, 3	Mill. /μl
Hämoglobin	15, 0	15, 2	18, 1	g/100 ml
Hämatokrit	45	45	54	%
MCV	87	87	102	μm^3
MCH	29	29	33	pg
QUICK	85	80	78	%
Kreatinin	0, 7	0, 8	1, 1	mg/100 ml
Harnstoff-N	18	19	19	mg/100 ml
Harnsäure	7, 8	7, 5	7, 6	mg/100 ml
Bilirubin ges.	1, 8	1, 7	1, 0	mg/100 ml
Natrium	138	138	140	mval/l
Kalium	3, 8	3, 9	4, 4	mval/l
GOT	47	47	15	mU/ml
GPT	36	36	13	mU/ml
CK	770	710	24	mU/ml
LDH	336	346	268	mU/ml
alkal. Phosph.	105	106	86	mU/ml
Cholesterin	225	220	225	mg/100 ml
Nachträglich identifiziert als	B. Z.	B. Z.	K. St.	

Die Proben "B. Z." und "K. St." folgten dicht aufeinander. Beim Eintragen der Befunde kamen dem Kollegen auf Grund der ähnlichen Enzymwerte Zweifel, ob es sich wirklich um verschiedene Patienten handele. Nach Rückfragen konnte auf der Station rekonstruiert werden, daß bei dem Patienten B. Z. zweimal am gleichen Tage Blut entnommen wurde, bei K. St. jedoch überhaupt nicht. Bei K. St. ergaben sich am nächsten Tag grundlegend andere Werte. Wäre jedoch nur einmal Blut bei Z. abgenommen und unter dem Namen St. eingesandt worden, so hätten wir den Zuordnungsfehler - da es sich um Neuaufnahmen handelte - nicht bemerken können.

Die Wahrscheinlichkeit, daß solche Fehler im Laboratorium erkannt werden, wird um so größer, je mehr der Klinische Chemiker und seine Mitarbeiterinnen über den Patienten wissen und je weniger das Labor mit Analysen ohne klare Indikation überschwemmt wird, denn in letzterem Fall kann man sich dem einzelnen Befund nicht mit der optimalen Sorgfalt widmen.

Welche Schlüsse sollten wir aus diesen Beispielen ziehen?

1. Zur Identifizierung des Untersuchungsmaterials, vor allem von Blutproben ist zu überlegen, ob der Kollege, der das Blut entnimmt, nicht - analog zu den heute allgemein üblichen Verfahren bei der Kennzeichnung von Proben für immunhämatologische Untersuchungen - schriftlich bestätigt, daß er die Entnahme bei dem betreffenden Patienten tatsächlich vorgenommen hat. Wenn man alle möglichen Folgerungen durchdenkt, wird man zugeben müssen, daß damit niemand überfordert wäre. Weiterhin ist zu diskutieren, ob der Patient nicht zur Blutentnahme ins Labor gebracht werden sollte, wenn komplizierte Verfahren wie z. B. eingehende hämostaseologische Untersuchungen auszuführen sind. Die Gewinnung von Sekreten wie Magen- oder Duodenalsaft unter definierten Bedingungen im Labor hat sich bei uns sehr bewährt (8).

2. Wenn einer der oben gezeigten Fehler nachgewiesen wurde, muß dafür gesorgt werden, daß die falschen Daten in allen Unterlagen - also in Laborarbeitslisten, in Originalbefunden und Durchschlägen sowie im Krankenblatt - richtiggestellt oder eliminiert werden. Nach einem gewissen Zeitraum kann der zur Fehlererkennung notwendige Denkprozeß oft nicht mehr nachvollzogen werden. Gerade diese Korrekturen werden häufig nicht konsequent durchgeführt.

Zu Punkt 3: <u>Aufbewahrung und Transport der Proben.</u>

Optimal ist es, die Proben überhaupt nicht aufzubewahren, sondern sofort nach Gewinnung ins Labor zu transportieren, wo die Untersuchungen dann umgehend auszuführen sind.
Fehlermöglichkeiten bei der Aufbewahrung sind allgemein bekannt. Denken Sie vor allem an die Diffusion von Kalium und Lactat-Dehydrogenase aus Erythrocyten ins Serum, an den Abfall einiger Gerinnungsfaktoren und Hormone, an die Veränderungen des Harnsediments oder an die Lyse der Leukocyten im Liquor. Auch für den Transport sind daher genaue Anweisungen auszuarbeiten und einzuhalten. Gerade im Falle von Liquor sollten der Zeitpunkt der Entnahme und das Eintreffen im Labor schriftlich auf dem Begleitformular fixiert werden, denn die Liquorgewinnung ist nicht beliebig oft zu wiederholen, so daß die einmalig ermittelte Zellzahl die Diagnose oft wesentlich beeinflußt. Fälschlich zu niedrige Ergebnisse infolge unzureichend schneller Verarbeitung sind jedoch nicht zu korrigieren.

Kommen wir zu Punkt 4, der <u>Analytik im Laboratorium.</u>

Hier geht es einmal darum, optimale Methoden für die verschiedenen zu analysierenden Substanzen zu suchen und zum anderen, kontinuierlich für eine exakte und präzise Ausführung dieser Verfahren zu sorgen.

Zunächst zur Methodik:
Über die Kriterien zur Beurteilung von Präzision, Richtigkeit, Spezifität und
Empfindlichkeit hat Herr BÜTTNER beim vergangenen Symposium bereits
gesprochen. Es erscheint heute selbstverständlich, daß nicht mehr die redu-
zierenden Substanzen im Blut bestimmt werden, sondern Glucose mit spezifischen enzymatischen Methoden; ebenso, daß wir Enzymaktivitäten am Um-
satz spezifischer Substrate und unter Bedingungen messen, die vom Optimum
nicht allzuweit entfernt sind, und daß wir kontinuierliche Tests verwenden,
wenn solche Tests zur Verfügung stehen.

Betrachten wir nun die eigentliche Analytik im Labor:
Wieder tritt die Frage auf: Wie genau kann eine Analyse durchgeführt werden?

Der Genauigkeit sind von vornherein durch den Einfluß der Meßgeräte Gren-
zen gesetzt. Folgendes Beispiel soll Ihnen einen Anhalt für die Größe dieses
Einflusses geben:
Bei der anerkannt "einfachen" Bestimmung des Hämoglobins im Vollblut als
Cyanhämiglobin ergaben Messungen an der gleichen Lösung in der gleichen
Küvette und unter Verwendung des gleichen Filters in 12 verschiedenen Spek-
trallinienphotometern bereits einen maximalen Extinktionsunterschied von
0, 007 entsprechend einem Konzentrationsunterschied von 0, 3 g Hb/100 ml.
Fehler durch Pipettieren, Küvetten, Berechnungen über Standardlösungen
u. a. sind in dieser Differenz noch nicht enthalten.
Betrachten wir Verfahren, bei denen eine ganze Reihe von Analysenschritten
zu durchlaufen sind, bis das Ergebnis vorliegt, so werden sich die Abweichungen zum Teil addieren, zum Teil aufheben. Es bedarf schon außerordent-
licher Mühe, tatsächlich dauernd jene Meßgenauigkeit aufrechtzuerhalten, die
zur diagnostischen Differenzierung erforderlich ist. Nicht zu unterschätzen
bei der Erzielung dieser Präzision ist der psychologische bzw. kontinuierlich erzieherisch wirkende Effekt der Doppelanalysen.

Seit einigen Jahren gibt es nun Geräte, die uns einen mehr oder weniger
großen Teil der Analytik abgenommen haben. Wir sollten diese Geräte teil-
oder vollmechanisiert nennen und das Wort "Automat" konsequent vermeiden,
denn dieser Begriff ist ja durch die Rückkopplung vom Ergebnis auf den
"Produktionsvorgang" charakterisiert; hierzu fehlen jedoch noch alle Voraussetzungen, vor allem Kriterien zur Beurteilung der Ergebnisse und
Mechanismen zur wirklichen Steuerung des Analysenprozesses. Als Vorteil
dieser mechanisierten Analysengeräte sind die Arbeitserleichterung und die
Objektivierung der Meßergebnisse zu nennen. In vielen Fällen ergibt sich
zumindest die Möglichkeit, präziser zu arbeiten als mit manuellen Methoden,
vor allem dann, wenn im Gerät gewisse Kontrollvorgänge ablaufen, wie es
zum Beispiel beim Coulter-Counter S realisiert ist.

Betrachten wir die Leukocytenzählung mit diesem Gerät und gehen wir zunächst von der Annahme aus, daß zwischen 10.000 und 11.000 Leukocyten/
μl Blut unterschieden werden soll. In Tab. 5 ist wiederum gezeigt, wie weit
die Doppelanalysen höchstens auseinander liegen dürfen, damit man eine
Änderung der Leukocytenzahl als gesichert ansehen kann.
Mit einem manuellen Verfahren ließe sich eine solche Präzision überhaupt
nicht erreichen.

Tab. 5. Bestimmung der Leukocytenzahl im μl Vollblut.
Diagnostische Signifikanz in Abhängigkeit von den Ergebnissen der Doppelanalysen.

Ergebnisse der Doppelanalysen Leukocyten/μl	Mittelwerte Leukocyten/μl	P
9.700/10.300 10.700/11.300	10.000 11.000	< 0,10
9.800/10.200 10.800/11.200	10.000 11.000	< 0,05
9.900/10.100 10.900/11.100	10.000 11.000	< 0,01

Die Bedienung eines derartigen Geräts erfordert jedoch viel Aufmerksamkeit, Mitdenken und Erfahrung, wie am nächsten Beispiel gezeigt werden soll (Tab. 6).

Tab. 6. Verschleppungsfehler bei der Leukocytenzählung mit dem Coulter-Counter S.

	Probe Nr.	Ausdruck	Fehler	Nach Verdünnung ermittelte Zellzahl
41	1. Analyse 2. "	99.900/μl 99.900/μl		80.400/μl 81.600/μl
42	1. Analyse 2. " Kontrolle	5.700/μl 3.600/μl 3.700/μl	+ 56 %	

Durch interne Kontrollen wird dafür gesorgt, daß bei Leukocytenzahlen über etwa 40.000/μl als Ergebnis 99.900/μl ausgedruckt wird; zusätzlich findet sich der Hinweis, daß die Probe vor erneuter Zählung zu verdünnen ist. Das auf die unverdünnte Probe folgende, zu analysierende Blut ergibt einen durchaus plausiblen Wert; aber da wir alle Proben hintereinander doppelt zählen, zeigt sich, daß dieser Wert um 2.000 Leukocyten/μl zu hoch liegt. Die Verschleppung beträgt - von der unverdünnten Probe 41 aus betrachtet - zwar nur knapp 2 %, das Ergebnis bei Probe 42 liegt aber um 56 % zu hoch, und das gerade bei einer Patientin mit einem Plasmocytom, die cytostatisch behandelt wurde. Diese Verschleppung entspricht Literaturangaben, in der Gebrauchsanweisung des Herstellers findet sich allerdings kein Hinweis auf diese Fehlerquelle.

Ebenso ist bei der Messung von Enzymaktivitäten mit vollmechanisierten Analysengeräten eine Beeinflussung der Proben untereinander festzustellen (Tab. 7), die zu entsprechender Vorsicht Anlaß geben muß.

Tab. 7. Verschleppungsfehler bei der Messung von Enzymaktivitäten mit einem vollmechanisierten Analysengerät.

Methode	Probe Nr.		Aktivität mU/ml	Fehler	Nach Verdünnung ermittelte Aktivität mU/ml
GOT	73		NADH verbraucht		540
	74	1. Analyse 2. " Kontrolle	22 13 13	+ 69 %	
GPT	73		NADH verbraucht		980
	74	1. Analyse 2. " Kontrolle	34 20 21	+ 66 %	

Die Aktivität beider Transaminasen in Probe 73 ist so stark erhöht, daß das NADH vor Beginn der Messung verbraucht war. Beide Enzyme werden in Probe 74 zu hoch gemessen. Es wurden zwar nur etwa 1,5 % des Serums 73 in den Testansatz 74 verschleppt, aber die Ergebnisse von Test 74 lagen um über 60 % zu hoch, wie der 2. Durchgang unserer Serie und weitere Kontrollen ergaben.

Wir sollten also mechanische Analysengeräte im Labor nicht betreiben, ohne die technischen Möglichkeiten kritisch zu erproben und aus den gewonnenen Daten entsprechende Schlußfolgerungen zu ziehen.

Die Entwicklung auf dem Gebiet der mechanisierten Analysengeräte wurde

1971 von YOUNG, SCOTT und COLE (11) folgendermaßen beurteilt: "Manu-
facturers have now realized that although the first priority in developing
new instruments has too often been the rapidity of analyses, the precision
and accuracy of the analysis are of greater importance to the individual
patient. Multiple-channel analyzers have included procedural compromises
that benefit instrumental design rather than quality of output; it is in-
appropriate to jeopardize a patient's well-being because of convenience in
instrument manufacture. " Es ist zu hoffen, daß wir die Ergebnisse dieser
Überlegungen bald einer kritischen Prüfung unterziehen können.

Der Genauigkeit sind aber nicht nur Grenzen durch die zur Verfügung stehenden Geräte gesetzt. Vor allem die Störeinflüsse, überwiegend durch Pharmaka und deren Metabolite verursacht, stellen ein ungelöstes Problem dar,
das zu bearbeiten gemeinsamer Anstrengungen bedarf. Auch hier soll wieder die als einfach apostrophierte Hämoglobinbestimmung genannt werden:
Wie kann gesichert werden, daß bei ausgeprägter Lipämie oder Paraproteinämie eine Trübung des Testansatzes in jedem Fall erkannt wird? Sind Triglyceridwerte oder Elektrophorese des Patienten bekannt, dann kann daraus
ein Hinweis gewonnen werden. Ohne die Kenntnis dieser Daten wird es bei
Verwendung von Analysengeräten kaum möglich sein, eine derartige Störung
zu erkennen.

Schließlich einige Worte zu Punkt 5, der <u>Übermittlung und Interpretation der
Ergebnisse.</u>

Es hat sich bei uns sehr bewährt, vor die Übermittlung der Daten an die
Station durch Plausibilitätskontrollen eine Art Filter einzubauen, d. h., auffällige Ergebnisse sofort mit den klinisch tätigen Kollegen zu besprechen
und offene Fragen zu klären. Als Beispiel sei eine 63-jährige Patientin erwähnt, die einen <u>Serum</u>-Kalium-Spiegel von 6, 9 mval/l als einzigen pathologischen klinisch-chemischen Befund zeigte. Rückfragen auf der Station ergaben, daß im EKG kein Hinweis auf eine Hyperkaliämie bestand. Als Ursache für diese Diskrepanz fand sich eine Vermehrung der Thrombocyten
auf 1, 58 Mill. /μl. Wir haben daraufhin das <u>Plasma</u> der Patientin untersucht
und eine normale Kaliumkonzentration von <u>4, 5 mval</u>/l gemessen.

Bei der Interpretation werden die Labordaten im allgemeinen mit den sogenannten Normbereichen in Beziehung gesetzt. Leider sind viele dieser Normbereiche, angefangen von der Auswahl der Probanden bis zur statistischen
Auswertung der Ergebnisse, äußerst problematisch. Es wird noch erheblicher Anstrengungen bedürfen, bis wir wirklich für alle Meßgrößen ausreichend harte Daten zur zuverlässigen Beurteilung unserer individuellen Ergebnisse haben werden. Eine möglichst weitgehende Standardisierung würde
die Arbeit hier erheblich erleichtern.

Jedenfalls sind bei der Interpretation zwei Extreme zu vermeiden: Einerseits
unbedingte Zahlengläubigkeit, andererseits die weitgehende Verdrängung
nicht zum klinischen Bild passender Befunde. Die letztgenannte Haltung kann
eher vermieden werden, wenn man den Kliniker nicht mit Daten überlastet.

So zeigten SCHNEIDERMAN und Mitarb. (9), daß gerade durch das Screening
mit der Erstellung von sogenannten Profilen die Tendenz unter den Ärzten
zunahm, die unerwarteten pathologischen Befunde überhaupt nicht zu bewerten. Da diese Befunde im Rahmen der weiteren Beobachtung der 547 Patienten dieser Studie auch nur selten tatsächlich zur Erkennung einer Krankheit
führten, müssen diese Patienten wohl als sogenannte Befundkranke angesehen
werden.

Auf jeden Fall sollte bei der Übermittlung der Daten routinemäßig die Methodik angegeben werden. Finden sich z. B. Ergebnisse, die mit Screening-
methoden oder im Bereitschaftsdienst mit Suchmethoden gewonnen wurden,
im Krankenblatt neben den mit exakten Bestimmungsverfahren ermittelten
Meßwerten, so muß für jeden und jederzeit sofort erkennbar sein, mit welcher Methodik im Einzelfall gearbeitet wurde, damit die Dignität der Ergebnisse beurteilt werden kann.

Einen Beitrag zur Lösung des Problems der Zahlengläubigkeit können wir
bei der Ausbildung leisten (Tab. 8).

Tab. 8

Bestimmung der Hämoglobinkonzentration
im Vollblut

Ergebnisse einer Doppelbestimmung, ausgeführt von einem Teilnehmer des Kurses
der Klinischen Chemie und Mikroskopie,
1. Praktikum

abgelesene Extinktion	Berechnungs-faktor	Hb g/100 ml
0, 377	36, 8	13, 8736
0, 408	36, 8	15, 0144

Eine Beobachtung aus unserem Kurs: Es ist verständlich, daß dieser Teilnehmer beim nächsten Praktikum, in dem die gleiche Aufgabe erneut gestellt wird, zu besseren Ergebnissen kommen und nie wieder Hämoglobin
im Vollblut mit mehr als einer Nachkommastelle angeben wird.

Ich habe versucht, Ihnen einige Einflüsse, die bei der Erstellung eines Laborbefundes eine Rolle spielen, an Beispielen aus unserem Arbeitsbereich darzustellen. Sie alle wissen, daß die genannten Fehler oder Störungen überall
mehr oder weniger ausgeprägt - erkannt oder unerkannt - vorkommen.

Aus diesen Beobachtungen aber ergeben sich Anregungen zur Optimierung, die ich abschließend formulieren möchte:

1. Das Analysenprogramm sollte weitgehend standardisiert werden. Es hat keinen Sinn, neue Verfahren mit enormer Frequenz auszuführen, wenn nicht gesichert ist, daß ein zusätzlicher relevanter Befund erwartet werden kann.
Andererseits sollten obsolete Methoden nicht mehr verwendet werden.

   Hier ist eine Analogie zur medikamentösen Therapie zu ziehen: Genauso, wie man nur mit einer begrenzten Zahl von Pharmaka wirklich eigene Erfahrungen sammeln kann, läßt sich auch nur mit einem ausgewählten Spektrum von Laboruntersuchungen so arbeiten, daß eine optimale Auswertung für den einzelnen Patienten erreicht wird.

2. Die Methodik muß standardisiert werden, so daß die Analysenresultate verschiedener Laboratorien vergleichbar werden. Dieses Ziel hatte Herr BÜTTNER schon 1970 für 1975 anvisiert - leider ist die Hälfte dieser Zeit bereits verstrichen, ohne daß entscheidende Fortschritte sichtbar geworden wären.

3. Kliniker und Klinische Chemiker sollten gemeinsam eingehende Richtlinien zur Ermittlung von Normbereichen erarbeiten, und zwar hinsichtlich der Auswahl der Probanden und hinsichtlich der statistischen Auswertung. Und schließlich muß

4. die Ausbildung unserer Studenten und die Weiterbildung der jungen Kollegen auf dem Gebiet der Klinischen Chemie außerordentlich intensiviert werden. Nur so wird es in Zukunft möglich sein, die Patienten so zu versorgen, wie wir selbst in der entsprechenden Situation versorgt sein möchten.

Literatur

1. BÜTTNER, H.: Einführung aus der Sicht des Klinischen Chemikers. In (6), S. 3.

2. GROSS, R.: Medizinische Diagnostik - Grundlagen und Praxis. Berlin: Springer 1969.

3. GROSS, R.: Einführung aus der Sicht des Klinikers. In (6), S. 15.

4. FAWCETT, J.K. and WYNN, V.: J. clin. Path. 13, 304 (1960).

5. KELLER, H.: Diskussionsbemerkung in (6), S. 177.

6. LANG, H. und RICK, W. (Hrsg.): Auftrag der Klinik an das klinisch-

chemische Laboratorium.
Stuttgart: Schattauer 1972.

7. LASCH, H. G.: Schock. Klinisches Referat. In (6), S. 157.

8. RICK, W.: Funktionsdiagnostik des Magen-Darm-Trakts. Klinisch-chemisches Referat. In (6), S. 71.

9. SCHNEIDERMAN, L. J., DE SALVO, L., BAYLOR, S. and WOLF, P. L.: Arch. int. Med. 129, 88 (1972).

10. SELIGSON, D.: Zit. nach (2), S. 65.

11. YOUNG, D. S., SCOTT, C. D. and COLE, E. B.: Clin. Chem. 17, 818 (1971).

DISKUSSION

LASCH:
Für den Kliniker ist die Optimierung der Diagnostik wie auch die Optimierung
der Beziehungen zwischen Klinischen Chemikern und Klinikern ein großes
Ziel. Diese Optimierung darf sich nicht auf die Verbesserung der technischen
Zusammenarbeit beschränken; die Ausschaltung von Störfaktoren in diesem
Wechselspiel, in diesem Frage- und Antwortspiel zwischen Krankenbett und
Labor sollte nicht unser alleiniges Ziel sein. Natürlich ist das Funktionieren
der beiden Teilbereiche hinsichtlich methodischer, zeitlicher und anderer
Korrelationen Voraussetzung. Aber ich glaube, daß der Klinische Chemiker
sich mehr und mehr auch in die wissenschaftliche Diskussion um den Patienten, um die Krankheit selbst einschalten muß. So sehe ich die Rolle des
Klinischen Chemikers viel mehr im Sinne eines in der Klinik tätigen Patho-
physiologen, der vor dem Hintergrund seines theoretischen Wissens Informationen, die vom Krankenbett kommen, nicht nur aufnimmt, um geeignete
Laboruntersuchungen auszuführen, sondern der daraus experimentelle Ansätze gewinnt, um diese Informationen auf naturwissenschaftlicher Grundlage
zu erweitern.

RÓKA:
Herr GROSS, Sie haben klar herausgearbeitet, daß falsche Daten unbedingt
vermieden werden müssen. Herr RICK hat gezeigt, daß ein nicht unwesent-
licher Teil der falschen Daten nicht dadurch zustandekommt, daß die Methoden nicht präzise genug gehandhabt werden, sondern dadurch, daß die Probe
für den Patienten nicht repräsentativ ist, entweder, weil sie verwechselt
wurde, oder weil sie unter Bedingungen gewonnen wurde, die nicht aus dem
Ergebnis herauszulesen erlauben, was für die Diagnose wichtig ist. Deshalb
glaube ich - und darauf müssen tatsächlich die Klinischen Chemiker immer
wieder aufmerksam machen - daß Wege gefunden werden müssen, um zu
einer verbesserten Probengewinnung zu kommen. Die Probenahme auf den
Stationen wird in der Regel aber an eine Personengruppe delegiert, die mit
der ganzen Problematik nicht genügend vertraut ist. Hier müßte vieles verbessert werden und ich wäre dankbar, wenn wir von den Klinikern erfahren
könnten, welche Schritte sie vorschlagen, um Pannen zu vermeiden. Die Beispiele, die Herr RICK gezeigt hat, sind Fälle, die auffallen, weil die Unter-

schiede in den Ergebnissen groß sind. Aber man muß natürlich damit rechnen, daß viele Fälle vorkommen, bei denen die Differenzen nicht so groß
sind, daß sie überhaupt nachträglich entdeckt werden können.

GROSS:
Das ist völlig richtig, Herr RÓKA. Ich glaube, daß Sie damit wirklich das
zentrale Problem angesprochen haben. Auch bei uns ist da vieles im Argen,
obwohl wir uns mit Herrn OETTE von beiden Seiten immer wieder darum bemühen. Meines Erachtens ist ein Hauptpunkt der, daß man die Leute, die
z. B. Blut abnehmen - das ist bei uns noch nie passiert, muß ich gestehen -
wirklich einmal den Gang einer solchen Probe miterleben läßt. Man sollte
eine Art von laufender Fortbildung betreiben, indem man die Stationsärzte
und die Medizinalassistenten, die in praxi den größten Teil des Blutes abnehmen, einmal den weiteren Ablauf verfolgen läßt, was da alles passieren
kann und was das für Konsequenzen hat. Eine Hauptfehlerquelle liegt sicher
auf der Patientenseite, das ist allen Beteiligten klar. Ein Modellfall z. B.
ist - jedenfalls für uns - die Thrombocytenzählung, bei der z. B. beginnende
Gerinnungsvorgänge in den Blutentnahmeröhrchen nicht ganz vermieden werden. Man wundert sich dann immer wieder über die niedrigen Durchschnittswerte. Aber ich glaube, das läßt sich nur dadurch eruieren, daß man den
Leuten, die das Blut entnehmen, - und es hängt jetzt etwas vom Betrieb ab,
ob auch Schwestern daran beteiligt sind oder nicht (theoretisch dürfen sie es
ja nicht, de facto tun sie es) - möglichst die weitere Verarbeitung zeigt.
Eine allgemeine Standardisierung der Abnahmebedingungen ist natürlich deswegen schwierig, weil die technischen Möglichkeiten sehr unterschiedlich
sind. Ich kann mir vorstellen, daß bei uns völlig veränderte Bedingungen
vorliegen, wenn wir unser neues Betriebssystem in Angriff nehmen. Bei uns
müssen jetzt die Proben im Sommer wie im Winter über große Strecken
transportiert werden; sie werden Kraftfahrzeugen mitgegeben usw. Später
gehen sie dann über irgendwelche automatischen Transportanlagen, die uns
dann wieder ganz andere Probleme aufgeben, wie mechanische Alteration
dieser Proben u. a., so daß man in einem ununterbrochenen Lernprozeß ist.

DENGLER:
Ich glaube, daß von der Sache her das Problem gar nicht so schwer zu lösen
wäre, auch wenn momentan personelle und vor allem juristische Hindernisse
im Wege stehen. Sie kennen sicher aus den Vereinigten Staaten den Begriff
der "i. v. -nurse"; das ist eine ältere Schwester, die ein Wägelchen von
Patient zu Patient fährt, die Spritzen gibt und die Infusionen anlegt. Es würde
vielleicht noch leichter möglich sein, durch eine geübte Kraft einen solchen
Wagen mit vorbereiteten Probengefäßen usw. von Bett zu Bett zu fahren, die
Proben abzunehmen und unmittelbar verarbeiten zu lassen. Dem steht, wie
gesagt, letztendlich doch nur eine juristische Bestimmung entgegen.
Im übrigen meine ich, daß man gerade hinsichtlich der Plausibilitätskontrolle
als Kliniker in einer etwas widerstreitenden und nicht logischen Situation ist.
Man kann Plausibilitätskontrollen natürlich auch so machen, daß man bei
einem Patienten, der keinen Herzinfarkt, aber eine CK-Aktivität von 600 U/l
hat, schließt, daß das nicht stimmt. Dies wird leider auch von älteren Klinikern immer wieder propagiert; trotzdem dürfen wir diesen Schluß eigentlich

nicht ziehen. Dadurch fördern wir nur die Einstellung: "Das Labor hat wieder einen Fehler gemacht!" Diese Attitüde wird dann auch auf ungewöhnliche, aber richtige Werte übertragen. Insofern sollte man, obwohl es ärztlich gesehen möglich wäre, einen Teil der Plausibilitätskontrolle an den Empfangenden zu delegieren, diesen Weg aus didaktischen Gründen nicht beschreiten.

RICK:
Die Plausibilitätskontrolle wird bei uns grundsätzlich im Labor beim Eintragen der Befunde durchgeführt und bei dieser Gelegenheit fiel zunächst die Übereinstimmung der Befunde auf. Daraufhin haben wir bei den Kollegen auf der Station nachgefragt und dann den Sachverhalt rekonstruieren können. Ich wollte keineswegs vorschlagen, diese Plausibilitätskontrolle vom Labor aus zu delegieren.

BÜTTNER:
Meine Anregung geht in ähnliche Richtung wie die von Herrn DENGLER. Wir sind in Deutschland in einer sehr ungünstigen Lage bezüglich der Probengewinnung. So gibt es beispielsweise in Schweden "Brigaden", die morgens in einem bestimmten Turnus durch das ganze Klinikum gehen und die Entnahme durchführen. Das ist eine besondere Personalgruppe, speziell ausgebildete Schwestern, für diesen Zweck Halbtagskräfte, die dann am späten Vormittag mit ihrer Arbeit fertig sind. Mit einer solchen Brigade ließe sich das Problem leichter lösen. Die Entnahme durch den jüngsten Doktor, der seine Übungen in der Blutentnahme machen muß, ergibt natürlich die allerschlechteste Probenahme. Man sollte wirklich überlegen, ob man dies nicht ändern kann. Ich weiß, es ist schwierig. Wir brauchten in Hannover eine große Gruppe von Leuten, um das ganze Klinikum in dieser Weise zu versorgen, aber vielleicht ist dies die einzige Möglichkeit.

SIEGENTHALER:
Ich wollte sagen, daß wir das, was Sie eben anregten, in der Schweiz realisiert haben. Es ist in der Schweiz möglich, daß eine Schwester Venenblut abnimmt. Sie darf dagegen keine therapeutisch differenten Injektionen machen, aber Blutentnahmen sind gestattet. So werden auf unseren Bettenstationen die Blutproben für die Laboratorien von der Stationsschwester und ihrer Stellvertreterin entnommen. Damit haben wir vergleichbare Resultate.

GROSS:
Darf ich eine Zwischenfrage dazu stellen? Das bedeutet also von der Patientenseite her gesehen, daß der Patient zweimal gestochen wird. Er wird von der Schwester zunächst einmal gestochen, um das Blut zu gewinnen; er wird nachher gestochen, um ihm z. B. Strophanthin zu spritzen.

SIEGENTHALER:
Das stimmt, soweit es sich um therapeutische intravenöse Applikationen handelt, die nur der Arzt durchführen darf.
Was mich bei den Ausführungen von Herrn RICK ganz besonders interessiert hat, ist der Unterschied der Resultate bei verschiedener Körperlage. Hier

sollte man für den täglichen Gebrauch irgendwelche Anregungen geben, indem
man sagt, ob Blutentnahmen im Liegen oder im Sitzen gemacht werden sollen.
Das muß man ja wissen, damit man die Patienten entsprechend vorbereiten
kann.

RICK:
Grundsätzlich sollte man, wenn es irgend möglich ist, Blut unter Grundumsatzbedingungen, d. h. nach Bettruhe beim nüchternen Probanden, entnehmen.
Wo dies nicht möglich ist - z. B. bei ambulanten Patienten oder in Notfällen -
sollten Körperlage, Nahrungszufuhr u. a. vermerkt werden, damit diese Parameter bei der Bewertung berücksichtigt werden können.

LASCH:
Darf ich Ihr Interesse noch einmal auf die Abnahmebrigade, die Herr BÜTT-
NER angesprochen hat, lenken?

BUCHBORN:
Welche juristische Bestimmung steht in Deutschland dem entgegen, daß nicht-
ärztliche Personen Blut abnehmen? Ich glaube, das trifft nur für die intravenöse Applikation von Medikamenten zu, nicht aber für die Blutentnahme.
Der Grund, daß das bei uns meist die Medizinalassistenten tun, liegt einfach
darin, daß sie im Gegensatz zu gut ausgebildeten Schwestern keine Mangel-
ware sind.

VAHLENSIECK:
Ich darf dazu vielleicht sagen, daß hiergegen juristisch ganz zweifelsohne
keine Bedenken bestehen. Man muß sich als Arzt davon überzeugen, daß die
Schwester, die beauftragt wird, Blut abzunehmen, gut mit der Methodik vertraut ist, d. h. daß man der offiziellen Aufsichtspflicht genügt. Gerade in
operativen Fächern ist die Blutabnahme ein Problem; man muß sehr früh damit beginnen und dann geschieht es meist in aller Eile. Die Kollegen müssen
in die Operationssäle und es bleibt tatsächlich an dem jüngeren Kollegen
hängen, der oft Schwierigkeiten hat, überhaupt Blut herauszubekommen, der
Luft aspiriert usw. Alle diese Probleme kennen Sie. Ich möchte eigentlich
anregen, daß man für verschiedene Untersuchungen spezielle Venülen her-
stellt, ähnlich wie man sie auch für die Alkoholbestimmung hat. Eine Blutentnahme mit solch einer Venüle hat doch verschiedene Vorteile. Erstens
technisch, denn bekanntermaßen ist es nicht schwierig, mit einer solchen
Venüle Blut abzunehmen; zweitens würden bestimmte Stoffwechselvorgänge
durch geeignete Zusätze gehemmt. Was ich aber im Hinblick auf die Möglichkeit der Verwechslung für noch wichtiger halte: Man könnte diese Venülen
mit dem Namen des Patienten versehen. Man hat dann, wenn abgenommen
wird, eine doppelte Kontrolle: Der Abnehmende schaut, ob es der richtige
Patient ist, und der Patient sieht, ob sein Name auch auf dieser Venüle steht.
Weitere wichtige Gesichtspunkte: Man könnte solche Venülen zum einmaligen
Gebrauch verwenden und dann verwerfen. Schließlich könnte man mit solchen
Venülen ohne weiteres jüngere Kollegen und Schwestern hantieren lassen.

SCRIBA:
Ich möchte auch auf die Verwechslungsfrage bei der Entnahme zu sprechen

kommen. Wir haben also die Anregung von Herrn RICK, die Entnahme im
Labor durchzuführen, und dann die schwedische Laborbrigade. Beides ist -
von der Praxis her betrachtet - doch etwas problematisch. Denken Sie nur
an das Personal, das nach dem einen Vorschlag die Kranken ins Labor transportieren soll, damit die Blutentnahme dort erfolgt, und denken Sie nur an
die natürlich auch bei einer Laborbrigade vorkommenden Verwechslungen.
Ich möchte hier bewußt provozierend sagen, daß meiner Meinung nach die
praktikabelste, die billigste und auf lange Zeit uns auch die Kosten der Auto-
matisierung der Entnahme bzw. der positiven Probenidentifikation ersparende
Lösung wahrscheinlich die ist, daß man einem Patienten zweimal Blut entnimmt und alles, was man haben möchte, zweimal bestimmen läßt. Dies erscheint als die simpelste Möglichkeit; in Wirklichkeit wird sie heute auch
nicht selten praktiziert indem man alles, was nicht gerade plausibel ist,
noch einmal abnehmen und bestimmen läßt. Wenn man das von vornherein
in den Plan einbaut, dann ist es vielleicht billiger als alles andere.

RICK:
Der Vorschlag, dem Patienten im Labor Blut abzunehmen bzw. ihn im Labor
zu untersuchen, bezog sich auf komplizierte Verfahren wie z. B. intravenöse
Glucosebelastungen, Tolbutamid-Tests, Magensekretionsanalysen und ähnliche Untersuchungen.

LASCH:
Herr Scriba, Sie schlagen also vor, alle Proben zweimal hintereinander abzunehmen?

SCRIBA:
Den gesamten Vorgang von der Probenahme bis zur Bestimmung, alles doppelt ausführen.

DEUTSCH:
Ich möchte zur Blutabnahme Stellung nehmen. Bei uns in Wien ist es selbstverständlich, daß die Blutabnahme und die intravenöse therapeutische Verabreichung von Medikamenten in einem Arbeitsgang erfolgen und wir haben
diesbezüglich nicht die geringsten Schwierigkeiten. Für uns würde eine Abnahmebrigade zu einer wesentlichen Komplizierung des Systems führen. Nun
haben wir gehört, daß die Standardisierung der Blutabnahmetechnik sehr notwendig ist. Ich würde vorschlagen, daß man auch festlegt, in welchem Zustand sich der Patient bei der Blutabnahme für die einzelnen Untersuchungen
befinden muß: Hierbei ist gemeint, ob er nüchtern sein muß und wie lange,
ob vorher Bettruhe für eine gewisse Zeit eingehalten werden muß und ob die
Tageszeit der Blutabnahme (z. B. bei der Cortisolbestimmung) eine Rolle
spielt. Früher war bei uns an der Klinik Vorschrift: nüchtern, liegend, zwischen 7 und 9 Uhr morgens; in letzter Zeit wurde aber von unserem Laboratorium vielfach die Meinung vertreten, daß dies nicht notwendig sei.

RICK:
Bei den Bestandteilen, die im Magen-Darmkanal unverändert aus der Nahrung resorbiert werden wie Glucose, Eisen, Cholesterin, Phosphat, oder
die nach Resynthese im Blut erscheinen (z. B. Triglyceride) spielt es eine

Rolle, ob der Patient bei der Blutabnahme nüchtern ist oder nicht; will man
bei diesen Substanzen unverfälschte Werte ermitteln, so muß der Proband
nüchtern sein.

H. BREUER:
Wenn der Klinische Chemiker in einen Dialog mit dem Kliniker eintritt, muß
er gut präpariert sein, und zwar nicht nur rhetorisch, sondern auch de facto,
und ich möchte noch einmal auf die Ausführungen von Herrn GROSS zurückkommen. Herr GROSS hat zu Beginn seines Referates die falschen Werte
aus dem Labor kritisiert und in diesem Zusammenhang darauf hingewiesen,
daß z. B. sonntags und montags die Werte häufig nicht so richtig sind wie
beispielsweise unter der Woche. Wir selbst haben aufgrund der Erfahrungen
der Automobilindustrie diese Frage bei unseren Assistentinnen einmal geprüft und ich kann zumindest für meinen Bereich sagen, daß bei einer guten
Schulung des Laborpersonals und bei Anwendung der heutigen Qualitätskontrolle die Werte sonntags und montags im allgemeinen nicht schlechter sind
als unter der Woche. Sie haben ferner mehr für eine Intension als für eine
Extension plädiert. Das kann ich nur voll unterstützen. Bevor wir irgendwelche kritischen Bemerkungen dem Kliniker gegenüber machen, ist es notwendig, unser eigenes Haus zu bestellen. Wir haben das durch die interne
und externe Qualitätskontrolle versucht. Sie wissen, daß wir die externe
Qualitätskontrolle für die Deutsche Gesellschaft für Klinische Chemie durchführen, und ich glaube jetzt schon sagen zu können, daß die Laboratorien,
die von qualifizierten Leuten geleitet werden, im allgemeinen - das läßt sich
auch statistisch belegen - die Erfordernisse der Qualitätskontrolle erfüllen;
diese sind ja doch recht streng von Seiten der zuständigen Gremien definiert
worden.
Sie sagten, daß die diagnostische Ökonomie - und ich finde, daß das ein sehr
gutes Wort ist - aufgrund auch der Arbeitszeitbeschränkung unserer wissenschaftlichen Mitarbeiter sehr wichtig ist, jedoch die Mitwirkung des Klinischen Chemikers bei der Interpretation der Befunde nicht unbedingt erforderlich ist. Andererseits sagt Herr RICK in seinem Referat, man möge
bitte das Laboratorium nicht zu sehr mit ungezielten Anforderungen seitens
der Kliniker überschwemmen. Das kann ich in beiden Fällen nur voll unterstützen. Ich glaube, es wird ein ganz besonderes Anliegen sein - und das
geht nun schon in den Bereich des Unterrichts - daß wir dem zukünftigen
Arzt klar machen, daß das so nicht weitergeht und daß wir nicht pro Jahr
20 % Bestimmungen mehr durchführen können, nur weil es so einfach ist,
bloß weil es gedruckt wird auf einem Zettel; wir müssen vielmehr die Be-
wußtseinsbildung beim Kliniker - und zwar ist das jetzt nicht kritisch gemeint, sondern absolut positiv - herbeiführen, daß aus dem großen Reper-
toire der klinisch-chemischen Diagnostik nur die Untersuchungen herausge-
sucht werden, die wirklich für den Patienten notwendig sind. Dann können
wir uns nämlich - wie Herr RICK fordert - mehr dem individuellen Befund
widmen, und dann können wir, Herr GROSS, auch von der diagnostischen
Ökonomie her mit dem Kliniker besser zusammenarbeiten. Der Klinische
Chemiker ist - und wir wollen ja Partner sein - nicht nur jemand, der etwas
auszuführen hat, und umgekehrt wollen wir den Kliniker nicht wegen der An-
forderungswelle, die täglich auf uns zukommt, kritisieren; ich weiß, daß
viele Kliniker im gleichen Sinne denken.

Was die Probengewinnung anbetrifft: Wir haben immer wieder Zwischenfälle,
und sie werden besonders dann deutlich, wenn es Transfusionszwischenfälle
sind. Wir haben uns lange Gedanken gemacht, wie man pragmatisch vorgehen
kann. Ich glaube, daß es von Fall zu Fall verschieden ist. Herr SCRIBA sagt,
man macht vielleicht die Untersuchung zweimal; wenn er kein Internist wäre,
sondern ein Chirurg, würde ich das sofort akzeptieren. Die Chirurgen ste-
chen nämlich sehr viel mehr, ein chirurgischer Patient ist etwas ganz anderes
als ein internistischer Patient. Ich glaube, es ist wichtig, daß derjenige, der
das Blut abnimmt, auch zur Verantwortung gezogen wird, unabhängig davon,
ob es eine Schwester ist, ein Arzt oder ein Medizinalassistent; er sollte mit
seiner Unterschrift auf dem Anforderungszettel und mit dem von ihm ausge-
schriebenen Namen auf dem Proberöhrchen klarstellen, daß das Blut von ihm
entnommen worden ist. Wir weisen jetzt jede Probe zurück, bei der nicht
vom Arzt oder von der Schwester durch Unterschrift bestätigt ist, daß der
Name auf dem Proberöhrchen identisch ist mit dem Patienten, bei dem die
Blutprobe entnommen wurde. Seither sind Zwischenfälle weitgehend zurück-
gegangen. Wir werden sicher in den nächsten Jahren noch bessere Verfahren
entwickeln müssen.

LASCH:
Um noch einmal auf die Situation am Krankenbett hinzuweisen, scheint mir
eine Diskrepanz doch sehr deutlich: Die einen meinen, es solle eine Abnahmebrigade organisiert werden und die anderen, die die Entnahme mit der Therapie kombinieren, wie z. B. die Herren DEUTSCH und GROSS, meinen, daß
dies nicht der optimale Schritt sei. Vielleicht sollte hier ein Kompromiß gesucht werden, z. B. eine Abholbrigade, die für das Einsammeln der Proben
verantwortlich ist und den Transport in das Labor übernimmt. Dadurch würden die Fehlermöglichkeiten wahrscheinlich reduziert.

KREUTZ:
Wir haben die Sicherung der Identität der Proben durch Unterschrift des
Arztes, wie sie Herr BREUER vorschlug, auch einmal auf einigen Stationen
versucht. Die Schwestern haben das elegant unterlaufen, indem sie sich von
den Stationsärzten einen ganzen Packen von Anforderungszetteln blanko unterschreiben ließen und sie im Schreibtisch liegen hatten.
Die groben Probenahmefehler, die wir erkennen, sind überhaupt nur die Spitze
eines Eisberges. Wir haben in einem 1200 Betten-Provinzkrankenhaus wahrscheinlich viel schlimmere Probleme damit als Sie an den Universitätskliniken. Deshalb sind wir dazu übergegangen, sämtliche Blutproben für mehrere
Tage in den Kühlraum zu stellen, um uns gegen Reklamationen seitens der
Kliniken wehren zu können. Noch mehr Kontrolluntersuchungen machen wir
aber auf Grund von Ergebnissen, die uns selbst implausibel erscheinen. Es
ist erschreckend zu sehen, wieviele Probenverwechslungen wir dabei entdecken.

KÜNZER:
Ich möchte sagen, daß mich die "Brigaden" aus dem Labor aus verschiedenen
Gründen etwas erheitern. Einmal ist doch das der Engpass, den wir zur Zeit
haben. Wir haben weder genügend Schwestern noch genügend med.-techn.
Assistentinnen. Das zweite ist, daß Sie die Notwendigkeiten der Pädiatrie

übersehen. Die Blutabnahme können bei uns nicht die jüngsten Medizinalassistenten machen, sondern nur die erfahrenen Assistenten. Im übrigen
möchte ich sagen, daß ich es auch für ein echtes Anliegen halte, daß man
Blutabnahme und Therapie miteinander kombiniert. Das, was die Herren
DEUTSCH und GROSS gesagt haben, halte ich für selbstverständlich, daß
man ein Kind nicht zweimal sticht, sondern alles, wenn irgendwie die Möglichkeit besteht, in einem Arbeitsgang erledigt. Im übrigen scheint mir bei
dieser Diskussion als besonders wichtig herauszukommen, daß man eine
bessere Standardisierung der Probenahme vornimmt. Dazu gehört das Wissen, wie der Patient vorbereitet sein, wie das Blut abgenommen werden,
wie die Probe behandelt werden und welche Art von Gefäß benutzt werden
soll.

ZÖLLNER:
Ich möchte mich ganz kurz fassen, aber die besondere Situation der Münchner Poliklinik erfordert einige Bemerkungen. Zunächst ist es bei uns so,
daß die Proben aus der Poliklinik von einer "Brigade" abgenommen werden,
nämlich von zwei Schwestern, die vormittags nichts tun außer Blut abnehmen, während auf Station das die jüngeren Kollegen machen. Es ist keine
Frage, daß die "Brigade" zuverlässiger ist, daß Verwechslungen usw.
wesentlich seltener werden, daß alles, was von den Schwestern ins Labor
geht, besser und zuverlässiger identifiziert ist.
Zu diskutieren ist auch der Zeitpunkt der Probenabnahme: Hier haben einige
Kliniker unter Ihnen Idealforderungen aufgestellt, die in der Poliklinik nicht
einzuhalten sind.
Es wäre nützlich, wenn nicht nur auf der Station unterschrieben würde, wann
und wer abgenommen hat und wenn unter Umständen angehakt würde, ob der
Patient nüchtern war oder nicht, sondern wenn auch im Labor ein Zeitstempel aufgedrückt würde. Ich habe diesen Zeitstempel eingeführt, als ich das
Labor der Poliklinik vor 20 Jahren übernahm. Das erste, was mein Nach-
folger unter dem Druck der med.-techn. Assistentinnen machte, war, den
Stempel wieder abzuschaffen, damit man nicht nachrechnen kann, wie lange
das Labor gebraucht hat.

KELLER:
Ich möchte einige Anmerkungen zur Frage des Probentransports und der
Probenverwahrung machen. Unser Laboratorium bekommt etwa ein Drittel
seines Materials aus umliegenden Spitälern. Dieses Material ist durch die
Post unter recht unterschiedlichen Bedingungen transportiert worden, zwischen Blutentnahme und Analyse liegen 12 - 48 Stunden. Zwei Drittel des
Materials kommen aus den Fachabteilungen des Spitals und werden durch
Boten überbracht. Dabei ist aufgefallen, daß manche Proben überraschend
früh im Labor abgegeben werden, und daher der Verdacht besteht, daß es
sich in Wirklichkeit um Material handelt, das am Abend des Vortages abgenommen und mit dem Datum des nächsten Tages ins Laboratorium gebracht
wurde. Bei diesen gelagerten Proben finden wir häufig Werte, die nicht
unseren Erwartungen entsprechen.
Zur Überprüfung des Effektes einer 5-tägigen Lagerungsperiode des Untersuchungsmaterials haben wir von 12 gesunden Probanden Blutproben unter
Zusatz von Ammoniumheparinat entnommen. Die Hälfte des Materials von

jedem Probanden wurde sofort zentrifugiert und das überstehende Plasma
in 4 Glasröhrchen, jeweils für einen Untersuchungstag, aufgeteilt. Die zweite
Hälfte wurde nicht zentrifugiert, sondern direkt jeweils in 4 Glasröhrchen
abgefüllt. Die Glasgefäße wurden durch einen Schraubverschluß luftdicht ver-
schlossen. Am Entnahmetag und an den vier folgenden Tagen wurden in den
12 Plasma- und den 12 Blut-Specimen 12 Substratparameter mit dem SMA
12/60 bestimmt. Im einzelnen handelte es sich dabei um Natrium, Kalium,
Chloride, Alkalireserve, Totalprotein, Calcium, Phosphat, Cholesterin,
Harnstoff-N, Harnsäure, Kreatinin und Bilirubin.
In der Zwischenzeit lagerten die Proben bei + 25 $^{\circ}$C, wobei die Röhrchen
horizontal lagen und während der Lagerungsperiode nicht bewegt wurden.
Als Ergebnis zeigte sich, daß von den 12 nicht-enzymatischen Parametern
nur 3, nämlich Natrium, Cholesterin und Harnstoff-N, auch nach 96 Stunden
noch unverändert bestimmbar sind. Bei den 9 anderen werden dagegen Veränderungen nach 24 Stunden, spätestens jedoch nach 48 Stunden manifest. In
Anbetracht der Tatsache, daß die Stabilität vieler nicht-enzymatischer Parameter nicht gegeben ist, und da bekanntlich auch die Mehrzahl der enzymatischen Parameter größere Veränderungen bei einer Lagerung im Vollblut
erleidet als im Serum oder Plasma, muß die Forderung erhoben werden,
daß klinisch-chemische Analysen nur in Serum oder Plasma durchgeführt
werden dürfen, die in unmittelbarem Anschluß an die Blutentnahme von den
cellulären Elementen abgetrennt wurden. Aber auch im Plasma sind es
immerhin 6 von 12 Parametern, nämlich Alkalireserve, Totalprotein, Harnsäure, Calcium, Bilirubin und Kreatinin, bei denen Änderungen zu verzeich-
nen sind.
Nach diesen Ergebnissen muß man den Posttransport von Vollblut als grundsätzlich unzulässig bezeichnen, aber auch berücksichtigen, daß eine längere
Lagerung bei Zimmertemperatur auch auf Plasma einen meßbaren Lagerungs-
effekt ausübt, der zu eindeutig falschen analytischen Resultaten führen kann.

LASCH:
Eines ist aus der Diskussion klar geworden und auch Herr HILLMANN hat
es mir in der Pause noch einmal gesagt: Die Klinischen Chemiker fordern
von uns Klinikern eine strengere Disziplinierung der Abnahmebedingungen,
sowohl zeitlich als auch durch entsprechend ausgebildete Kräfte. Dabei ist
es - glaube ich - weniger wichtig, ob das durch Brigaden geschieht, oder so,
wie in der Poliklinik bei Herrn ZÖLLNER, oder durch Ärzte, die gleichzeitig die Therapie damit verbinden. Es wird also die Verantwortung des Klinik-
chefs angesprochen, der sich hier durchzusetzen hat.

<u>WAHL DES UNTERSUCHUNGSSPEKTRUMS</u>

Moderator: H. KELLER

Wahl des Untersuchungsspektrums
aus der Sicht der Inneren Medizin

H. J. DENGLER

Zunächst möchte ich für die Aufforderung zu diesem Referat danken, gebe
aber zu, daß ich mit großen Bedenken gekommen bin, weil es sehr schwierig ist, in 10 Minuten etwas über Untersuchungsspektren oder Testkombinationen zu sagen, ohne in Allgemeinplätze zu verfallen oder sich in einer
bloßen Aufzählung zu ergehen.

Ich möchte davon ausgehen, daß das Wort "Optimierung" einer genaueren
Definition bedarf. Unser ärztliches Handeln wird von einem Begriff geprägt,
der letzten Endes aus der Therapieforschung stammt, dem Begriff des Ver-
hältnisses "benefit : risk". Das ist der oberste Gesichtspunkt, der nicht
nur auf die Therapie, sondern auch auf alle übrigen Schritte ärztlicher
Tätigkeit angewandt werden muß. Nun meine ich aber, daß Optimierung
noch einen zweiten Aspekt enthält, nämlich den der Relation zwischen Nutzen
und Aufwand. Darauf hinzuweisen scheint mir wichtig, denn es besteht die
Gefahr, daß man bei der Auswahl der Tests möglichst viel fordert. Gerade
diese Haltung entspricht jedoch nicht dem Begriff "Optimierung", sondern
das Wesen der Optimierung liegt eben darin, das Verhältnis zwischen Nutzen
und Aufwand günstig zu gestalten. Wir haben keine unbegrenzten Mittel, wobei wir nicht nur an Geld, sondern auch an "manpower" denken müssen. Insofern wird die Konsequenz einer Optimierung immer eine Datenreduktion
sein, und zwar nicht nur, weil sie von außen erzwungen wird, sondern weil
sie im Wesen der Optimierung liegt.

Wenn wir von Untersuchungsspektren sprechen, dann ist klar, daß diese
vom untersuchten Patientengut und von der ärztlichen Aufgabe abhängen.
Hier scheinen sich mir drei Möglichkeiten zur Diskussion anzubieten: Einmal das Untersuchungsprogramm für die Poliklinik oder ganz allgemein für
ein Ambulatorium, zweitens für die allgemeine Klinik und drittens für Inten-
sivpflegeeinheiten. Die Aufgaben der Polikliniken sind dabei nochmals ge-
gliedert: Nicht wenige Poliklinikpatienten sind mehr oder weniger als Patienten anzusehen, die einer präventiven Untersuchung bedürfen, entweder, weil

sie selbst mit diesem Wunsch kommen, oder weil sie in den Kreis vegetativ gestörter Patienten einzuordnen sind, bei denen letztendlich die klinisch-chemische Untersuchung der Ausschlußdiagnostik und damit auch der Prävention dient. Der andere - klinische - Bereich der Poliklinik scheint mir von der Klinik nicht unterschieden zu sein.

Bei der Wahl eines Untersuchungsspektrums für die Poliklinik haben wir vor allem die Erstuntersuchung im Auge, während das Programm, das sich an diese Erstuntersuchung anschließt, praktisch identisch mit dem ist, das die Klinik fordert. In den Diskussionen über Testkombinationen stehen sich zwei durchaus logisch begründbare Standpunkte gegenüber. Das eine Extrem läßt sich etwa wie folgt beschreiben: Der Patient hat eine vollständig erhobene Anamnese hinter sich, er ist gründlich körperlich untersucht und in Kenntnis aller dieser Daten fordert der betreuende Arzt Untersuchungen vom klinisch-chemischen Labor an. Er wird diese aus zwei Gründen anfordern: Entweder zur Affirmation seiner diagnostischen Hypothese oder zur Diskriminierung, also zur Weitertreibung der Differentialdiagnose. Dieses Vorgehen ist durch den Begriff der gezielten Anforderung gekennzeichnet. Dem stünde eine zweite Möglichkeit gegenüber, die man gedanklich so konstruieren kann, daß der Patient noch gar keinen Arzt gesehen hat, daß ihm Blut- und weitere Proben entnommen werden und daß diese durch ein möglichst großes Laboratoriumsprogramm durchgezogen werden. Das wäre "extensive screening". Es ist nun kein Zweifel, daß das Herz des alten Klinikers an der ersten Lösung hängt. Ich glaube jedoch, daß die sogenannte gezielte Anforderung in manchen Bereichen eine irreale Vorstellung ist; dies ergibt sich nicht nur aus der konkreten Situation des Betriebes, wonach der Patient vor der Entnahme der Proben noch nicht vollständig durchuntersucht ist, sondern auch von der Sache her. Von der Sache her ist die gezielte Anforderung insofern eine Illusion, als es eben nicht möglich ist, einem Patienten auf Grund der Anamnese oder der körperlichen Untersuchung eine Hyperlipidämie anzusehen; ähnliches gilt für leichte Harnstofferhöhungen, für die Hyperuricämie u. a. Die gezielte Anforderung wird vollends problematisch, wenn wir z. B. von der Situation der oralen Glucosebelastung ausgehen, wo wir das Ergebnis kaum vorhersehen können. So scheint von der Sache her ein Kompromiß notwendig, den ich gar nicht für schlecht halte, weil er das Wesen der Optimierung in sich enthält, nämlich die Überlegung, wie kann man zwischen der gezielten Anforderung und einer Testkombination, die ich Basisprogramm nennen möchte, ein vernünftiges Verhältnis herstellen.

In der Poliklinik oder ganz allgemein in der Ambulanz ist die Problematik der Laboruntersuchungen durch zwei Tatsachen charakterisiert, auf die wir kaum Einfluß haben: Einmal durch einen sehr großen Proben- und damit Datenanfall, in der Regel verbunden mit der Notwendigkeit einer sehr schnellen Ermittlung dieser Daten; zweitens durch eine besondere Zeitstruktur des Probenanfalls, die in sich bereits wieder Ansätze zur Optimierung birgt. Fordert man, daß die Laboruntersuchungen erst nach der unmittelbaren Untersuchung des Patienten relativ gezielt angeordnet werden, dann ist die Folge, daß die Proben relativ spät und über einen größeren Zeitraum verteilt ins Labor gelangen. Bei der anderen Alternative wird dem Patienten bereits vor

der Untersuchung Blut für ein echtes Basisprogramm abgenommen. Dieses
Programm führt zwar zu höheren Analysenfrequenzen, aber es hat für das
klinisch-chemische Labor den Vorteil, daß die Proben von trainiertem
Personal entnommen werden und sehr früh am Tag eintreffen.

Wie soll man sich nun ein optimales Basisprogramm für die ambulante Diagnostik vorstellen?
Nach meiner Meinung gehört die Blutsenkung als unentbehrliche Unter-
suchungsmaßnahme dazu.
Unter den klinisch-chemischen Methoden geben die im folgenden zusammen-
gestellten Parameter zahlreiche wichtige Informationen:

> GOT
> GPT
> alkal. Phosphatase
> γ-GT
> Blutzucker
> Kreatinin
> Harnsäure
> Cholesterin und
> Triglyceride.

Aus Gründen, die ich in der Diskussion gern verteidigen will, sollten einge-
schlossen werden:

> Calcium und
> Gesamteiweiß.

Die Durchführung eines Basisprogramms hämatologischer Untersuchungen
wirft zweifellos nicht unerhebliche Probleme auf. Unbedingt notwendig erscheinen

> Hämoglobin
> Erythrocyten und
> Leukocyten.

Es ist oft diskutiert worden, ob man auf die Erythrocytenzahl verzichten
kann, aber wir benötigen sie zur Diagnostik der Anämien.

Im Hinblick auf die Untersuchungen des Hamburger Arbeitskreises um
HEINRICH sollte man weiterhin diskutieren, ob man bei Frauen und älteren
Patienten die Eisenkonzentration im Serum bestimmt oder die Eisenbindungskapazität, falls sich letztere methodisch leichter in größeren Serien ermitteln läßt.

Klinisch-chemische Untersuchungen auf Eiweiß, Glucose, Blut und Ketonkörper im Urin dürften keine Schwierigkeiten bereiten. Die Auswertung des
Sediments scheint mir jedoch sehr problematisch zu sein.

Einer besonderen Diskussion bedürfen präventivmedizinische Gesichtspunkte.
Entscheidend sind hierbei klinisch-chemische Verfahren zur Erkennung von
Störungen des Kohlenhydrat-, Fett- und Purinstoffwechsels. Es erscheint
durchaus sinnvoll, den Blutzucker in der Ambulanz nach vorheriger oraler
Gabe von Glucose zu bestimmen. Diese Pläne sind jedoch daran gescheitert,
daß die Ergebnisse nur bei präziser Einhaltung des zeitlichen Ablaufs für

den Probanden repräsentativ sind. Es bereitet große Schwierigkeiten, bei jedem einzelnen Patienten zu einem definierten Zeitpunkt Blut abzunehmen. Problematisch ist jedoch auch der Nüchternblutzucker bei ambulanten Patienten. Wir dürfen uns hier keinen Illusionen hingeben, denn mit dem Begriff "nüchtern" werden in verschiedenen Landesteilen sehr verschiedene Zustände bezeichnet. Erst letzthin sind wir darauf gekommen, daß Patienten in der Zeit, bevor sie zur Blutabnahme kamen, vom Pförtner bereits 2 Liter Bier gekauft und getrunken hatten. Das ist selbst im üblichen Sinne kaum noch nüchtern.

In dem genannten Basisprogramm fehlen einige Bestimmungen, die oft zur Routinediagnostik gezählt werden. Ich glaubte bisher immer, ein gestörtes Verhältnis zur Elektrophorese zu haben, bin aber durch den Bericht aus Kopenhagen darin bestätigt worden, daß für die Basisuntersuchung eine Elektrophorese nicht nötig ist. Für das Screening gewinnt man daraus oft nicht die entscheidenden Informationen; hat man spezifische Fragen, so werden sie durch die immunologische Bestimmung einzelner Proteine besser beantwortet. Ich glaube auch nicht, daß es nötig ist, immer alle Ionen zu bestimmen. Ein Patient, der zu Fuß in die Klinik kommt, hat mit größter Wahrscheinlichkeit normale Konzentrationen von Natrium und Chlorid im Serum.

Die zweite Phase, der Einsatz diskriminierter Untersuchungen in der Poliklinik, unterscheidet sich nicht von dem Untersuchungsprogramm der Klinik. Auch in der Klinik werden wir bei der Aufnahme von Notfallpatienten zuerst ein allgemeines Programm ablaufen lassen, das etwa mit dem hier für die Ambulanz vorgeschlagenen Programm übereinstimmen dürfte. Sobald aber die Diagnostik über den ersten Schritt hinausgegangen ist, besteht die Notwendigkeit der affirmativen und der diskriminierten Untersuchung durch Einsatz aller zur Verfügung stehenden Möglichkeiten. Zur Lösung der Probleme, die im Rahmen der subtilen klinischen Diagnostik, der Kontrolle des Verlaufs und der Beurteilung der Therapie täglich auftreten, sind Testkombinationen und Untersuchungsspektren nicht geeignet.

Abschließend möchte ich als Grundlage für die weitere Diskussion einige Thesen formulieren:

1. Das Untersuchungsspektrum umfaßt beim klinischen Patienten oder bei dem über die Anfangsphase der Diagnostik hinausgegangenen poliklinischen Patienten die Gesamtheit der heute bekannten klinisch-chemischen Methoden. Auf Grund der immer differenzierter werdenden Fragestellungen ist zusätzlich die Entwicklung weiterer Verfahren notwendig.

2. Neben statischen Methoden müssen zunehmend dynamische Methoden eingesetzt werden; ich verstehe darunter Methoden, die die Erfassung des Verlaufs biochemischer Parameter in Abhängigkeit von der Zeit oder nach der stoßförmigen Auslenkung eines Gleichgewichts zum Ziel haben. Dazu gehören z. B. die Glucosebelastungen sowie die zahlreichen und immer wichtiger werdenden Tests vor allem in der Gastroenterologie und in der Endokrinologie.

3. Das einzelne klinisch-chemische Labor wird in Zukunft nicht mehr in der

Lage sein, für diese letzte Phase der klinischen Untersuchung alle Methoden anzubieten. Hier werden wir Schwerpunkte schaffen und uns überlegen müssen, wie die Kooperation optimiert werden kann. Dazu werden wir auch unsere Verwaltungen überzeugen müssen, daß es gelegentlich notwendig ist, Untersuchungsmaterial fortzuschicken. Heute schon wird es kaum einem Routinelabor möglich sein, eine ausgefallene hämolytische Anämie vollständig abzuklären, und sicher ist nicht jedes Labor in der Lage, ein Mineralocorticoidexzeß-Syndrom diagnostisch zu klären.

4. Nach meiner Meinung ist es nicht primär Aufgabe der Klinischen Chemie, Arzneimittelspiegel zu bestimmen, wie das jetzt in manchen klinisch-chemischen Laboratorien geschieht. Wir hoffen, daß das bald in die Zuständigkeit des Klinischen Pharmakologen übergeht, wobei unter Umständen eine Apparategemeinschaft notwendig ist. Entscheidend sind in der Pharmakokinetik die Fragestellung und die Interpretation der Ergebnisse. Beides setzt jedoch ein Konzept voraus, das sich von dem Konzept der Klinischen Chemie unterscheidet.

Wahl des Untersuchungsspektrums
aus der Sicht der operativen Fächer

W. VAHLENSIECK

Als die Leitung dieses Symposiums mich bat, zur Wahl des Untersuchungsspektrums aus der Sicht der operativen Fächer zu sprechen, habe ich in
Erinnerung an das letzte Symposium gern zugesagt, später aber zur Thematik doch etwas Bedenken bekommen, da es vermessen erscheinen möchte,
hier stellvertretend für alle operativen Fächer zu sprechen; bei den verschiedenen Fachgebieten sind doch durchaus verschiedene Aspekte zu berücksichtigen. Es ist auch sicherlich nicht möglich, allen spezifischen Gesichtspunkten der einzelnen Disziplinen im Rahmen eines solchen kurzen
Referats gerecht zu werden. So mögen Sie mir verzeihen, wenn ich nur
einige Punkte herausgreife, die mir als Operateur von allgemeiner Bedeutung erscheinen und andererseits einige Punkte anschneide, die speziell aus
urologischer Sicht für diese gegenseitige Aussprache wichtig sind.

Generell ist bei der Auswahl des Untersuchungsspektrums in operativen
Fächern auf die jeweilige Behandlungsphase bezogen zu differenzieren. Das
gilt sowohl für die Auswahl der Untersuchungsmethoden wie insbesondere
auch für die Frage des zeitlichen Abstandes zwischen der Durchführung der
Untersuchung und der Information des Operateurs, des Anästhesisten wie
der nachbehandelnden Ärzte.
Zu unterscheiden sind hier:

1. Präoperative Untersuchungen, wobei abzugrenzen sind:
   a) generell vor jeder Operation angeratene Untersuchungen,
   b) spezifische, fachbezogene Untersuchungen,
2. intraoperative Untersuchungen und
3. postoperative Untersuchungen.

Zu den generellen präoperativen Untersuchungen gehört die Bestimmung des
Hämoglobins, der Erythrocytenzahl und des Hämatokrits ebenso wie ein
Differentialblutbild. Dringend angeraten erscheint vor operativen Eingriffen

auch die Fixierung eines Gerinnungsstatus. Eine Nüchtern-Blutzuckerbe-
stimmung wird man in das Untersuchungsspektrum bei Älteren mit einbeziehen, wenn man wiederholt erlebt hat, daß Patienten zur Operation aufgenommen wurden, bei denen ein Diabetes mellitus nicht bekannt war oder
daß bei einer zufälligen Untersuchung eine Entgleisung eines Altersdiabetes
festgestellt wurde. Wird diese Situation präoperativ nicht erkannt, kann es
zu postoperativen Störungen kommen, ohne daß man zunächst die wahre Ursache des ungewöhnlichen Verlaufs erkennt, im Extremfall vielleicht erst
beim Auftreten eines diabetischen Komas. Auch hier können aber dann noch
Schwierigkeiten auftreten, wenn man nicht daran denkt und das Koma vielleicht auf ein postoperatives Nierenversagen verschiedenster Ursache zu-
rückführt.

Das gilt nicht nur für urologische Patienten, sondern für alle Patienten, die
einem operativen Eingriff unterzogen werden sollen, da es in allen Fällen,
sei es durch einen intra- oder postoperativen Schock, sei es durch endogene
oder exogene Intoxikation zur Gravierung des Allgemeinzustandes kommen
kann. In diesem Zusammenhang möchte ich auch sehr die routinemäßige
präoperative Kreatinin-Bestimmung empfehlen, da sehr häufig - insbesondere bei langandauernden Erkrankungen - latente Störungen der Harnproduk-
tion, des Harntransportes oder der Harnausscheidung vorhanden sein können, die bis zum Operationszeitpunkt klinisch nicht manifest geworden sind.
Dabei ist die Kreatinin-Bestimmung der Untersuchung des Rest-N oder Harnstoff-N absolut vorzuziehen und man sollte letztere Untersuchungen aus Gründen der Ökonomie aus dem Programm streichen. Dies kann man unbedenk-
lich, weil die Kreatinin-Konzentration im Serum die Rest-N- und Harnstoffwerte an Aussagekraft übertrifft und wir mit dem Kreatinin einen zuverlässigen Parameter der Nierenfunktion haben, der außerdem unabhängig von
der Ernährung ist und bei dem die geringen Tagesschwankungen kaum relevant sind.

Auf die Präzisierung der Kreatinin-Bestimmung durch genaue Einhaltung von
Temperatur und Inkubationsdauer haben kürzlich DENNIG und MÜLLER-
PLATHE (Dtsch. med. Wschr. 45, 1751 (1972)) hingewiesen. Sie betonten
auch, daß die Streuung der Meßwerte sich durch dieses Verfahren verringern
läßt und daß gleichzeitig eine exaktere Festlegung der klinisch bedeutsamen
Normbereichsgrenze möglich sei. Für mich als Kliniker besonders interessant war der Hinweis, daß sich der Zeit- und Arbeitsaufwand durch die
genaue Festlegung von Temperatur und Meßzeit nicht ändere und daß die
Durchführung einer Serie von 10 - 30 Analysen etwa 30 Minuten dauere. Wie
ich bereits im letzten Jahr dargelegt habe, ist der Zeitfaktor der Informa-
tionsübermittlung bei einer normalen Operationsvorbereitung nicht ganz so
bedeutsam, er spielt aber eine erhebliche Rolle bei Notaufnahmen, die einer
sofortigen Operation bedürfen und bei denen wir dann schnellstens möglichst
viele Informationen über den Allgemeinzustand des Patienten haben müssen.

Schließlich ist bei den allgemein durchzuführenden präoperativen Untersuchungen ein Urinstatus wiederum in allen Fachgebieten angeraten, wenn-
gleich wir in der Urologie vielleicht hier und da ganz spezielle Wünsche an
das Untersuchungsspektrum haben, wie sie etwa in Tab. 1 dargestellt sind.
Wenn wir uns zunächst der Routinediagnostik zuwenden, so hätten wir hier

Tab. 1. Spektrum der Harnuntersuchungen.

Routinediagnostik	Spezialdiagnostik
Reaktion	Natrium
Eiweiß	Chlorid
Zucker	Kalium
Erythrocyten	Calcium
Leukocyten	Phosphat
Epithelien	Magnesium
Zylinder	Harnsäure
Kristalle	Enzymaktivitäten
Bakterien	Cytologie
	Osmolalität
	Aminosäuren
	Lipide
	Porphyrine
	Hämoglobin

an die Klinische Chemie einige Wünsche, deren Erfüllung uns einerseits
die tägliche Arbeit in der Klinik erleichtern würde und bei deren Standardisierung andererseits die wissenschaftliche Arbeit und insbesondere der Vergleich der Ergebnisse anderer Arbeitsgruppen erleichtert würde. So hätten
wir die Bitte, daß bei den Angaben zur Reaktion des Urins nicht einfach nur
neutral, sauer oder alkalisch geschrieben, sondern der pH-Wert in Zahlen
angegeben wird, zumal sich solche Angaben heute mit einem Spezial-Indika-
torpapier der Firma Merck ohne weiteres realisieren lassen. Einzuwenden
ist, daß die pH-Bestimmungen nicht mehr exakt sind, wenn der Urin einen
längeren Transport oder eine längere Verweildauer hinter sich hat und daß
es zweckmäßiger ist, diese Urin-pH-Bestimmung sofort bei der Gewinnung
des Urins vorzunehmen. Darüber läßt sich reden, doch würde dann aus
Gründen der Ökonomie eine nochmalige Bestimmung der Reaktion im Labor
überflüssig werden.

Problematisch sind auch nach wie vor die Angaben zum Erythrocyten- oder
Leukocytengehalt im Urin. Auch hier hätten wir die große Bitte, daß von
seiten der Klinischen Chemie eine generelle Standardisierung erfolgt, wobei wir es absolut für ausreichend ansehen würden, wenn die Zahl der Erythrocyten oder Leukocyten pro Gesichtsfeld im aufgeschüttelten Nativurin
angegeben würde. Die Auszählung in Zählkammern könnte dann auf besondere wissenschaftliche Fragestellungen beschränkt werden.
Die Bestimmung eventuell vorhandener Kristalle im Urin dürfte nicht allgemein erforderlich sein und könnte wohl auf Patienten mit Verdacht auf oder
mit nachgewiesenem Steinleiden reduziert werden.

Vermerkt wird im Rahmen der Laboruntersuchung nach wie vor auch der

Nachweis von Bakterien im Urin. Ich meine, daß man auch hier aus Gründen
der Ökonomie auf diese Untersuchung und diesen Hinweis verzichten könnte,
da bei Verdacht auf eine Harnwegsinfektion heute ohnehin zumindest eine
Uricult-Untersuchung durchgeführt wird und diese uns eine genaue Keimzahl
beim frischgelassenen Urin vermittelt, während bei verzögert untersuchtem
Urin die Aussage, ob Bakterien nachgewiesen wurden oder nicht, kaum noch
von Bedeutung ist.

Nicht aufgeführt in dieser urologisch ausgerichteten Tabelle ist die Urinuntersuchung auf Urobilinogen, die ich aber generell bei Patienten anraten
möchte, die zu einer Operation anstehen. Bei Patienten, die nicht wegen
einer Leber- oder Gallenblasenaffektion operiert werden sollen, wird dann
die Aufmerksamkeit auf eventuell bestehende diesbezügliche Störungen hin-
gelenkt.
Hier ist allerdings die Frage zu erörtern, ob nicht in jedem Fall vor einer
Operation im Hinblick auf mögliche, bisher klinisch nicht manifest gewor-
dene Leber- oder Gallenblasenaffektionen eine Screening-Untersuchung angeraten wäre, wie wir sie mit der Kreatinin-Bestimmung im Hinblick auf
die Nierenfunktion empfehlen. Soweit die Bestimmung des Urobilinogens im
Urin diesen Anforderungen nicht gerecht wird, bietet sich hier die Bestimmung der Transaminasen und der alkalischen Phosphatase an, die wir in der
Urologie - zumindest präoperativ - bei allen Patienten ausführen, um uns
vor unangenehmen intra- oder postoperativen Überraschungen zu sichern.

Auf die Spezialdiagnostik, die hier einen urologischen und nephrologischen
Anstrich hat, möchte ich im einzelnen nicht weiter eingehen. Generell hätten wir allerdings die Bitte, daß man sich auch hier vielleicht auf einheitliche Bezeichnungen wie mval oder mmol einigt. Für Sie mag die Umrech-
nung von der einen Bezeichnung in die andere vielleicht keine große Schwierigkeit sein, doch muß ich Ihnen ehrlich gestehen, daß es mir als Kliniker
recht schwer fällt, immer von der einen Bezeichnung in die andere umzu-
rechnen. Das ist jedoch nötig, solange auf Befunden die eine Bezeichnung
eingedruckt ist, die andere aber verwendet wird, und insbesondere in der
Literatur auch völlig unterschiedliche Angaben gemacht werden.

Bei den speziellen, fachbezogenen Untersuchungen möchte ich Ihnen hier
nur unser Untersuchungsspektrum bei Harnsteinen zeigen und damit demonstrieren, wie sehr wir auf Ihre Hilfe angewiesen sind (Tab. 2). Gerade bei
den Harnsteinen kommt es ganz besonders auf die exakte Angabe des Urin-
pH-Wertes an. Da wir hier sehr viele Elektrolyt-Bestimmungen benötigen,
ist für uns gerade hier die einheitliche Angabe der Meßwerte von größter
Bedeutung, einerseits für die eigene Auswertung, andererseits aber auch
zum Vergleich mit den Ergebnissen anderer Untersucher.

Diese Ausführungen gelten generell auch für die intraoperativen und postoperativen Untersuchungen, wobei dann - zumindest bei Störungen des postoperativen Verlaufs - der Zeitfaktor von größter Bedeutung wird. Je eher
wir Ihre Untersuchungsergebnisse vorliegen haben, umso eher kann kausal
und therapeutisch weiter entschieden werden. Hier sehe ich aber eigentlich
die geringsten Schwierigkeiten, da ich, zumindest für unseren Kliniksbe-
reich, in den letzten Jahren festgestellt habe, daß wir die notwendigen Be-

Tab. 2. Untersuchungen zur Diagnostik bei Urolithiasis.

Routineuntersuchungen	Erweiterte Diagnostik
Urogramm Urin-pH Na, K, Ca, Mg im Serum Ca/Mg-Quotient im Serum Harnsäure-Tagesprofil im Serum Ca, P, Mg, Harnsäure im Urin Infektdiagnostik Elektrophorese Steinanalyse	Oxalsäure im Urin und Serum Citronensäure im Urin und Serum Spurenelemente im Urin und Serum Uromucoidausscheidung im Urin Ammoniumchlorid-Belastungstest Cystin im Serum und Urin Xanthin im Serum und Urin Mono-, Di- und Triphosphate im Urin

funde auch schnellstens bekommen.

Mit dieser kleinen Dankesbezeugung für die hervorragende Kooperation zwischen den operativen Fächern und der Klinischen Chemie möchte ich schliessen und tue dies in der Überzeugung, daß die angedeuteten, noch bestehenden Schwierigkeiten in Zukunft sicherlich gelöst werden können, insbesondere aber auch mit der Versicherung, daß auch wir unsererseits durch die Vermeidung der Anordnung unnötiger Untersuchungen und durch eine für Sie optimale Terminierung der Anordnung von Untersuchungen sowie der Probenahme zur weiteren Optimalisierung der Zusammenarbeit von Klinischer Chemie und Klinik beitragen wollen.

Wahl des Untersuchungsspektrums
aus der Sicht der Klinischen Chemie

W. PRELLWITZ

Bei der ständig zunehmenden Zahl von Analysen und dem steigenden methodischen Angebot des klinischen Labors an den Arzt erscheint es für beide sinnvoll, für bestimmte klinische Fragestellungen Untersuchungsspektren zu erarbeiten. Voraussetzung dafür ist die intensive Zusammenarbeit zwischen Klinik und Labor. Beide Partner müssen dabei selbstverständlich Rücksicht auf die Möglichkeiten und Grenzen des anderen nehmen. Besonders durch die methodischen und apparativen Gegebenheiten des jeweiligen Laboratoriums sind diesen Untersuchungsspektren Grenzen gesetzt. Durch die Begrenzung ergeben sich jedoch auch positive Aspekte: Die laufende Diskussion über eine optimale Auswahl von Laboruntersuchungen führt zu einer Zusammenarbeit zwischen Klinik und Laboratorium, die für beide Teile notwendig ist.

Wenn man von Untersuchungsspektren spricht, sollten damit nur quantitative Nachweismethoden mit hoher Präzision und Richtigkeit gemeint sein. Qualitative oder halbquantitative Suchtests gehören in die Hand des Arztes und nicht in das Labor.

Bei den Untersuchungsspektren sollte man drei verschiedene Arten unterscheiden:

1. Untersuchungsprogramm für das Notlabor (Tab. 1). Dieses Programm wird nicht bei jedem Patienten vollständig durchgeführt, sondern der Arzt wählt daraus die ihm nach Anamnese und klinischem Befund erforderlichen Untersuchungen aus. Seit über 4 Jahren dient dieses Spektrum bei uns auch zur Versorgung von drei Intensivstationen.

Wichtig erscheint dabei, daß im Notlabor die gleichen Methoden mit der gleichen Präzision und Richtigkeit wie im Routinelaboratorium benutzt werden. In das Notlabor, das bei uns an Werktagen durchgehend mit zwei, am Wochenende mit drei med.-techn. Assistentinnen besetzt ist, werden sämtliche Analysen geschickt, die außerhalb der normalen Annahmezeiten in der Klinik anfallen.

Tab. 1. Programm des Notdienstlabors.

Na	Leukocyten
K	Hämoglobin
Ca	Erythrocyten
Cl	Hämatokrit
Kreatinin	Differentialblutbild
Harnstoff	QUICK
Glucose	Thrombinzeit
GOT	Bicarbonat
GPT	CO-Hb
CK	Met-Hb
Amylase	Liquor, Zellzahl
Cholinesterase	und Zellart

2. Untersuchungsprogramme, die verschiedene diagnostische Bereiche ansprechen, also nicht organbezogen sind. Aus diesem Programm werden alle angeführten Analysen durchgeführt, der Arzt kann keine spezielle Auswahl treffen. Als Beispiel soll hier eine prä- und postoperative Untersuchungsreihe dienen (Tab. 2).

Tab. 2. Laborprogramm für prä- und
postoperative Untersuchungen.

Na
K
Glucose
Gesamteiweiß
Kreatinin
Harnstoff
GOT
GPT
QUICK
PTT

Die Auswahl der Analysen wurde gemeinsam mit den Kollegen der Anästhesie, Frauenklinik, Orthopädie, Hals-Nasen-Ohren- und Augenklinik getroffen. Hier liegt also ein Screening-Programm vor, das gewisse Risikofaktoren vor einem chirurgischen Eingriff ausschließen und die Erkennung postoperativer Komplikationen erleichtern soll. Bei speziellen Fragestellungen stehen den Klinikern selbstverständlich sämtliche Untersuchungsverfahren des Routinelabors und des Notlabors zur Verfügung.

3. Untersuchungsprogramme, die eine gewisse Orientierung über den Funk-
   tionszustand eines Organs erlauben. Diese Untersuchungsprogramme
   dienen einmal der Diagnostik und zum anderen der Therapieüberwachung
   und Verlaufskontrolle. Zwei Programme sollen hier vorgestellt werden,
   die sich bei uns bewährt haben:
   a) Untersuchungsprogramm bei Verdacht auf Lebererkrankungen sowie
      als Verlaufs- und Therapiekontrolle (Tab. 3);

Tab. 3. Laborprogramm für wissenschaftliche
Untersuchungen bei Lebererkrankungen.

Na	Hämoglobin
K	Erythrocyten
Mg	Hämatokrit
Zn	Differentialblutbild
Bilirubin	Thrombocyten
Kreatinin	PTT
Harnsäure	QUICK
GOT	Fibrinogen
GPT	Faktor II, V
GLDH	Reptilasezeit
alkal. Phosphatase	Gesamteiweiß
LAP	Elektrophorese
γ-GT	Albumin
Eisen	IgG, IgA, IgM
Kupfer	Haptoglobin
Leukocyten	Coeruloplasmin

b) Untersuchungsprogramm bei Verdacht auf Verbrauchskoagulopathie
   (disseminierte intravasale Koagulopathie) sowie als Verlaufs- und
   Therapiekontrolle (Tab. 4).

Tab. 4. Laborprogramm bei Verbrauchskoagulopathie.

Hämoglobin
Erythrocyten
Hämatokrit
Thrombocyten
PTT
QUICK
Thrombinzeit
Fibrinogen
Faktor II, V, X

Einige der hier gezeigten Beispiele werden selbstverständlich Diskussionen hervorrufen.

Bei der Wertung der Untersuchungsspektren sollten zwei Dinge besonders beachtet werden:

1. Da wir erst jetzt mit der Installierung des SILAB-Systems beginnen können, müssen wir aus organisatorischen Gründen den Informationsfluß in gewisse feste Bahnen lenken. Das gilt besonders für die prä- und postoperativen Untersuchungen. Außerdem war es der Wunsch der Kliniker, vom Labor eine bestimmte Leitschiene von Untersuchungen zu erhalten.

2. Aus folgenden Gründen ergibt sich eine gewisse Überdimensionierung der Programme:
   Zum Beispiel wird für die Diagnostik von Lebererkrankungen eine Vielzahl von Variablen bestimmt, die sich aus unseren bisherigen pathochemischen Erkenntnissen ergeben. Der Klinische Chemiker hat die Aufgabe, für diesen diagnostischen Teilbereich die Methode mit der höchsten Spezifität und Empfindlichkeit auszuwählen. Außerdem müssen parallel zu den Routinemethoden ständig neue Laboruntersuchungen erprobt werden, um Variable mit höherem Aussagewert für die einzelnen Fragestellungen in die Untersuchungsspektren aufnehmen zu können.
   Ob für Verlaufskontrollen das gesamte Untersuchungsspektrum notwendig ist, hängt vor allem davon ab, ob die Ergebnisse in Zusammenarbeit mit dem Kliniker wissenschaftlich ausgewertet werden. Für die Praxis können derartige Programme sicher gekürzt werden. Die Kapazität des jeweiligen Labors spielt dabei eine wesentliche Rolle.

Diese notwendige Variabilität der Untersuchungsspektren erfordert eine enge Zusammenarbeit zwischen Klinikern und Klinischen Chemikern, ohne die eine Weiterentwicklung nicht möglich ist.

<u>Wahl des Untersuchungsspektrums</u>
<u>aus der Sicht der Pädiatrie</u>

W. KÜNZER

Die wesentlichen Informationen, die ich geben will, finden Sie in den folgenden Schemata aufgeführt. In den Tab. 1 - 5 sind die von unseren Laboratorien angebotenen klinisch-chemischen Analysen zusammengestellt. In den
Tab. 6 - 9 sind 4 Analysenprogramme zur Abklärung bestimmter Erkrankungen wiedergegeben. Man erkennt ohne Schwierigkeiten, daß die Pädiatrie
in mancher Hinsicht andere labormäßige Notwendigkeiten hat als die Innere
Medizin, obgleich auch zahlreiche Gemeinsamkeiten zwischen den beiden
Fächern bestehen.

Tab. 1 zeigt das Spektrum unserer "Rund-um-die-Uhr"-Analysen, die im
Nachtdienst sowie an Sonn- und Feiertagen gemacht werden können. Zucker-

Tab. 1. Spektrum der "Rund-um-die-Uhr"-Analysen.

Blutzucker
Liquorzucker

Harnstoff
Natrium
Kalium
Calcium

Säure-Basen-Haushalt
Sauerstoff im Blut

Thrombocyten
Leukocyten
Hämoglobin
Hämatokrit

bestimmungen sind nicht nur beim Diabetes mellitus wichtig, sondern auch für die Diagnostik der im Kindesalter so häufigen Meningitiden. Bestimmungen des Säure-Basen-Haushalts und des Sauerstoffs im Blut müssen jederzeit möglich sein. Entsprechendes gilt für Bilirubinbestimmungen, an denen die Indikationsstellung zur Austauschtransfusion hängt.

Tab. 2 und 3 geben das Spektrum unserer klinisch-chemischen Analysen wieder. Wir haben diese unterteilt in diagnostische Sachgebiete: Leberdiagnostik, Nierendiagnostik, Muskeldiagnostik, Elektrolytdiagnostik, Eiweiß-diagnostik, Fettdiagnostik, gastroenterologische Diagnostik, endokrinologische Diagnostik, hämatologische Diagnostik, onkologische Diagnostik und hämostaseologische Diagnostik. Insgesamt zeigt sich, daß die Pädiatrie große Anforderungen an das Laboratorium stellt.

Tab. 4 faßt die Medikamente zusammen, deren Serumspiegel bei uns gemessen werden können. Erst in den letzten Jahren hat sich herausgestellt, daß derartige Bestimmungen notwendig sind.

Tab. 2. Spektrum der klinisch-chemischen Analysen.

Leberdiagnostik	Muskeldiagnostik
GOT	GOT
GPT	GPT
alkal. Phosphatase	CK
LAP	Kreatin im Harn
γ-GT	
Bilirubin (gesamt, direkt)	Elektrolytdiagnostik
BSP-Test	
Eisen	Natrium
Kupfer	Kalium
Elektrophorese	Calcium
	Chlorid
Nierendiagnostik	Phosphor
	Magnesium
Harnstoff	
Harnsäure	
Kreatinin	Eiweißdiagnostik
Inulin-Clearance	
PAH-Clearance	Gesamteiweiß
Elektrolyt-Clearance	Elektrophorese
Aminosäuren im Harn	Aminosäuren im Serum und Harn
	Fettdiagnostik
	Cholesterin
	Triglyceride
	Lipidelektrophorese

Tab. 3. Spektrum der klinisch-chemischen Analysen.

Gastroenterologische Diagnostik	Onkologische Diagnostik
α-Amylase Trypsin-Filmtest im Stuhl Fett im Stuhl Xylose-Resorptionstest Stercobilinogen im Stuhl Schweiß-Test	Vanillinmandelsäure LDH
Endokrinologische Diagnostik	**Hämostaseologische Diagnostik**

Proteingebundenes Jod
Gesamtthyroxin (T_4-Test)
Trijodthyronintest (T_3-Test)
17-Ketosteroide, 17-OH-Steroide
freies Cortisol, Pregnantriol im Harn
Corticosteroide, Wachstumshormon
Insulin, Testosteron im Serum
	Blutungszeit (quantitativ)
	Capillarresistenz
	Recalcifizierungszeit
	Heparin-Toleranztest
	QUICK-Test
	Partielle Thromboplastinzeit
	Thrombinzeit
	Thrombelastogramm
	Fibrinogen
	Faktoren II, V, VII, VIII, IX,
	   X, XI, XIII
	Euglobulin-Lysetest
	Plasminogen-Proaktivator
	Streptokinase-Resistenztest
	Antithrombin
	Thrombocyten
	  Aggregation
	  Adhäsivität
	  Ausbreitung

Hämatologische Diagnostik	
Eisen Eisen-Bindungskapazität fetales Hämoglobin Methämoglobin Hämoglobin-Elektrophorese Enzyme in Erythrocyten	

Tab. 4. Spektrum der klinisch-chemischen Analysen.

Medikamentenserumspiegel-Diagnostik
Antibiotica
Barbiturate Hydantoine Primidon (Mylepsin)
Salicylsäure
Digoxin
Albuminbindungskapazität

Tab. 5. Analysenspektrum zur Diagnostik angeborener
Stoffwechselstörungen.

<table>
<tr><td>

Aminosäurenstoffwechsel-Diagnostik

Aminosäuren im Serum und Harn,
   Screening-Test und quantitative
   Bestimmung
Phenylalanin
Lactat
Pyruvat
Screening-Test auf Methylmalon-
   säure im Harn

Kohlenhydratstoffwechsel-Diagnostik

Galaktose im Blut und Harn
Galaktose-1-P-Uridyl-transferase
   und Galaktokinase in Erythrocyten
Screening-Test auf Mucopoly-
   saccharide im Harn

</td><td>

Harnstoffcyclus-Diagnostik

Ammoniak

Purinstoffwechsel-Diagnostik

Harnsäure

Kupferstoffwechsel-Diagnostik

Kupfer
Coeruloplasmin

Erythrocytenstoffwechsel-
   Diagnostik

Enzymaktivitäten
Methämoglobin-Reductase

</td></tr>
</table>

Tab. 6. Analysenprogramm für das Symptom Ikterus bei Neugeborenen.

Bilirubin im Serum (gesamt, direkt, indirekt)
Reticulocyten
Stuhlfarbe

1. Verdacht auf prähepatocellulären Ikterus   Analysen

Rh- und ABO-Erythroblastose   Hämoglobin
HEINZ-Körper bedingte Hämolyse   Hämatokrit
infektiös-toxische Hämolyse   Erythrocyten
hereditäre Sphärocytose   Reticulocyten
enzymopenische Hämolyse   Haptoglobin
Hämoglobinanomalien   HEINZ-Körper
große Gewebsblutungen   osmotische Resistenz
    Inkubationshämolyse
    PRICE-JONES-Kurve
    Hämoglobinelektrophorese
    erythrocytäre Fermente
    COOMBS-Test
    Hämolysintest
    Blutgruppenfaktoren

Fortsetzung s. nächste Seite

Fortsetzung Tab. 6.

2. **Verdacht auf posthepatocellulären** <u>Ikterus</u>
 	
extrahepatische Gallengangsatresie
intrahepatische Gallengangsatresie
Verschluß durch Cysten, Tumoren, Steine
Syndrom der eingedickten Galle (neonatale
    Hepatitis, Erythroblastose u. a.)
	<u>Analysen</u>
	
	Bilirubin, Stercobilinogen
	   im Stuhl
	alkalische Phosphatase
	LAP
	Cholesterin
	^{131}J-Bengalrosaausschei-
	   dung im Stuhl
	Leberbiopsie

3. **Verdacht auf hepatocellulären Ikterus**
 	
a) Leberzellschaden durch Infektion:
   Colisepsis (Coli-Pyelonephritis)
   Hepatitis A und B
   connatale Röteln und Cytomegalie
   Herpes simplex
   connatale Toxoplasmose, Lues und
      Listeriose
 	
b) Leberzellschaden durch Stoffwechsel-
   störung:
   Galaktosämie
   Fructosämie
 	
c) isolierte Fermentschwächen:
   Störung der Bilirubinaufnahme in die
      Zelle (M. GILBERT)
 	
   Störung der Bilirubin-Konjugation:
   physiologischer Neugeborenenikterus
   M. CRIGLER-NAJJAR
   M. GILBERT
 	
   Hemmung der Glucuronyltransferase
   durch:
   Steroide
   Novobiocin
   $3\,\alpha,\ 20\,\beta$-Pregnandiol
 	
   Störung der Bilirubin-Exkretion:
   M. DUBIN-JOHNSON
   M. ROTOR
 	
d) pathogenetisch unklar:
   verstärkter Ikterus bei
   Hypothyreose
   Mongolismus
   diabetischer Fetopathie
   Duodenalatresie
	<u>Analysen</u>
	
	Galaktose, Fructose im
	   Blut und Harn
	Gal-1-PUT und Gal-kinase
	   in Erythrocyten
	GOT
	GPT
	γ-GT
	Eisen, Kupfer im Serum
	Elektrophorese
	
	Glucuronyltransferase-
	   aktivität im Leber-
	   zylinder
	Proteingebundenes Jod
	Gesamtthyroxin
	Trijodthyronintest
	BSP-Test
	
	bakteriologische Unter-
	   suchungen
	serologische Unter-
	   suchungen
	virologische Unter-
	   suchungen
	röntgenologische Unter-
	   suchungen

Tab. 5 veranschaulicht unser Analysenspektrum zur Diagnostik angeborener Stoffwechselstörungen. Die beträchtliche Zahl von erforderlichen Bestimmungen drückt die Tatsache aus, daß zur Abklärung angeborener Stoffwechselleiden ein erheblicher labormäßiger Aufwand gehört.

Tab. 6 zeigt ein Analysenprogramm zur Differentialdiagnose des Symptoms Ikterus bei Neugeborenen. Angeführt ist einerseits der klinische Verdacht auf prä-, post- und hepatocellulären Ikterus, andererseits die zur Abklärung zweckdienlichen Laboranalysen.

In ähnlicher Weise enthält Tab. 7 ein Analysenprogramm, das bei Verdacht auf eine angeborene Stoffwechselstörung angewendet werden kann.

Tab. 8 gibt ein Programm zur ursächlichen Klärung von Blutungsübeln im Neugeborenenalter wieder.

Tab. 7. Analysenprogramm bei Verdacht auf eine angeborene
Stoffwechselstörung.

Stoffwechselstörung	Analysen

Aminosäurenstoffwechsel
z. B. Phenylketonurie
    Ahornsirup-Krankheit
    Hyperglycinämie
    Tyrosinämie
    Histidinämie
    Homocystinurie
    Lysinurie
    Cystinurie
	1. Screening durch Dünnschicht-chromatographie im Serum und Urin
	
	2. bei positivem Screening quantitative Bestimmung durch Säulenchromatographie oder spezielle Bestimmungsmethoden

Kohlenhydratstoffwechsel z. B. Galaktosämie	1. FEHLING'sche Probe 2. Galaktose-Bestimmung 3. Aktivitätsbestimmung der Enzyme Gal-1-PUT und Gal-kinase in Erythrocyten
Methylmalonacidurie	spezieller Screening-Test
Mucopolysaccharidosen	spezieller Screening-Test
Defekte im Harnstoff-Cyclus	Ammoniak
M. WILSON	Coeruloplasmin
Purinstoffwechsel (LESCH-NYHAN-Syndrom)	Harnsäure
Methämoglobinämie	Bestimmung der Methämoglobin-Reductase in Erythrocyten
nichtsphärocytäre hämolytische Anämie	Bestimmung der entsprechenden Enzymaktivitäten in Erythrocyten

Tab. 8. Laboruntersuchungen zur ätiologischen Klärung
von Blutungsübeln im Neugeborenenalter.

Thrombocytenzahl
Thrombocytenfunktionstests (Adhäsivität, Ausbreitung,
    osmotische Resistenz)
Thrombelastogramm
Blutungszeit nach IVY
quantitative Blutungszeit nach SUTOR
Capillarresistenz (Saugglockentest)
Globaltests (PTT, Recalcifizierungszeit)
leberabhängige Faktoren (QUICK, Prothrombin,
    Fibrinogen, Faktoren X, IX, VII)
intravasale Gerinnung (Alkoholtest, Faktor V und VIII,
    Splitprodukte (immunologisch), Plasminogen-
    Proaktivator-Komplex, Euglobulin-Lyse-Test,
    Antithrombinzeit)

Tab. 9. Laboruntersuchungen zur ätiologischen Klärung von
Anfallsleiden und psychomotorischer, geistiger Retardierung
im Kindesalter.

Untersuchungen im Blut bzw. Serum

Serumelektrolyte, insbes. Ca, Mg, P, Cu und Fe
Gesamteiweiß, Elektrophorese
Coeruloplasmin
Aminosäurenkonzentration im Serum (Screening-Test)
Blutzucker nüchtern und postprandial
Blutzucker unter Leucinbelastung
Harnsäure im Serum (LESCH-NYHAN-Syndrom)
serologische Untersuchungen (Toxoplasmose,
    Cytomegalie, Röteln)
Proteingebundenes Jod, Thyroxin

Untersuchungen im Harn

FÖLLING' sche Probe
BRAND' sche Probe auf Homocystin
Mucopolysaccharidausscheidung (Screening-Test)
metachromatische Substanzen

Tab. 9 faßt die Laboruntersuchungen zusammen, die zur ätiologischen Klärung von Anfallsleiden und von psychomotorischer, geistiger Retardierung im Kindesalter zweckdienlich sind.

Es sind dies nur einige Beispiele; wünschenswert wäre, daß sich Sachkundige zur Fortentwicklung derartiger Programme bereitfänden.

Für freundliche Mithilfe habe ich der Leiterin unserer klinisch-chemischen Laboratorien, Frau Doz. Dr. WITT, sowie den Herren Dr. NIEDERHOFF, Dr. PRINGSHEIM und Dr. WEHINGER zu danken.

Wahl des Untersuchungsspektrums
Screening-Programm für die Blutgerinnung

E. DEUTSCH

Ein Screening-Programm der Blutgerinnung hat den Zweck, mit einfachen,
aber empfindlichen Methoden das Vorliegen einer Gerinnungsstörung auszuschließen oder zu erfassen, im letzteren Fall auch eine grobe Lokalisation der Störung auf eine bestimmte Phase der Gerinnung zu ermöglichen.
Ein derartiges Panel umfaßt Blutungszeit, Thrombocytenzählung, Prothrombinzeit, aktivierte partielle Thromboplastinzeit, Thrombinzeit, Fibrinogenbestimmung und kann zur Erhöhung der Sicherheit der Aussage durch
Heparintoleranztest, Prothrombinverbrauch und Thrombelastogramm kom-
plettiert werden. Es sollte vielleicht in nächster Zeit durch Äthanolgelifika-
tionstest und Staphylokokkenklumpungstest erweitert werden, um Verbrauchsreaktionen erfassen zu können. Die Gerinnungszeit, die bisher zu den üblicherweise durchgeführten Grunduntersuchungsmethoden gehörte, ist so
unempfindlich, daß sie nicht mehr durchgeführt werden sollte; wir haben
sie daher aus obiger Aufzählung weggelassen.

Auch die Blutungszeit ist eine schlechte und wenig empfindliche Methode,
sie kann aber zur Erfassung von Thrombocytenfunktionsstörungen bei
Thrombocytopathien, Urämie sowie zur Erfassung der von WILLEBRAND-
JÜRGENS' schen Krankheit durch keine andere Methode ersetzt werden. Die
Methode ist keineswegs so einfach, wie sie erscheint, so daß sie jeweils
dem Jüngsten im Laboratorium überlassen werden könnte. Durch entspre-
chende Standardisierung, wie z. B. die Modifikation von HARKER und
SLICHTER, können die Ergebnisse wesentlich verbessert werden.

Die Thrombocytenzählung mit einer Kammermethode unter Verwendung des
Phasenkontrastmikroskops ergibt verläßliche, reproduzierbare, quantitative
Ergebnisse zur Erfassung der Thrombocytopenie und Thrombocytose.

Die Gerinnungsstörungen des exogenen Systems (Veränderungen der Faktoren II, V, VII und X) werden mit der Prothrombinzeit erfaßt. Gestört wird
der Test durch eine starke Verminderung des Fibrinogens, größere Mengen

von Heparin sowie durch gewisse Hemmstoffe. Normotest und Thrombotest sind als Suchteste weniger geeignet, da mit diesen Testen Veränderungen von Faktor V nicht erfaßt werden können.

Zur Erfassung des endogenen Systems (der Faktoren VIII, IX, XI und XII) wird die aktivierte partielle Thromboplastinzeit angewendet. Sie wird durch Verminderung der Faktoren II, V und X sowie durch starke Verminderung von Fibrinogen, Vorliegen von Heparin und durch gewisse Hemmstoffe beeinflußt.

Veränderungen im Bereich der Phase der Fibrinogen-Fibrin-Umwandlung werden durch die Thrombinzeit erfaßt. Ferner ist die regelmäßige Durchführung einer Fibrinogenbestimmung zu empfehlen, insbesondere zur Erfassung von Verbrauchsreaktionen. Um eine zusätzliche Absicherung zu haben, ist es zweckmäßig, noch ein Thrombelastogramm anzufertigen und einen Heparintoleranztest zu machen.

Operativen Abteilungen ist vielleicht der "Clot observation test" während und unmittelbar im Anschluß an Operationen und Entbindungen als ein einfacher Test zur Erkennung von Afibrinogenämien und Hyperfibrinolysen zu empfehlen.

Zur Erfassung von Verbrauchsreaktionen sollte das Routineprogramm durch Einführung des Äthanolgelifikationstests zur Erfassung von Fibrinogen-Fibrinmonomer-Komplexen und des Staphylokokkenklumpungstests zur Erfassung von Fibrinspaltprodukten ergänzt werden.

Da primäre Hyperfibrinolysen außerordentlich selten sind, enthält das vorgelegte Programm keine Fibrinolysetests. Wenn jedoch nach dem Vorliegen einer Hyperfibrinolyse gesucht wird, so bewähren sich das Thrombelastogramm mit Langzeitbeobachtung sowie die Euglobulinlysezeit, die allerdings den Nachteil hat, daß das Gerinnsel über lange Zeit durch eine Arbeitskraft beobachtet werden muß, was beim Thrombelastographen nicht erforderlich ist. Die Euglobulinlysezeit dürfte jedoch empfindlicher sein.

<u>Literatur</u>

DEUTSCH, E. und GEYER, G.: Laboratoriumsdiagnostik, 2. Aufl. Berlin: Steinkopf 1973.

HARKER, L.A. and SLICHTER, S.J.: New Engl. J. Med. <u>287</u>, 155 (1972).

DISKUSSION

KELLER:
Wir könnten die Vorträge jetzt einzeln diskutieren; da sie sich aber in vieler
Hinsicht überschneiden, ist es günstiger, wenn wir zuerst über das sogenannte Basisprogramm und dann über die gezielten Untersuchungen sprechen,
die quasi auf der gleichen Ebene ablaufen, wie das eben formuliert worden
ist. Wir sollten unabhängig von den Vortragenden erst einmal die Frage diskutieren: Was ist bei der Neuaufnahme eines Patienten - sei es in der Klinik,
sei es in der Poliklinik - erforderlich? Dabei werden sich naturgemäß bei
den akuten Notfällen und bei den gezielten Aufnahmen gewisse Unterschiede
ergeben.

LANG:
Herr PRELLWITZ hat den Schnelltest als das eine Extrem und die quantitative Bestimmung als das andere Extrem angesprochen. Er hat den Schnelltest aus dem Labor verbannt, soweit ich ihn verstanden habe.

PRELLWITZ:
Der Schnelltest für Serum- und Blutuntersuchungen gehört vorwiegend in die
Hand des Arztes und nicht in das Laboratorium.

LANG:
Es gibt zwischen den Schnelltests und den quantitativen Methoden noch die
sogenannten Suchtests, nicht exakt quantifizierbare Tests, mit denen man
aus einer großen Anzahl von zu untersuchenden Seren diejenigen heraus-
suchen kann, die pathologisch sind und quantitativ bestimmt werden müssen.
Ich würde gerne Ihre Meinung und die des Auditoriums hören, wieweit diese
Tests sinnvoll sind.

KELLER:
Wenn ich Sie recht verstanden habe, schlagen Sie vor, z. B. alle eingehen-
den Blutproben erst einmal mit Hilfe eines Stix zu untersuchen, ob der Harnstoff überhaupt erhöht ist, um nur bei den eindeutig erhöhten dann den Harnstoff quantitativ zu bestimmen.

LANG:

Ich denke zum Beispiel an die Lipase. Die Lipasebestimmung ist technisch
eine relativ aufwendige Methode. Es gibt Laboratorien, von denen inzwischen
20 oder mehr Bestimmungen der Serumlipaseaktivität am Tag verlangt werden. Ist es angängig, dort mit einem einfachen Test die Seren mit erhöhter
Lipaseaktivität herauszusuchen und dann quantitativ zu bestimmen, oder wird
das abgelehnt? Ich möchte die Lipase aber bitte nur als Beispiel verstanden
wissen.

PRELLWITZ:

Bei der Lipase muß ich Ihnen absolut recht geben. Wenn wir am Tag 100 -
120 Aktivitätsbestimmungen der Lipase im Serum durchführen müssen, dann
verwenden wir zuerst den semiquantitativen Suchtest. Können wir hier eine
Aktivitätssteigerung der Lipase feststellen, wird die exakte Methode nach
RICK durchgeführt. Auf diese Art und Weise werden die Frequenzen am automatischen Mikrotitrator ganz erheblich gesenkt. Bei dem Problem der Aktivitätsbestimmung der Lipase wären wir ohne diesen Suchtest praktisch nicht
in der Lage, die Bestimmungen durchzuführen.

ZÖLLNER:

Ich muß Herrn LANG recht geben. Den Zeitgewinn durch einen Dextrostix
kann das Labor nie einholen. Diese 20 Minuten können unter Umständen entscheidend für die Therapie sein, auch wenn der Wert nicht genau ist. Ich
möchte eine Abqualifizierung der Serumanalysen durch Stix nicht akzeptieren.

PRELLWITZ:

Damit wird meine Ansicht bestätigt, daß die Schnellmethoden in die Hand des
Arztes gehören. Bei einem komatösen Patienten kann man in der Notaufnahme
mit Dextrostix sehr schnell feststellen, ob hier eine Hypoglykämie oder ein
Coma diabeticum vorliegt. Durch diese Schnelluntersuchung kann der Arzt
schon die erste Therapie einleiten, ohne den genauen Wert des Glucosespie-
gels im Blut zu kennen. Diese Screening-Tests sollten jedoch nicht im Laboratorium, sondern in der Notaufnahme durch den Arzt durchgeführt werden.

Frau WITT:

Ich möchte nur noch einmal betonen, daß Screening-Tests für angeborene
Stoffwechselstörungen unerläßlich und gar nicht mehr wegzudenken sind.

LANG:

Ich möchte noch auf das Problem der Empfindlichkeit hinweisen: Bei Suchtests muß man in vielen Fällen darauf verzichten, leichte Erhöhungen an der
oberen Grenze des Normbereichs zu erfassen. Wird das nicht für zu gefährlich gehalten?

RÓKA:

Ich glaube, Herr ZÖLLNER hat die Frage angeschnitten, auf die es ankommt:
Was darf im Interesse der Geschwindigkeit an Genauigkeit verlorengehen?
Entscheidend ist dabei, ob der Suchtest zur Trennung zwischen "normal" und
"pathologisch" eingesetzt wird oder ob der Suchtest nur die Aufgabe hat zu

zeigen, ob man akut therapeutisch eingreifen muß oder nicht; das sind zwei
ganz verschiedene Anforderungen, die an Suchtests gestellt werden.

LANG:
Die Ja:Nein-Antwort bei Suchtests ist aber im allgemeinen mit einer grös-
seren Unsicherheit verbunden, darüber darf man nicht hinwegsehen.

KREUTZ:
Die Sensibilität eines Suchtests muß so eingestellt sein, daß wir einen gewissen Prozentsatz von falsch-positiven Ergebnissen tolerieren, dagegen möglichst gar keine falsch-negativen Ergebnisse erhalten.

APPEL:
Wir führen seit einiger Zeit Suchtests für die GOT/GPT mit der Kombination
der Fa. Worthington durch aus zwei Gründen: Einmal, um die Analysenzahlen
zu reduzieren und zweitens, um Zeit zu gewinnen.

SIEGENTHALER:
Ich habe diese Vorträge mit großem Genuß gehört, aber es kommt mir so
vor, als ob man sagen könnte: Die Geister, die ich rief, die werd' ich nicht
mehr los. Ich glaube, daß wir uns hier an einem Punkt befinden, wo wir
zwischen Illusion und Realität oder - wie Herr DENGLER gesagt hat - zwischen Nutzen und Aufwand unterscheiden müssen. Das Leberprofil, das Herr
PRELLWITZ gezeigt hat, ist für wissenschaftliche Untersuchungen durchaus
geeignet. Ich bin aber überzeugt, daß es in Zukunft unmöglich sein wird, einfach überall noch Kupfer, Magnesium und alles Mögliche mitzubestimmen,
wenn wir mit weniger Daten zur gleichen Diagnostik kommen. In der Schweiz
würde das Sozialprodukt, das zur Verfügung steht, in wenigen Jahren oder
Jahrzehnten vollständig für das Gesundheitswesen aufgebraucht; diese Entwicklung ist nicht mehr möglich. Wenn wir uns nicht selbst beschränken,
dann dürfen wir uns auch nicht wundern, wenn uns die Beschränkungen von
nichtmedizinischer Seite aufgezwungen werden.

HILLMANN (klopft Beifall).

SIEGENTHALER:
Deshalb, glaube ich, stellt sich jetzt die Frage, ob wir eine maximale oder
eine optimale Diagnostik betreiben wollen. Ich glaube persönlich, für eine
optimale Diagnostik plädieren zu müssen. Ich bin mit dem Programm von
Herrn DENGLER eigentlich sehr einverstanden. Ich würde aber meinen, daß
es schon zu weit geht, wenn wir uns der Konsequenzen bewußt sind, die auf
uns zukommen. Herr HEYDEN, ein Ihnen nicht unbekannter Präventiv- und
Sozialmediziner, der lange Zeit an der Duke-Universität in Durham/N. C.
gearbeitet hat und jetzt in St. Gallen tätig ist, hat mir kürzlich einen ausge-
zeichneten Artikel über den Nutzen der ganzen Vorsorgeuntersuchungen zu-
gestellt. Der Nutzen dieser Untersuchungen steht nach den großen amerika-
nischen Erfahrungen nicht annähernd in einem Verhältnis zu dem Aufwand,
der notwendig ist. Herr HEYDEN vertritt in dieser Arbeit deshalb die Meinung, daß man sich bei den Basisuntersuchungen auf das beschränken soll,

was gesichert ist. Gesichert ist heute, daß wir Risikofaktoren kennen, die
wir eliminieren müssen. Diese im Labor nachweisbaren Risikofaktoren sind
der Diabetes bzw. der latente Diabetes und die erhöhten Lipide, die man dem
Patienten nicht ansehen kann. Ich weiß nicht, ob es jetzt sinnvoll ist, hier
die verschiedenen von Herrn DENGLER erwähnten Parameter für Routineuntersuchungen durchzudiskutieren. Man könnte sich schon fragen, soll man
das Hämoglobin, soll man den Hämatokrit machen? Ist die Bestimmung der
Erythrocyten dabei nötig oder nicht? Muß man grundsätzlich Calcium bestimmen? Muß man das Serumeiweiß bestimmen? Ich würde meinen, es würde
vielleicht jetzt die Diskussion zu stark in die Länge ziehen, wenn wir diese
einzelnen Dinge diskutieren wollten, aber ich bin der Meinung, daß wir auch
in Zukunft unsere Ärzte erziehen müssen, eine gezielte Diagnostik zu treiben. Wir können wohl ein Basisprogramm haben, aber alles andere - würde
ich meinen - bringt uns in eine Situation, die wir schließlich nicht mehr beherrschen.

DEUTSCH:
Herr SIEGENTHALER hat mir sehr aus dem Herzen gesprochen. Ich glaube,
daß für die Praxis sicherlich die Worte von Herrn DENGLER am wichtigsten
sind, weil er die Dinge sieht, wie sie tatsächlich sind. Ich glaube aber, daß
man streng zwischen einem Basisprogramm, das bei einem Patienten an
einer Poliklinik angewendet wird, und einem solchen bei einer Gesundenunter-
suchung unterscheiden muß. Das letztere kann im Sinne von Herrn SIEGEN-
THALER gegenüber dem Basisprogramm an einer Poliklinik wesentlich ein-
geschränkt werden. So glaube ich z. B., daß man eine Kaliumbestimmung
bei der großen Anzahl der Hypertoniker, die in die Poliklinik kommen und
die ja zum großen Teil schon mit Saliuretica vorbehandelt sind, nicht missen
sollte. Dann habe ich mich gefragt, warum Sie nicht den Hämatokrit anführen; ich glaube, der Hämatokritwert ist doch wichtiger als die Erythrocyten.
Weiter hätte ich gerne Herrn VAHLENSIECK gefragt: Er hat bei seinem
Basisprogramm das Differentialblutbild angeführt, worüber ich mich außerordentlich gewundert habe, weil Herr DENGLER es beim internistischen
Programm - ganz meiner Meinung entsprechend - nicht anführt. Herr KNEDEL
hat uns sicherlich ein Laboratorium geschildert, das alle Untersuchungen aus-
führt, die nur eben möglich sind. Bei uns in Wien ist die Situation so gelöst,
daß diejenigen Programme, die er zum Schluß genannt hat und die ja blendend
sind, wenn sie ein Routinelaboratorium durchführen kann, den wissenschaftlichen Fachlaboratorien zugeordnet sind. Dort wird z. B. die Immunfluores-
cenz ausgeführt. Aber ich glaube nicht, daß von den zentralen Routinelaboratorien der nächsten 10 - 15 Jahre diese Spezialuntersuchungen allgemein gefordert werden können.

DENGLER:
Man hat eine Zeitlang die Meinung vertreten, für ein Basisprogramm reichen
Hämoglobin und Leukocyten. Ich meine, das reicht nicht ganz, wir brauchen
zusätzlich zum Hämoglobin eine Aussage über die Erythrocyten in bezug auf
die Zahl; ich wollte den Klinischen Chemikern überlassen, wie das gemacht
werden kann. Außerdem möchte ich für das Votum von Herrn SIEGENTHALER
danken, weil ich meine, daß wir tatsächlich in diese Klemme zwischen den

Möglichkeiten, die volkswirtschaftlich tragbar sind und denjenigen, die wir fordern, kommen können.
Vielleicht bin ich ein bißchen mißverstanden worden: Mit einem Poliklinik-patienten meinte ich denjenigen, der glaubt, als Kranker die Poliklinik auf-zusuchen. Für reine Präventivpatienten, die an sich doch seltener werden, braucht man natürlich ein anderes Programm.

VAHLENSIECK:
Das Differentialblutbild brauchen wir immer dann, wenn wir es mit entzünd-lichen Prozessen in den verschiedensten Organen zu tun haben. Wir müssen wissen, ob im präoperativen Stadium oder im weiteren Verlauf eine Links-verschiebung oder eine Eosinophilie vorliegt. Entzündliche Erkrankungen und solche mehr auf allergischer Basis, mit denen wir uns in der Urologie sehr herumschlagen müssen, können wir anhand dieser Parameter sehr gut differenzieren. Ich meine, das ist der einfachste Weg, zumindest auf solche Dinge aufmerksam zu werden. Zum Gerinnungsstatus: Sicherlich kann man sich heute nicht mehr darauf verlassen, daß man mit der Anamnese eine Information über ein Blutungsübel oder eine Neigung zu verstärkten Blutun-gen erhält.

KELLER:
Herr DEUTSCH, würden Sie sagen, für den Chirurgen reicht der "Clot obser-vation test" aus? Mit anderen Worten: Nativblut in einem Glasröhrchen bei 37 $^{\circ}$C muß spätestens nach 5 Minuten geronnen sein und darf sich innerhalb der nächsten 4 Stunden nicht wieder auflösen.

DEUTSCH:
Das genügt höchstens intra- und kurz postoperativ, aber nicht präoperativ.

KELLER:
Welche Tests würden Sie präoperativ empfehlen?

DEUTSCH:
Ich würde sagen, die Gerinnungszeit ist völlig wertlos; die Blutungszeit ist zu verlangen, die Thrombocytenzahl, dann PTT und eine PTZ-Methode, eine Thrombinzeit und eine Fibrinogenbestimmung, evtl. noch ein Thrombelasto-gramm. Die Blutungszeit ist nicht nur bei der Thrombocytopenie verlängert, sondern auch bei Thrombasthenie, den Thrombocytopathien, der von WILLE-BRAND'schen Erkrankung, der Purpura fibrinolytica und den Dysproteinämien, insbesondere dem Morbus WALDENSTRÖM. Beim präoperativen Screening ist daher die Blutungszeit erforderlich.

KELLER:
Bei einem akuten chirurgischen Fall ist das Thrombelastogramm praktisch nicht realisierbar.

GROSS:
Diese Diskussion scheint mir ein Musterbeispiel dafür zu sein, was die Methoden leisten und was nicht, vor allem auch für die Gefahren der Inter-

pretation, die das Hauptproblem darstellen. Wir erhielten in letzter Zeit
von auswärts zwei Patienten, die ich in Erinnerung habe, wo bei Systemer-
krankungen - das eine war ein Plasmocytom, das andere eine Leukämie -
auf Grund eines Screening-Programms eine Verbrauchskoagulopathie angenommen wurde. Es wurde sofort daraus die Konsequenz gezogen und Heparin
gegeben; die Patienten bluteten aus allen Knopflöchern, als sie bei uns an-
kamen. Hier sehen Sie die Gefahr eines Screening-Programms bzw. der
Interpretation der Ergebnisse.

KNEDEL:
Darf ich meine Meinung noch einmal zusammenfassen: Wir haben in den
klinisch-chemischen Instituten die Aufgabe, alles, was die Kliniker wirklich
brauchen, zu gewährleisten. Herr DEUTSCH, es bestehen Unterschiede
zwischen Universitätskliniken und großen kommunalen Krankenhäusern, z. B.
bestehen keine Speziallaboratorien, es gibt keine Spezialfachleute; das klinisch-chemische Institut muß auch bei 1200 zu versorgenden Betten die Ge-
samtdiagnostik durchführen. Wir sollten uns von Seiten der Klinischen Chemie
als erstes überlegen, wie wir das, was Sie fordern, unter Einsatz moderner
Organisation und Technologie ökonomisch abarbeiten können. Wir müssen
organisatorisch die Möglichkeit schaffen, jede Einzeluntersuchung und jedes
gewünschte Untersuchungsspektrum durchzuführen. Wir müssen davon abkommen, zwangsläufig Vielfachanalysen zu machen, von denen bis zu 90 %
nicht benötigt werden. Wenn wir diese Forderung nicht erfüllen, kommen
wir ökonomisch bald nicht mehr weiter. Die zweite Forderung richtet sich
an die Kliniker, beim Anordnen von Untersuchungen ebenfalls ökonomisch
zu denken. Hierbei bitten wir besonders, die jüngeren Kollegen entsprechend
anzuleiten, die dazu neigen, übers Ziel hinauszuschießen; beispielsweise
wurden am Tage nach der Ankündigung, daß wir auch α_1-Fetoprotein bestimmen, 27 Untersuchungen angefordert.
Es muß uns gelingen, durch Mechanisierung, Datenverarbeitung und ökonomische Begrenzung der Untersuchungszahlen soviel Luft zu schaffen, daß
wir auch spezielle Diagnostik treiben können. Zum Beispiel muß ein großes
kommunales Haus meiner Meinung nach heute in der Lage sein, bei geeigneter Fragestellung gaschromatographisch zu arbeiten.
Wir müssen im Dialog mit den Klinikern klar festlegen, was notwendig und
was durchführbar ist. Bei einem Gespräch wie diesem ist relativ leicht eine
Einigung zu erzielen, die Schwierigkeiten treten dann erst bei der täglichen
Arbeit auf.

DEUTSCH:
Ich glaube, daß vielleicht in einem reichen Land das kommunale Krankenhaus
so sehr ins Detail gehen kann. Bei uns in Österreich wäre das völlig undenk-
bar.

KNEDEL:
Darf ich dazu sagen, daß wir eine Arbeitsteilung im städtischen Bereich mit
insgesamt 5000 Betten haben. Die verschiedenen Institute führen für alle
Krankenhäuser spezielle Schwerpunktuntersuchungen durch. Das bedeutet
für den städtischen Bereich eine rationelle Konzentrierung der aufwendigen

Untersuchungen.

KELLER:
Ich meine, was Herr DEUTSCH für Österreich sagte, kann man auch für die
Schweiz übernehmen, ohne daß man jetzt schon befürchten muß, sie sei ein
armes Land.

RÓKA:
Mir ist aufgefallen, daß die Erythrocyten- und Leukocytenzahl im Nativharn
gefordert werden. Nicht verlangt wird offenbar das Harnsediment. Meine
Frage ist: Welchen Stellenwert hat das Harnsediment? Für die klinisch-
chemischen Laboratorien stellt es eine außerordentlich personal- und zeit-
aufwendige, nicht mechanisierbare Untersuchung dar. Wir sind sehr daran
interessiert, die Frequenz des Harnsediments soweit wie möglich einzu-
schränken. Deswegen wäre ich für eine präzise Angabe über die Bedeutung
dieses Verfahrens dankbar.

SIEGENTHALER:
Was die Leukocyten und die Erythrocyten anbetrifft, so hat sich gezeigt, daß
das Harnsediment in der üblichen Form unbrauchbar ist, sondern daß man
unzentrifugierten Nativharn untersuchen muß. Jeder Mensch hat im zentri-
fugierten Urin Leukocyten und Erythrocyten, so daß das Sediment darüber
gar nichts Konkretes auszusagen vermag.

DEUTSCH:
Wenn Sie nun einen positiven Befund haben, dann machen Sie das Sediment?

SIEGENTHALER:
Wenn wir einen pathologischen Befund im Nativharn haben, dann machen wir
ein Sediment, weil Erythrocyten-, Leukocyten- und Eiweißzylinder besser
gefunden werden.

BUCHBORN:
Ich kann mich ganz kurz fassen. Das einzige, was uns im Sediment zusätzlich zum unzentrifugierten Nativharn interessiert, sind Leukocytenzylinder,
die uns einen Hinweis darauf geben, daß eine Pyelonephritis vorliegt. Im
Rahmen der Routinediagnostik ist das aber schon eine sehr gezielte Fragestellung, die nur auf Anforderung und nicht generell untersucht werden sollte.

KREUTZ:
Mein Thema für heute nachmittag ist der Probenahmefehler, und diesen gibt
es auch beim Urin. Ich glaube, daß die wenigsten Urinproben, die wir bekommen, repräsentativ sind. In den meisten Fällen gießt die Schwester von
einem großen Sammelvolumen etwas Überstand ab, der uns gar nichts aussagt über die celluläre Zusammensetzung.

SCHMIDT:
Ich erbitte mir von Herrn BUCHBORN ein kritisches Urteil über das ADDIS-
Sediment. Ich bezweifle, daß mit dieser Methode gut reproduzierbare Werte

zu erhalten sind.

BUCHBORN:
Bei gezielten Fragestellungen wie zur Verlaufskontrolle der Glomerulo-
nephritis oder der immunsuppressiven Therapie und bei wissenschaftlichen
Untersuchungen kann es indiziert sein.

DENGLER:
Im Prinzip glaube ich auch, daß wir die Leukocyten und Erythrocyten quantitativ brauchen. Das Problem ist jedoch, daß wir dann die Probenahme standardisieren müssen, denn es kommt nicht auf die Erythrocytenzahl pro Milli-
liter, sondern pro Minute an, d. h. es geht der Zeitfaktor mit ein.
Sind eigentlich bei allen unseren Mikroskopen bei gleicher Vergrößerung die
Gesichtsfelder gleich groß?

KELLER:
Die Hersteller von Mikroskopen teilen in der Gebrauchsanweisung die Seh-
feldzahlen der gebräuchlichsten Okulare mit. Ferner wird auch in der Regel
die Objektiv-Maßstabzahl angegeben. Durch Division der Sehfeldzahl durch
die Objektiv-Maßstabzahl kann der Durchmesser des gleichzeitig überseh-
baren Feldes in der Objektivebene ausgerechnet werden.

LASCH:
Ich möchte noch einmal auf das allgemeine Basisprogramm zurückkommen,
auch auf die Gefahr hin, daß ich mit dieser Bemerkung vielleicht als ein
Kliniker gelte, der sich an gestern orientiert. Es ist völlig richtig, daß man
für die Intensivmedizin ein Basisprogramm haben muß, einfach weil schnell
eine Therapie folgen muß, und auch eines für die Präventivmedizin, wobei
sicher der Vorschlag von Herrn KNEDEL der richtige ist, daß man eine entsprechende Konzeption angeboten bekommt und dann sehen kann, wieweit sie
paßt oder nicht paßt. Aber bei den Patienten, die nicht als Notfälle in die
Klinik kommen, bei denen eine eingehende Diagnostik notwendig ist, sollte
man besser eine gezielte Auswahl von Untersuchungen durchführen. Das ist
auch mehr die Idee der alten Klinik, nicht nur, weil die Diagnostik mehr
Spaß macht, nicht nur, weil die jungen Ärzte mehr lernen, weil sie mehr
gezwungen werden nachzudenken, sondern auch deswegen, weil man bei diesen Diagnosen meist etwas mehr Zeit hat. Letzteres ist ein Faktor, der
mehr Möglichkeiten zuläßt und der meiner Ansicht nach auch dazu erzieht,
das klinisch-chemische Laboratorium nicht pausenlos mit irgendwelchen
unnützen Untersuchungen zu überlasten. So plädiere ich also dafür: Basisprogramm für die genannten Spezialsituationen; Wunschprogramm für die
klinische Diagnostik bei den übrigen Patienten.

KELLER:
Erlauben Sie eine Frage, die mich persönlich sehr interessiert: Können Sie
sich vorstellen, daß auf den Auftragsformularen gar nicht mehr die einzelnen
Tests angefordert werden, z. B. Natrium, Kalium, Chlorid, Harnsäure u. a.,
sondern nur noch Testkombinationen wie z. B. "Nierenprogramm", "Knochen-
Parathyreoidea-Programm", "Lipidmuster" oder "Pankreasprogramm"?

LASCH:
Ich meine etwas anderes. Man erlebt in der Klinik immer wieder, daß
mechanisch Programme aufgeschrieben werden, und gerade das ist falsch.
Hierin liegt die Gefahr der Anforderungszettel, die vom Labor kommen.
Seitdem ich in meiner Privatstation und Privatambulanz einzeln aufschreibe,
was untersucht werden soll, sehe ich, daß dies ein viel sinnvollerer Weg
ist als das Ankreuzen von ganzen Testserien.

KELLER:
Von der Laborseite sieht die Sache so aus: Wenn es z. B. "Elektrolyte"
oder "Enzyme" heißt, dann wird von oben nach unten alles angekreuzt.

SCHMIDT:
Ich möchte die Aussagen von Herrn LASCH noch etwas vertiefen. Ich glaube,
daß man zur Zeit einen richtigen Circulus vitiosus erkennen kann: Die Unsicherheit des Klinikers in der Beurteilung klinisch-chemischer Methoden
und ihrer Ergebnisse führt zu einer unkritischen Vermehrung der Anforderungen an das Labor. Dies bedingt eine forcierte Automation und häufig auch
eine Verschlechterung der Präzision der Ergebnisse. Abweichende oder unerwartete Laborergebnisse führen zu häufigen Kontrollen und steigern den
Arbeitsanfall im Labor; nach einem muß ein zweiter, ein dritter Analysenautomat angeschafft werden, die Kosten steigen, ohne daß die Effektivität
zunimmt.

MATTENHEIMER:
Diese Diskussion ist für mich sehr interessant, denn sie zeigt mir deutlich
die Unterschiede zwischen Deutschland und den USA in bezug auf den Einfluß, den ein Klinikchef auf die Anforderungen an das klinische Labor nehmen kann. Während hier der Chefarzt im Einvernehmen mit seinen Ober-
ärzten und Assistenten ein Programm für die vom Labor zu fordernden
Untersuchungen aufstellen kann, ist das in den USA kaum durchführbar.
Wenn ich nur an das Department für Innere Medizin an unserem Hospital
denke, so sind dort mindestens 100 Belegärzte tätig, die alle zur Fakultät
gehören. Jeder Einzelne hat seine Vorstellungen von dem, was er vom
Labor erwartet. So wird sehr häufig vom aufnehmenden Arzt ein "Screening"
vom Labor angefordert.
Und noch etwas anderes und bedauerliches sehe ich bei uns, nämlich eine
mangelhafte Ausbildung der Medizinstudenten in der Klinischen Chemie. Ich
bin Vorsitzender der Lehrplankommission am Rush Medical College und
habe schon oft, aber ohne Erfolg, darauf gedrungen, Klinische Chemie zu
unterrichten. Fällt diese Ausbildung fort, so führt das zu einem Unvermögen,
Laborergebnisse richtig zu interpretieren, und zwangsläufig wird ein breites Screening-Programm eingeführt. Diese Entwicklung ist - wie ich es
sehe - in Amerika nicht aufzuhalten.

ZÖLLNER:
Nach den faszinierenden Vorträgen und der kritischen Diskussion, in der die
finanzielle Ökonomie wie auch das intellektuelle Abenteuer "Diagnose" in den
Vordergrund gerückt worden sind, möchte ich doch zu überlegen geben, ob

wir uns dauernd auf dem gleichen Argumentationsniveau befinden. Um das
deutlich zu machen, möchte ich eine Gegenthese aufstellen: Der größtmög-
liche Fächer, vorausgesetzt, daß er richtig ist, ist für die Ausübung der
Medizin die optimale Lösung. Die Einwände dagegen ergeben sich aus anderen Bereichen. Da ist erstens der Preis, der uns davonläuft. Da ist zweitens unter Umständen die Belastung des Patienten, die bis zu erheblichen
Blutvolumina geht. Da ist drittens - und Herr MATTENHEIMER hat bereits
darüber gesprochen - der Ausbildungsstand der diese Werte deutenden Kollegen.
Mit einem großen Spektrum kann nur der Unfug machen, der nicht weiß, was
er damit machen soll. Die Chance aber, daß Sie in einem großen Spektrum
an einer unerwarteten Stelle doch etwas finden, was Sie bei allem klinischen
Argwöhnen nicht vermutet haben, ist so gering nicht; meines Erachtens
sollte man - wenn es gelingen würde, die Preise und den Blutbedarf nicht
zu erhöhen und die Doktoren ordentlich auszubilden - unbedingt für den gros-
sen Fächer reden und nicht für die gezielte Untersuchung.
Bei der Ausbildung möchte ich noch betonen: Dazu gehört auch eine bessere
psychologische Ausbildung, damit nicht die laborogenen Stoffwechselanoma-
lien, Leberkrankheiten usw. zu Krankheiten werden, die dadurch entstehen,
daß man dem Patienten einen unsicheren Laborwert übermittelt.
Eine Ergänzung zu den Vorschlägen von Herrn KÜNZER: Die Pädiater möchte
ich herzlich bitten, die Stoffwechselkrankheiten, die erst im Erwachsenen-
alter apparent werden, aber auch im Kindesalter schon chemisch nachzuwei-
sen sind, in ihr Screening-Programm aufzunehmen, speziell die Hyperchole-
sterinämie.

KELLER:
In den USA laufen z. Zt. Langzeitstudien, bei denen die erste Cholesterinbestimmung im Nabelschnurblut erfolgt.

KATTERMANN:
Darf ich ganz kurz zum Problem des Basisprogramms Stellung nehmen:
Herr DENGLER hatte bereits die Umfrage der DKD (Wiesbaden) vom April
1972 erwähnt, an deren Beantwortung wir uns damals beteiligt hatten. Das
jetzt vorliegende Ergebnis von ca. 20 großen kommunalen Krankenhäusern
bzw. Medizinischen Universitätskliniken überrascht durch weitgehende Übereinstimmung, aber auch durch den Umfang des sogenannten Basisprogramms.
Sicher läßt sich ein solches Programm nur für die Aufnahmeuntersuchung
einer internistischen Klinik vertreten. Für präventivmedizinische Zwecke
wird man vorläufig - schon aus Kostengründen - etwas zurückhaltender sein
und vielleicht folgendes Programm empfehlen:

1. Harn: kombinierter Streifentest ohne Sedimentdiagnostik.
2. Citratblut: Blutsenkungsgeschwindigkeit, evtl. Gerinnungstests.
3. ÄDTA-Blut: kleines Blutbild ohne Differentialblutbild, evtl. Thrombocyten.
4. Serum: chemisches Profil (z. B. 2, 4, 6, 8 oder 12 Parameter).

Ein Wort noch zur Profilanalyse: Ich bin mir völlig bewußt, daß wir heute
im Labor weitgehend durch die Gerätehersteller beeinflußt werden. Es gibt

2- und 4 Kanal-Geräte, neuerdings auch 8 Kanal-Geräte, es muß also nicht immer die magische Zahl 6 oder deren Vielfaches sein. Die folgende Tabelle zeigt, wie ein schrittweiser Aufbau eines chemischen Profils von 6 über 12 bis zu 18 Analysen aus einer Serumprobe aussehen könnte. Die einzelnen Parameter wurden hierbei nur nach klinischen Erfordernissen und diagnostischer Aussagekraft, nicht jedoch nach den technischen Gegebenheiten der Analysengeräte angeordnet.

Stufenweiser Aufbau eines chemischen Profils		
1. Stufe 6 Parameter	2. Stufe 12 Parameter	3. Stufe 18 Parameter
Gesamteiweiß Glucose Kreatinin Triglyceride Eisen GOT	Albumin Calcium Harnsäure Cholesterin Kupfer AP	Harnstoff-N Phosphat Kalium Natrium Bilirubin LDH

In der ersten Stufe haben wir z. B. das Problem der Triglyceridbestimmung, die als enzymatische Methode in Einkanal-Geräten sehr rationell durchgeführt werden kann. Dagegen gibt es bis heute meines Wissens noch kein Mehrkanal-Gerät, das die Triglyceridbestimmung enthält. Einen Ausweg bietet die Durchführung einer Zweikanal-Analyse von Cholesterin und Triglyceriden im Serum. Hierfür haben wir im eigenen Labor eine Simultanmethode ausgearbeitet und bei Vergleichsuntersuchungen und im Einsatz in der Routinediagnostik sehr gute Erfahrungen gemacht (KATTERMANN, R. und KÖHRING, B.: Clin. chim. Acta (im Druck)). Im gleichen Sinne möchte ich auf die Simultananalyse von Kupfer und Eisen im Serum hinweisen (KATTERMANN, R. und KÖHRING, B.: Z. klin. Chem. klin. Biochem. 9, 391 (1971)). Hier finden wir z. B. bei unserem poliklinischen Krankengut in einem hohen Prozentsatz Abweichungen z. B. im Sinne einer Eisenmangelanämie.

KELLER:
Warum halten Sie die Bestimmung der Triglyceride in einer Screening-Kombination für wichtiger als die Bestimmung des Cholesterins?

KATTERMANN:
Nach den Untersuchungen von FREDRICKSON übertrifft die Trefferquote der alleinigen Triglyceridbestimmung die des Cholesterins bei weitem. Zweckmäßiger ist es jedoch, beide Methoden zu kombinieren, womit FREDRICKSON in seinem Krankengut 95 % aller Hyperlipidämien erfaßt. Darüber hinaus ist

aber sicher, daß die Triglyceride im Serum gerade heute im Zeitalter der
Wohlstandskrankheiten häufiger pathologisch erhöht sind als das Cholesterin.

MAURER:
Den Inhalt meiner ersten Bemerkung hat Herr SCHMIDT schon vorweggenommen, als er von der Steigerung durch Anschaffung von Geräten sprach.
Es wird die jährliche Steigerung von 20 % immer als ein Faktor hingenom-
men, gegen den man nichts machen kann. Auch wir hatten Steigerungsraten
zwischen 20 und 30 %. Im letzten Jahr waren es nur noch 6 %. Im letzten
Jahr haben wir im Gegensatz zu den vorhergehenden Jahren keinen neuen
mechanischen Analysator angeschafft. Es wird ja immer differenziert zwischen der Steigerung durch Mehranforderungen und durch Mechanisierung,
insbesondere durch die Einführung von Simultanbestimmungen. Dazu kommt
aber auch ein gewisser "didaktischer Effekt": Wenn die Kliniker einmal ge-
merkt haben, daß auf einem Gerät mehrere Bestimmungen laufen, dann fordern sie auch alle an. Dann kann man nicht mehr exakt trennen, was ist jetzt
Steigerung durch Mehranforderung und was ist einfach dadurch bedingt, daß
diese Geräte vorhanden sind.
Zu Herrn ZÖLLNER: Natürlich wird nur der Unfug anstellen können, der
dieses Screening-Programm nicht interpretieren kann. Nur, das Problem
ist doch, daß auch der Versierte mit so vielen Zahlen oft gar nichts mehr
anfangen kann, weil er sie nicht mehr überblickt.
Eine Frage an Herrn VAHLENSIECK: Das Spezialprogramm - z. B. Oxal-
säure und Harnsäure im Harn - dient doch wohl zur Diagnostik bei Konkre-
mentbildungen der ableitenden Harnwege. Sollen diese Untersuchungen präoperativ bzw. vor Behandlungsmaßnahmen oder postoperativ ausgeführt werden? Wäre es nicht besser, die Harnkonkremente quantitativ zu analysieren?

VAHLENSIECK:
Wir müssen da etwas differenzieren: Selbstverständlich ist die Harnstein-
analyse die einfachste Basis für die weitere Behandlung, wenn wir Steine
gewinnen können. Aber Sie wissen auch, daß in manchen Fällen überhaupt
keine Steine abgehen oder abgehende Steine nicht aufgefangen und analysiert
werden können. Wir brauchen also die Stoffwechseluntersuchungen, um eine
entsprechend wirkungsvolle Prophylaxe - oder Metaphylaxe, wie man heute
sagt - treiben zu können. Orientiert man sich etwas genauer über die Stoffwechselsituation, so ergeben sich durchaus überraschende Aspekte. So
haben wir bisher die Bedeutung der Harnsäure im Zusammenhang mit der
Entstehung von Calciumoxalatsteinen im Rahmen des Aussalzeffektes nicht
gekannt. Diese neuen Kenntnisse führen dazu, ein solches Programm auf-
zustellen. Wir brauchen diese Untersuchungen, um gezielt behandeln zu
können.

MAURER:
Ich hatte diese Frage etwas provokativ gestellt, denn ich bin an unsere Uro-
logen herangetreten wegen quantitativer Harnsteinanalysen und auch mit der
Frage nach der Ausscheidung von Steinbildnern. Ich habe immer zu hören
bekommen, damit könne man nichts anfangen, das würde die therapeutischen
Konsequenzen nicht beeinflussen.

VAHLENSIECK:
Es ist leider so, daß eben aus mannigfachen Gründen noch ein gewisser
therapeutischer Nihilismus vorherrscht. Aber ich bin der Meinung - und
das haben auch Untersuchungen anderer Arbeitsgruppen wie um LUTZEYER
in Aachen, NORDIN u. a. gezeigt - daß man doch diese Dinge einmal etwas
genauer untersuchen muß und dann recht erstaunliche Dinge herausfinden
kann. Ich möchte als Beispiel die Untersuchungen auf Hyperparathyreoidismus anführen, die außerordentlich schwierig sind und sehr subtil durchgeführt werden müssen. Wir haben z. B. in der normalen Routineuntersuchung
bei uns etwa 1 % Patienten mit einem Hyperparathyreoidismus entdeckt. Wir
wissen aber, daß in Zentren, wo man sich wirklich intensiv mit dieser Frage
beschäftigt, heute ein durchschnittlicher Prozentsatz von 6 % Steinträgern
mit Hyperparathyreoidismus herausgefunden wird, und in Spezialzentren, in
denen ein ausgewähltes Krankengut zusammenkommt, unter Umständen bis
zu 15 % (Marburger Arbeitsgruppe, Arbeitsgruppe in Schweden). Ich meine,
daß man hier doch einiges tun muß und eine Menge herausholen kann. Wenn
ich Ihnen sage, daß unsere Rezidivquote heute bei 6 % liegt gegenüber 50 -
60 % früher, dann möge das andeuten, daß diese Untersuchungen auch wirklich zum Tragen kommen.

KELLER:
Die Problematik, die hier immer wieder auftaucht, lautet als Frage formuliert: Welcher labordiagnostische Aufwand ist für eine Universitätsklinik
angezeigt, was ist für ein Allgemeinkrankenhaus zwingend erforderlich und
was ist für eine kleinere Arbeitsgemeinschaft das richtige Programm? Ich
fürchte, wir können dies jetzt nicht zuende diskutieren.

GROSS:
Ich habe einige Fragen an Herrn KNEDEL: Es ist klar, daß die weitere Entwicklung bei den differenzierteren Untersuchungen auf die Immunologie zu-
geht. Wir führen die Untersuchungen, die Sie machen, auch mehr oder weniger alle aus. Ich würde sagen, die beiden Parameter, die heute schon ange-
klungen sind, nämlich das Verhältnis der diagnostischen Aussagekraft zur
Wirtschaftlichkeit, d. h. zum Preis und zum Zeitaufwand, sind nirgends so
ausgeprägt wie bei den immunologischen Untersuchungen. Dazu möchte ich
doch einige Bemerkungen machen. Zunächst zur Bestimmung der Immunglobuline: Sie können natürlich gewisse Aussagen über die Art einer chronischen Hepatitis - beispielsweise anhand der Immunglobuline - machen. Sie
haben in fast allen diesen Fällen auch eine Biopsie, so daß wir hier einen
Modellfall haben, wo die Bestimmung der Immunglobuline als eine zusätzliche Maßnahme, die Zeit und Geld kostet, erscheint. Die Histologie bringt
etwa dasselbe. Der zweite Punkt ist, daß die Elektrophorese meines Erachtens etwas zu schlecht weggekommen ist. Ich möchte die Elektrophorese
schon, wenn es möglich ist, zum Routineprogramm rechnen, sie aber keinesfalls durch Immunglobuline ersetzen, weil sie wesentlich weniger aufwendig
ist. Wenn wir die Senkung als Routinemethode bejahen, dann brauchen wir
als Routinemethode auch die Elektrophorese. Wir wissen bereits von WESTER-
GREN, daß ein Korrelationskoeffizient zwischen Senkung und γ-Globulinen
von etwa 0, 68 besteht, wenn ich mich recht erinnere, d. h. wir haben eine

ganze Anzahl von Senkungen, die stark beschleunigt sind, denen aber nicht
eine entsprechende Dysproteinämie gegenübersteht. Wenn wir also hier eine
grobe Differenzierung vornehmen wollen, wenn wir die Senkung überhaupt
machen, dann brauchen wir auch die Elektrophorese dazu. Als drittes Beispiel möchte ich das α_1-Fetoglobulin aufgreifen. Das ist ein Modellfall, wie
sich - sagen wir einmal - eine Modebestimmung entwickeln kann. Das α_1-
Fetoglobulin ist sehr spezifisch für das primäre Leberzellcarcinom. Dagegen haben sich die Erwartungen - ich erinnere an die Publikationen, die
im letzten Jahr in der Nouv. Presse méd. erschienen sind - nicht erfüllt in
der Diagnostik von Darmtumoren und sie haben sich nur sehr begrenzt erfüllt in der Diagnostik von Tumoren, die sich aus Mißbildungen heraus entwickeln. Das heißt, letzten Endes liegt der Wert im Grunde nur in der spezifischen Diagnose eines primären Leberzellcarcinoms. Inzwischen ist aber
durch große vergleichende Statistiken nachgewiesen worden, daß offensichtlich in Amerika das primäre Leberzellcarcinom ungleich häufiger ist als
bei uns. Ich weiß nicht, was Sie für das Serum bezahlen; bei uns kostet eine
Bestimmung praktisch 80 bis 140 DM, und das ist bei der Wahrscheinlichkeit, damit ein primäres Leberzellcarcinom - eine extreme Rarität - zu
erfassen, einfach in meiner Sicht nicht gerechtfertigt. Hier haben wir die
Grenzen der Diagnostik erreicht, und ich möchte dies gerade im Zusammenhang mit der Ökonomie als Modellfall herausgreifen.

KNEDEL:
Herr GROSS, Sie haben drei Punkte erwähnt, die ich nicht selbst anschnei-
den wollte. Daß ich die Elektrophorese aus der Klinischen Chemie verban-
nen würde, wäre geradezu unwahrscheinlich. Es gibt in meinen Augen keine
Methode, die mit so geringem Serumaufwand - 1 μl oder weniger - und mit
einer so einfachen Technik - Sie haben inzwischen ja alle die CAF-Mikro-
elektrophorese mit 20 Minuten Laufzeit - als Screening-Methode eine so
komplexe differenzierte Aussage machen kann. Man sieht, wie hoch das
Albumin ist; man sieht, was im Bereich der α-Globuline los ist. Wir haben
alle α_1-Antitrypsin-Mangelsyndrome mit der Elektrophorese erkannt. Man
kann die Erhöhung der α_2-Globuline erfassen, auch die ß-Globuline und
kleine Paraprotein-Gradienten, die sonst gar nicht auffallen. Die mikro-
molekulare Paraproteinämie können Sie nur in der Elektrophorese finden,
bevor der Kliniker sie erkennt; alle 17 Fälle von mikromolekularer Paraproteinämie, die wir kennen, sind im Labor mit der Elektrophorese erfaßt
worden. Ich würde - im Gegensatz zum Komitee in Kopenhagen - nicht sagen,
daß die Elektrophorese gestrichen werden sollte. Das zweite sind die Immunglobuline. Man sollte wissen, daß die Bestimmung der Immunglobuline gezielt angeordnet werden muß; z. B. hat die Zöliakie einen exquisiten IgA-
Mangel und man kann die Zöliakie mit der üblichen Elektrophorese ohne eine
spezifische IgA-Bestimmung praktisch nicht diagnostizieren. Die Probleme
der Pädiatrie mit dem sekretorischen IgA-Mangel kommen noch auf uns zu.
Man muß eben wissen, wann man Immunglobuline spezifisch bestimmt.

GROSS:
Aber die Mehrzahl, wenn ich das einwerfen darf, führt heute auf Grund der
Publikationen - zum Teil sogar aus unserer eigenen Klinik - die Immun-

globulinbestimmung zur Leberdiagnostik durch und das halte ich nicht für
richtig.

SCHMIDT:
Da muß ich Ihnen widersprechen. Zwar besteht eine Korrelation zwischen
der mesenchymalen Aktivität im Leberpunktat und den Veränderungen der
Immunglobuline, im Einzelfall ist diese Korrelation jedoch sehr locker.
Wir wären schlecht beraten, wenn wir aus ökonomischen Gründen das
Immunglobulinmuster nicht bestimmen würden. Wir würden damit auf einen
wertvollen Parameter verzichten, der gerade für die Wahl und für die Er-
folgsbeurteilung der Therapie noch unersetzlich ist.

KNEDEL:
Ich darf zum dritten Punkt, dem α_1-Fetoglobulin, sagen: Der Preis, den
Sie nennen, ist viel zu hoch. Abgesehen davon, daß wir das Antiserum selbst
machen, gibt es auch kommerzielle Präparate, die wesentlich billiger sind.
Ich habe das α_1-Fetoglobulin nur als Beispiel gebracht, wie unkritisch neue
Möglichkeiten, die wir anbieten, sofort zur Massenbestimmung verleiten.
Wir bieten es an, aber die kritische Anwendung muß von der klinischen Seite
kommen. Vor uns steht die Ära der Tumor-assoziierten Antigene und ich
kann Ihnen jetzt schon sagen, daß eines der Hauptthemen der Klinischen
Chemie in den nächsten Jahren das Gebiet der Tumor-assoziierten Antigene,
des carcino-embryonalen Antigens u. a. sein wird. Die Aussage eines CEA-
Tests mit über 2 ng/ml ist für gewisse definierte Carcinome recht spezifisch, sie ist positiv in 70 - 90 % der Fälle. Das sind neue Möglichkeiten,
auf die wir eingehen müssen.

RICK:
Zur Frage der hämatologischen Parameter: Man kann heute mit mechanisierten Analysengeräten auch Erythrocyten wirklich reproduzierbar zählen; die
besseren Geräte liefern auch das Hb_E dazu, das mittlere corpusculäre Volu-
men und die mittlere corpusculäre Hämoglobinkonzentration. Mit diesen
Größen kann man sehr viel aussagen.
Weiterhin war die Frage gestellt, ob Eisen im Serum oder die Eisenbindungskapazität bestimmt werden soll. Hier liegt keine echte Alternative vor. Es
ist verständlich, daß ein Eisenmangel sich durch eine niedrige Serumeisen-
konzentration zu erkennen gibt. Das Transferrin wird jedoch in der Leber
synthetisiert. Die Transferrinkonzentration im Serum ist damit von der
Leberfunktion abhängig und - wie kürzlich mitgeteilt wurde (QUIRIN, H.
et al., Klin. Wschr. 51, 247 (1973)) - von der Proteinzufuhr. Deswegen
bleibt unklar, wie das Transferrin in der Differentialdiagnostik der Anämien
mehr als der Eisenspiegel aussagen soll. Weiterhin liegen hier ungelöste
methodische Probleme vor, die eine reproduzierbare Bestimmung der Eisenbindungskapazität außerordentlich erschweren.
Grundsätzlich wäre wichtig, daß die diagnostische Aussagekraft neuer Verfahren eingehender belegt würde.
Die Kupferbestimmung im Serum dient hauptsächlich zur Klärung der Frage,
ob ein Morbus WILSON vorliegt oder nicht. Es ist daher kaum anzunehmen,
daß es sinnvoll ist, am Tag 50 oder 100 Kupferbestimmungen auszuführen.

Bei umfangreichen Analysenprogrammen ergeben sich - um Herrn EGG-STEIN zu zitieren - großenteils "Befundkranke", zum Teil schon aus statistischen Gründen, weil ja bei der Ermittlung von Normbereichen auf beiden Seiten je 2,5 % der gesunden Probanden eliminiert werden. Wenn man ausreichend viele Parameter bestimmt, hat jeder irgendeinen pathologischen Befund. Die Informationskrise, die 1970 schon zitiert wurde, betrifft ja vor allem die Interpreten unserer Befunde. Ich halte es leider für ganz unmöglich, daß ein Kollege, der am Tage etwa 20 Patienten sieht, neben dem klinischen Bild bei jedem Patienten auch noch 20 klinisch-chemische Parameter beurteilen und in Beziehung zu den vorhergehenden 20 Parametern setzen kann.

GROSS:
Zur Eisenbindungskapazität: Die Spezialfälle wie Hämochromatose und Transferrinmangel brauche ich nicht besonders zu erwähnen. Wertvoll ist die Bestimmung dann, wenn es um die Frage einer Eisenmangelanämie geht. Da haben Sie eine relativ hohe freie Bindungskapazität bei einem sehr stark erniedrigten Eisen; d. h. die Dignität des niedrigen Serumeisens wird für die Diagnose einer ferripriven Anämie durch die hohe freie Bindungskapazität bestärkt.

RICK:
Das wäre ja dann praktisch nur eine Kontrolle des niedrigen Serumeisens.

GROSS:
Ja, eine Bestätigung.

DENGLER:
Nach den Befunden der HEINRICH'schen Arbeitsgruppe ist der Eisenmangel, der nicht in einer Anämie seinen Ausdruck findet, bei Frauen und alten Menschen so häufig, daß ich meine, es wäre zu diskutieren, ob man das Eisen oder die Eisenbindungskapazität ins Screening-Programm aufnimmt, je nachdem, was Sie als Klinische Chemiker für richtiger halten.
Ich muß der Auffassung widersprechen, man brauche kein Basisprogramm, es genüge, die jungen Kollegen zu erziehen usw. Das ist ganz schön und gut, wenn man in der Klinik arbeitet. Aber wenn man im Jahr 32.000 Patienten durchschleusen muß, ist es unmöglich, um 9 Uhr morgens alles angeordnet zu haben, was gezielt angeordnet werden kann. Andererseits protestieren Sie, wenn die letzten Proben nachmittags um 14.30 Uhr ins Labor gebracht werden. Insofern ist es ja kein Zufall, daß auch Herr ZÖLLNER in ähnlicher Weise argumentiert hat, weil er um diese Problematik weiß. Ich meine, wir sollten hier feststellen, daß es verschiedene Situationen gibt, für die möglicherweise differente Regeln gelten.

KATTERMANN:
Mein Idealkonzept wäre, dem Kliniker für die verschiedenen diagnostischen Fragestellungen kleine "Blöcke" zwischen 2 und maximal 6 Analysen anzubieten. Dadurch wären wir in der Lage, die erhaltenen Befunde durch entsprechende Plausibilitätskontrollen zu prüfen und dem Kliniker sich komplementär ergänzende Befunde zu liefern.

VORAUSSETZUNGEN ZUR ERMITTLUNG
ZUVERLÄSSIGER LABORATORIUMSERGEBNISSE

Moderator: E. BUCHBORN

Auswirkungen des Ernährungszustands
auf klinisch-chemische Parameter

N. ZÖLLNER

Der Körper ist ein System, welches Stoffe, die man ihm zuführt, in andere
Substanzen umsetzt und - nach meist wesentlicher Verringerung ihres Ener-
giegehaltes - wieder eliminiert. Der Gehalt des Körpers an den zugeführten
Stoffen und ihren Folgeprodukten ergibt sich aus einer Vielzahl von Reak-
tionsabläufen und Transport- und Ausscheidungsvorgängen, bei der vorübergehend auch Fließgleichgewichte auftreten (Abb. 1).

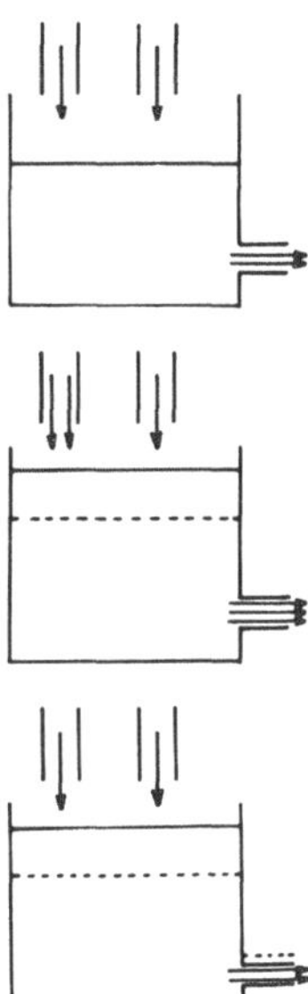

Abb. 1

Die Beeinflussung der Poolgröße
durch Zufuhr, endogene Synthese
und Ausscheidung bzw. Abbau.
Im Verlauf des Tages besteht für
nahezu alle Verbindungen ein
Wechsel zwischen den Zuständen;
längerdauernde Fließgleichgewichte sind verhältnismäßig selten.

Wir sind gewohnt, klinisch-chemische Werte als Auswirkung der Stoffwech-
selregulation und ihrer Störungen anzusehen. Darüber wird die Seite der
Stoffzufuhr gelegentlich übersehen, obwohl auch die Eingangsstufe des Stoff-
wechsels, d. h. Art, Menge und Geschwindigkeit der Nährstoffzufuhr, die
Körperzusammensetzung im Ganzen wie im Cellulären bzw. Extracellulären
beeinflussen kann. Im folgenden soll eine Auswahl von Beispielen diskutiert
werden, bei denen der Einfluß der Ernährung auf klinisch-chemische Parameter teils längst evident ist, teils aber auch erst kürzlich klargestellt werden konnte.

Der Entzug aller oder einzelner Nährstoffe führt früher oder später zu entsprechenden Mangelerscheinungen, zu Kachexien und leichteren Formen der
Unterernährung, zu "Fehlernährung", Avitaminosen usw. Bei nahezu allen
diesen Mangelerscheinungen kommt es zu recht spezifischen Veränderungen
klinisch-chemischer Größen, z. B. des Eisenspiegels beim Eisenmangel
oder der leukocytären Ascorbinsäure in den Vitamin C-armen Monaten.
Auch Stoffwechselfunktionen laufen anders ab, so daß klinische Funktions-
tests bei Mangelzuständen abnorm ausfallen können; die hyperglykämische
Reaktion auf eine Glucosebelastung nach längerem Fasten ist ein klassi-
sches Beispiel.

Diese Zusammenhänge sind in ihren Grundprinzipien seit der Zeit zwischen
den beiden Weltkriegen bekannt. Die Umkehr des Prinzips, nämlich die
Verwendung klinisch-chemischer Meßgrößen und Belastungsproben zur Beurteilung des Ernährungszustands ist neueren Datums, aber ebenfalls allgemein geläufig.

Neuerdings sammeln sich Beobachtungen, die zeigen, daß auch Ernährungsumstellungen, die nicht mit Mangelerscheinungen verbunden sind, zu Veränderungen klinisch-chemischer Parameter führen können.

Bei Krankheiten, die mit Mangelerscheinungen einhergehen, sollten sich
Interpretationsfehler vermeiden lassen, wenn das klinische Bild berücksichtigt wird. Bei den Ernährungsumstellungen ist dies viel schwieriger.
Ich möchte deshalb dieses aktuellere Gebiet besprechen und den Einfluß
klinisch inapparenter Änderungen des Ernährungszustandes auf klinisch-
chemische Meßgrößen anhand einiger Beispiele diskutieren.

Änderungen der Calorienzufuhr führen nur langsam zu Änderungen der Körperzusammensetzung, d. h. Zunahme bzw. Abnahme des Fettgewebes. 1 kg
Fettgewebe hat einen Brennwert von ca. 6000 kcal. Bei durchschnittlichem
Calorienverbrauch führt also eine Woche Fasten zu einem Gewichtsverlust
von weniger als 3 kg. Diese Abnahme macht etwa 4 % des Körpergewichts
eines Normalen, bezogen auf sein Fettgewebe 15 % aus. Normalgewichtige
bleiben während der Betrachtungsperiode im Normalbereich. Dennoch ist
der Gewichtsverlust, der den Ernährungszustand des Körpers kaum ändert,
von tiefgreifenden Stoffwechseländerungen begleitet. Klinisch relevant sind
z. B. der Abfall des Morgenblutzuckers, der spätestens am dritten Tag
einsetzt, und ein Anstieg der freien Fettsäuren sowie der Acetonkörper.

Aus der geringen Abnahme des Gesamtvolumens des Fettgewebes sind die

Veränderungen im Stoffwechsel nicht zu erklären. Tatsächlich führt auch die Wiedereinsetzung einer den Calorienbedarf deckenden Diät, einer Diät also, die das erreichte niedrigere Körpergewicht konstant erhält, zu einer Normalisierung der klinisch-chemischen Werte. Nicht der Ernährungszustand im statischen Sinne, sondern die mit der fortlaufenden Änderung des Ernährungszustandes einhergehende metabolische Umstellung beeinflußt also die Laborbefunde. Stoffwechseländerungen, seien sie Anomalien oder Normalisierungen, die im Zusammenhang mit dem Energiehaushalt stehen, sind also immer darauf zu prüfen, ob sie Folge des geänderten, d. h. abnormen Zustands oder des Vorganges der Zustandsänderung sind.

Was über Änderungen der Calorienbilanz im Bereich des Normalgewichts gesagt wurde, gilt in verstärktem Maße im Zusammenhang mit der Fettsucht. Bei dieser Veränderung des Ernährungszustands kommt es zu einer großen Reihe sekundärer Stoffwechseländerungen, die z. T. primäre Stoffwechselkrankheiten vortäuschen können; Diabetes und Hyperlipidämien sind klassische Beispiele.

Klinisch-chemische Befunde bei der Fettsucht haben bisher keinen Beitrag zur Pathogenese der Fettsucht gebracht. Andererseits ist die Vermehrung des Fettgewebes für die Pathogenese der genannten Stoffwechselstörungen in vielen Fällen entscheidend. Auch hier sei jedoch davor gewarnt, bereits aus den metabolischen Effekten des Abnehmens auf die Rolle des Fettgewebes zu schließen. Erst wenn eine Normalisierung - z. B. der Triglyceride - nach Erreichen und Aufrechterhaltung des Normalgewichts bestehen bleibt, darf die vorher bestehende Hypertriglyceridämie auf die vorher bestehende Vermehrung des Fettgewebes bezogen werden. Bei manchen Patienten mit Hyperlipidämie ist unserer Beobachtung nach eine Vermehrung des Fettgewebes auch dann von pathogenetischer Bedeutung, wenn sie nach den üblichen Kriterien die normalen Grenzen nicht überschreitet. Wir kennen Fälle, in denen erst die Gewichtsabnahme bis zur schlanken Statur bei allseits dünnen Hautfalten mit einer Normalisierung der Lipidwerte einherging.

Am letzten Beispiel, mit dem wir wieder beim Normalgewichtigen angekommen sind, ergibt sich auch die Frage der Übergänge bzw. Grenzwerte. Irgendwo zwischen dem Idealgewicht und der bestehenden Fettsucht eines Patienten muß jener Wert liegen, bei dem z. B. die nach den jeweils gültigen Definitionen normale Glucosetoleranz pathologisch wird. Wie nahe dieser Übergang am Normalbereich liegt, dürfte individuell sehr verschieden sein. Eindrucksvoll ist der Fall eines jungen Diabetikers, der bei einem Körpergewicht von 105 kg monatelang täglich zwischen 10 - 15 g Glucose ausschied, bei einem - stabilisierten - Körpergewicht von 97 kg dagegen aglucosurisch war.

Bei stark verringerter Calorienzufuhr führt die dabei entstehende Ketoacidose und die von der Ketoacidose hervorgerufene Hemmung der renalen Harnsäureausscheidung zur Hyperuricämie trotz verringerter Harnsäurebildung. Die Veränderung im Harnsäurestoffwechsel tritt sehr rasch auf; sie erreicht ihr maximales Ausmaß bereits in der ersten Woche des Fastens. Die Hyperuricämie ist nicht auf die sogenannte Nulldiät beschränkt, sondern kommt auch bei starker Einschränkung der Calorienzufuhr zustande. Wir haben Harnsäurewerte über 10 mg/100 ml Plasma bei 300-Caloriendiäten regelmäßig festgestellt. Tatsächlich eignet sich die Kontrolle des Harnsäurespiegels - ebenso wie die der Ketonkörper im Harn - zur Kontrolle der Einhaltung strenger Reduktionsdiäten.

Nicht nur beim Fasten und einigen Stoffwechselstörungen mit Ketoacidose (wie Diabetes) kommt es zur Erhöhung des Harnsäurespiegels, sondern auch bei alimentär bedingten Lactacidosen. Am bekanntesten ist hier die Lactacidose durch die Zufuhr von Äthanol, die, wenn sie auftritt, eine Erhöhung der Plasmaharnsäure hervorruft und so manchen Gichtanfall erklärt. Lactacidosen nach abendlichen Exzessen in Baccho können morgens noch fortbestehen.

Die Fraglichkeit der Bedeutung des Frühnüchternwertes als Meßgröße für eine Stoffwechselsituation ergibt sich aus weiteren Untersuchungen. Der geläufige Befund der kohlenhydratinduzierten Hypertriglyceridämie, der sich in geringem Maße am Gesunden, in verstärktem Maße an manchen Patienten demonstrieren läßt, bedarf auf Grund neuerer Arbeiten von SCHLIERF und Mitarb. einer viel vorsichtigeren Interpretation. Die Autoren haben gezeigt, daß der Frühnüchternwert der Triglyceride für das Verhalten dieser Substanzen während des Tages nicht repräsentativ ist (Abb. 2 und 3).

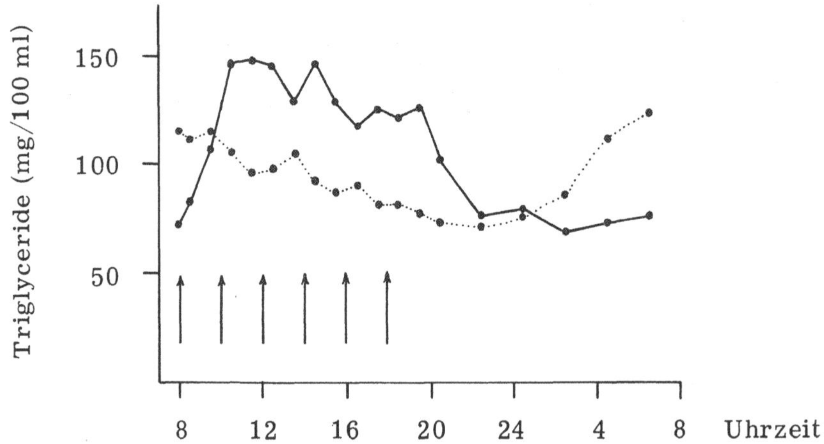

Abb. 2. Mittlere Triglycerid-Tagesprofile normaler Versuchspersonen unter isocalorischer fettreicher (durchgezogene Linie) bzw. kohlenhydratreicher (gepunktete Linie) Kost. Die Pfeile geben die Mahlzeiten an.
(Aus SCHLIERF und Mitarb. (1971); mit Genehmigung des Karger-Verlags, Basel).

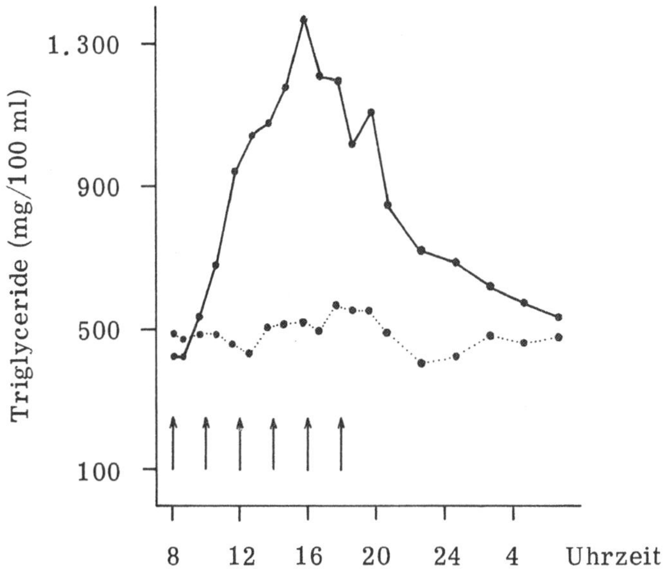

Abb. 3. Mittlere Triglycerid-Tagesprofile bei Patienten
mit Hyperlipidämie Typ IV unter isocalorischer fettreicher
(durchgezogene Linie) bzw. kohlenhydratreicher (gepunktete
Linie) Kost. Die Pfeile geben die Mahlzeiten an.
(Aus SCHLIERF und Mitarb. (1971); mit Genehmigung des
Karger-Verlags, Basel).

Bei Normalpersonen fanden sie ebenso wie bei Patienten mit einer Hyperlipidämie des Typs IV, daß das morgendliche Verhalten der Triglyceride
sich bereits nach der ersten Mahlzeit umkehrte. Die "kohlenhydratindu-
zierte" morgendliche Hypertriglyceridämie wurde durch eine fettinduzierte
während des Tages ersetzt. Dabei war bei den Normalpersonen der mittlere Triglyceridspiegel des gesamten Tages von der Diätform weitgehend
unabhängig, während bei hyperlipidämischen Personen unter fettreicher
Kost der mittlere Tagesspiegel trotz niedrigerem Nüchternspiegel fast
doppelt so hoch war wie bei kohlenhydratreicher Ernährung. Abgesehen
von ihrem speziellen Interesse für die Deutung der Hyperlipidämien vom
Typ IV zeigt die Beobachtung, wie bedenklich es ist, aus Analysen des
Morgenblutes die Pathologie von Stoffwechselwegen unter dem Einfluß der
einen oder anderen Ernährung zu konstruieren.

Abschließend ein Beispiel aus meinem engeren Arbeitsbereich. Die amerika-
nische Literatur gibt auch in den neuesten Ausgaben guter Handbücher an,
daß der Harnsäurespiegel im Plasma von der Ernährung weitgehend unabhängig sei. Diese Angabe widerspricht den Erfahrungen bei unterernährten

Völkern einschließlich unseren eigenen während des letzten Krieges. Wir
haben die Frage deshalb mit Hilfe von streng reproduzierbaren Formel-
diäten, denen wir RNS, DNS, AMP oder GMP zulegten, nachuntersucht.

Bei einer isocalorischen purinfreien Formeldiät, einer Diät also, die den
Calorien- und Nährstoffbedarf voll deckt, aber keine Purine enthält, fällt
der Harnsäurespiegel deutlich ab, bei Normalpersonen auf im Durchschnitt
3, 1 mg/100 ml Plasma (Abb. 4).

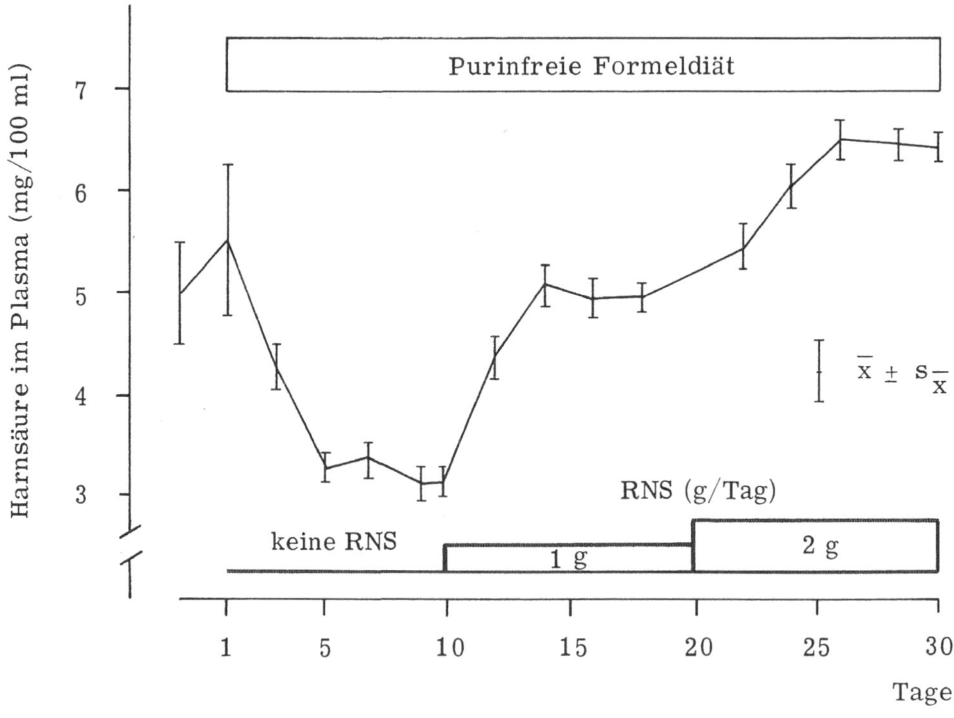

Abb. 4. Verhalten der Plasmaharnsäure unter purinarmer isocalorischer Formeldiät, bzw. zeitweiser Zulage von Ribonucleinsäure
zu dieser Diät.
Nach eigenen Versuchen gemeinsam mit GRIEBSCH und GRÖBNER.

Selbst bei Personen, die vorher mäßig hyperuricämisch waren (Werte zwischen 7 und 9 mg/100 ml Plasma), kann durch die purinfreie Formeldiät
Normouricämie erreicht werden (ZÖLLNER, GRIEBSCH und GRÖBNER).

Legt man bei so gewonnener sauberer Basislinie die genannten Purinquellen
zu, so steigt der Harnsäurespiegel im Plasma an. Das Ausmaß dieses An-
stieges hängt von der Art der Purinquelle ab, ist aber dosisproportional
(Abb. 5).

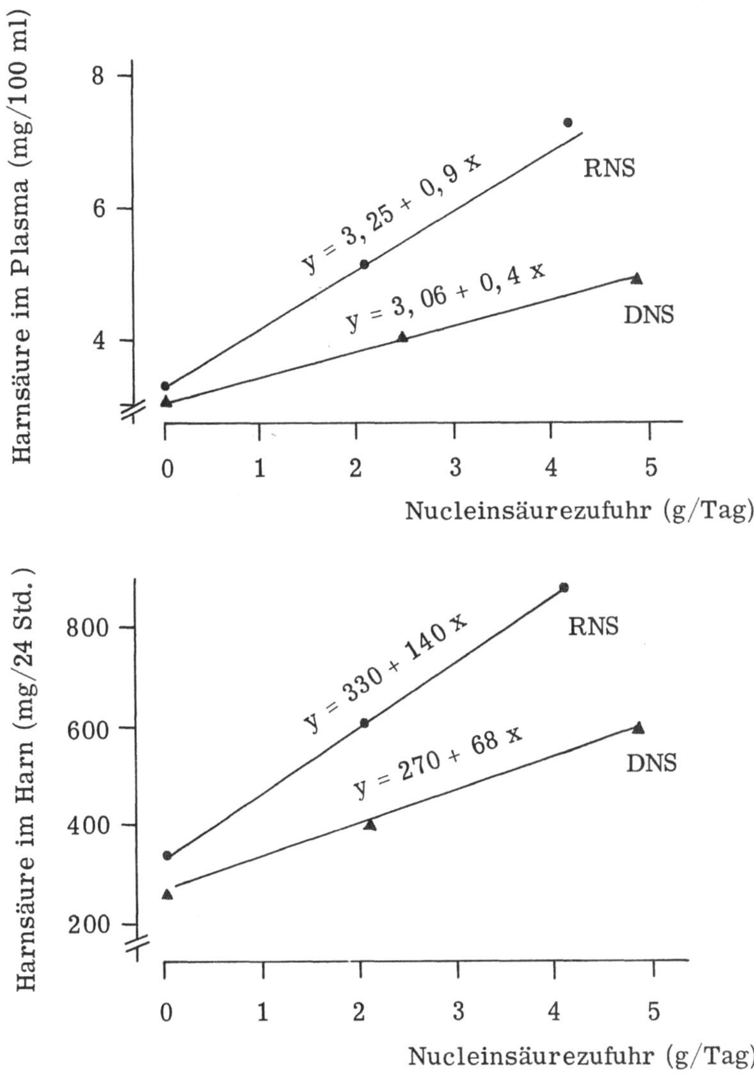

Abb. 5. Reaktion von Plasmaharnsäure und Harnsäureausscheidung im Harn bei Zulage von RNS bzw. DNS zu
einer purinfreien isocalorischen Formeldiät.

In diesem Zusammenhang ist die Feststellung mehrerer Arbeitskreise von
Interesse, daß in den letzten zehn Jahren in verschiedenen Gegenden
Deutschlands bei den Männern die Plasmaharnsäurewerte um etwa 1 mg/
100 ml zugenommen haben (Abb. 6).

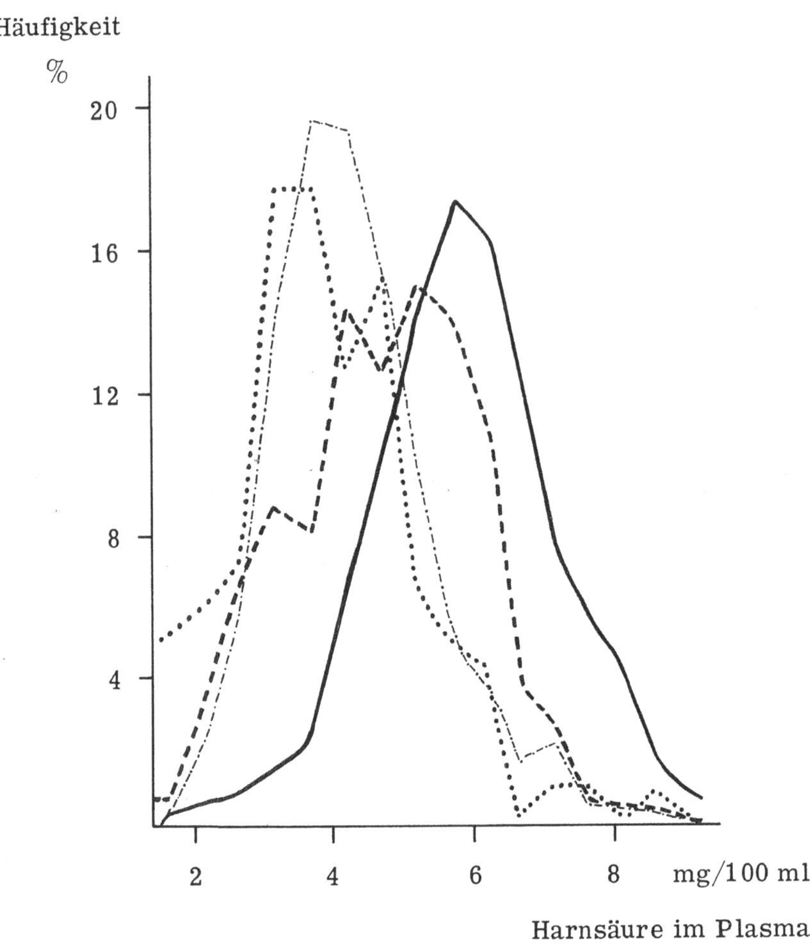

Abb. 6. Zunahme der Plasmaharnsäurewerte von 1963 - 1971
bei männlichen Blutspendern im süddeutschen Raum.

Abschließend noch einmal ein Beispiel für Stoffwechseleffekte, die dem
eigentlichen Wirkungsort einer Ernährungsänderung fern zu liegen scheinen (ZÖLLNER und GRÖBNER). Die durch Allopurinolverabreichung her-

vorgerufene Orotacidurie kann durch die Zulage von RNS weitgehend unterdrückt werden (Abb. 7).

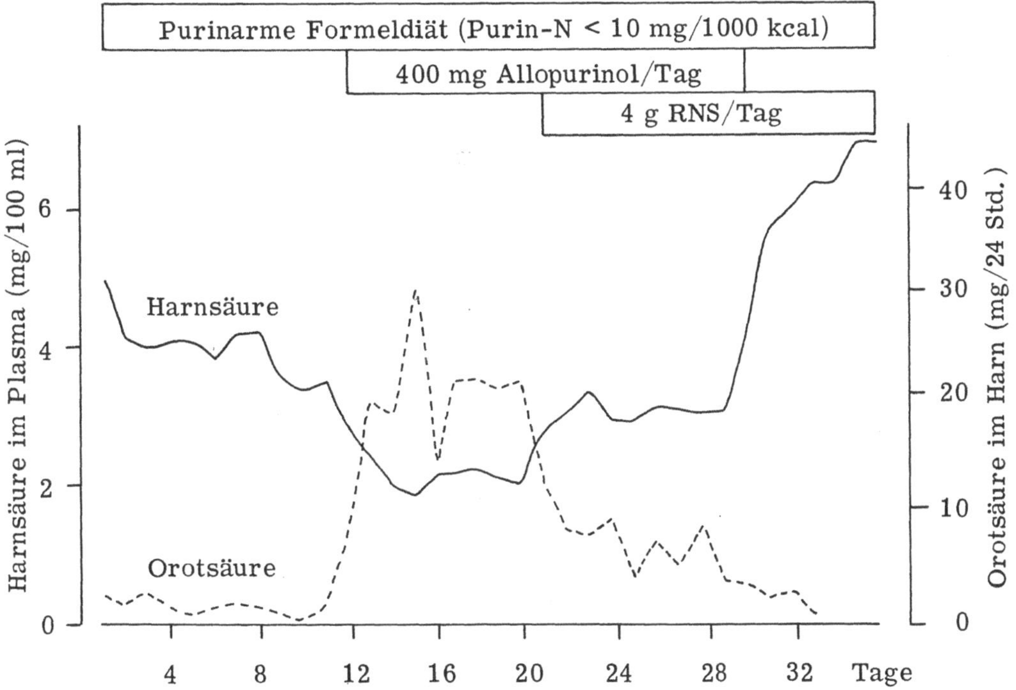

Abb. 7. Einfluß von Allopurinol und/oder RNS auf Plasma-
harnsäurespiegel und die gesamte renale Ausscheidung von
Orotsäure.
(Aus ZÖLLNER und GRÖBNER (1971)).

Literatur

Zusammenfassung über ältere Literatur:

PETERS, J.P. und VAN SLYKE, D.D.: Quantitative Clinical Chemistry.
Interpretations, Vol. I.
Baltimore: Williams and Wilkins 1946.

Zusammenfassung über die Folgen veränderter Calorienzufuhr:

BORTZ, W.M.: Amer. J. Med. 47, 325 (1969).

RABINOWITZ, D.: Ann. Rev. Med. 21, 241 (1970).

Einzelarbeiten:

SCHLIERF, G., REINHEIMER, W. und STOSSBERG, V.: Nutr. Metabol. 13, 80 (1971).

ZÖLLNER, N., GRIEBSCH, A. und GRÖBNER, W.: Ernährungsumschau 3, 79 (1972).

ZÖLLNER, N. und GRÖBNER, W.: Z. ges. exp. Med. 156, 317 (1971).

Auswirkungen diagnostischer Maßnahmen
auf klinisch-chemische Parameter

K. OETTE

Bei der qualitativen und quantitativen Erfassung einer biologischen Größe
beinhaltet das Ergebnis Einfluß- und Störfaktoren unterschiedlichster Art.
Die Faktoren können bereits in vivo zur Wirkung kommen oder nur die
Probenahme und/oder die Analytik betreffen (Abb. 1).

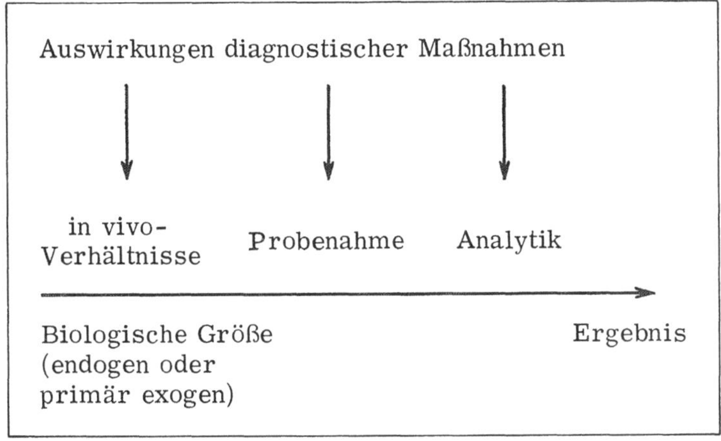

Abb. 1. Auswirkungen diagnostischer Maßnahmen auf die
Ergebnisse klinisch-chemischer Untersuchungen.

Der Zweck der meisten Routine-Laboratoriumsuntersuchungen in der Klinik
ist, die Einflüsse der Krankheit (Diagnostik, Krankheitsverlaufskontrolle)
und Therapie (Therapiekontrolle) auf die zu untersuchende biologische Größe

zu erfassen. Dabei interessieren verständlicherweise nur Einflüsse, die im Organismus, d. h. in vivo wirken. Einflüsse diagnostischer Maßnahmen können sich dagegen auch auf die Probenahme und Analytik störend auswirken. Sie sind mannigfaltig und nur zum Teil bekannt. Zur Optimierung der Laboratoriumsdiagnostik muß man die Störungen erkennen, vermindern oder - falls möglich - ganz eliminieren. Zur Verminderung bzw. Elimination der Störungen sind folgende Maßnahmen möglich: rechnerische Ausschaltung der Störung, Wahl von spezifischen oder weniger störanfälligen Methoden, Standardisierung der Methoden sowie Planung der Reihenfolge und Zeitfolge diagnostischer Untersuchungen. Die Optimierung drückt sich im Aufbau eines diagnostischen Programms von größtmöglicher Zuverlässigkeit aus. Tab. 1 faßt diagnostische Maßnahmen zusammen.

Tab. 1. Diagnostische Maßnahmen (Übersicht).

Allgemeine Befunderhebung
    (Inspektion, Palpation, Perkussion, Auskultation, Blutdruckmessung usw.)

Patientenvorbehandlung
    (Diät, Körperlage usw.)

Klinisch-physiologische Untersuchungen
    (EKG, Phonokardiographie, EEG, Lungenfunktionsprüfungen, Myographie, Ergometrie usw.)

Biopsien
    (Leber, Niere, Muskel, Magen-Darm-Trakt, Milz, Lymphknoten, Fettgewebe, Cürettage usw.)

Laparoskopien

Punktionen mit/ohne Injektionen
    (Capillare, Vene, Arterie, Liquorraum, Blase, Pleura, Gelenk usw.)

Endoskopische Untersuchungen
    (im Magen-Darm-Trakt, urologische, gynäkologische, bronchoskopische)

Röntgenologische Untersuchungen mit/ohne Kontrastmittel

Nuclearmedizinische Untersuchungen

Laboruntersuchungen
    (Untersuchungen von Körperflüssigkeiten, Farbstofftests, Substratbelastungstests, Hormonbelastungstests, Sekretionsanalysen usw.)

Allergietestungen

In der folgenden Darstellung können nur einige Störfaktoren behandelt werden.

Bereits bei der allgemeinen Befunderhebung und Blutentnahme können Fehler in der Reihenfolge und Zeitfolge der Untersuchungen gemacht werden. So darf nach der Palpation der Prostata innerhalb von 2 Tagen kein Blut zur Bestimmung der sauren Phosphatase und der sogenannten Prostataphosphatase entnommen werden. Leicht erhöhte Werte sind sonst ohne Aussagekraft.

Als weiteres Beispiel seien Plasmavolumenveränderungen durch Lagewechsel (4, 5) erwähnt (Tab. 2). Dadurch wird die Vorbehandlung des Patienten in Bezug auf die Blutentnahme bedeutsam. Versucht man zu optimieren, so erkennt man aus Tab. 2, daß die Elimination der Einflußgröße nur unvollständig gelingen kann, da zur Ödembildung neigende Patienten (pathologische Gruppe) besondere Reaktionsweisen zeigen. Eine Verminderung des Störfaktors ist jedoch durch Standardisierung der Bedingungen möglich. Zur besseren Beurteilung dieses Faktors müßten analoge Untersuchungen auf weitere pathologische Kollektive ausgedehnt werden.

Tab. 2. Auswirkungen des Lagewechsels auf das Plasmavolumen. Prozentuale Veränderung der Werte gegenüber dem Ausgangswert (nach FAWCETT und WYNN (5)).

		Vertikale Lage		Horizontale Lage	
		15 Min.	60 Min.	15 Min.	60 Min.
		nach Lagewechsel		nach Lagewechsel	
Kontroll- gruppe	$\bar{x}$ $S_{\bar{x}}$	- 10, 8 3, 0	- 9, 5 3, 3	+ 8, 0 3, 2	+ 12, 5 2, 8
Pathologi- sche Gruppe	$\bar{x}$ $S_{\bar{x}}$	- 10, 7 3, 4	- 15, 7 3, 6	+ 14, 2 5, 0	+ 21, 0 5, 4
Signifikanz zwischen den Gruppen		P > 0, 1	P < 0, 01	P < 0, 01	P < 0, 01

Plasmavolumenveränderungen ergeben sich auch lokal durch Stauungen (Tab. 3) (14), was bei der Stauung zur Blutentnahme besonders bei schlechten Venenverhältnissen zu beachten ist.

Durch Plasmavolumenveränderungen werden vorwiegend alle nicht durch Capillarmembranen diffusiblen Substanzen, z. B. Proteine, an Protein gebundene Lipide und corpusculäre Bestandteile in ihrer auf das Blut- bzw. Plasmavolumen bezogenen Konzentration verändert.

Tab. 3. Auswirkungen der venösen Blutstauung auf den Cholesterin-
bzw. Proteinspiegel im Serum (nach PAGE und MOINUDDIN (14)).

	Dauer der Stauung (min)				Dauer der Stauung (min)			
	0	2	5	10	0	2	5	10
	Gesamtcholesterin mg/100 ml				Gesamtprotein g/100 ml			
$\bar{x}$	201	205	221	257	6,83	6,93	7,40	8,35

Im Zusammenhang mit der Blutentnahme ist zu beachten, daß zu häufige
und volumenreiche Blutentnahmen zu Reticulocytenanstiegen führen (12).

Die Einflüsse der Diäten wurden im vorhergehenden Referat besprochen (15).

Umfangreiche Ergebnisse liegen bei den klinisch-physiologischen Untersuchungen besonders auf dem Gebiet der Ergometrie vor (11, 13). Tab. 4
gibt Auswirkungen körperlicher Belastungen auf biologische Größen im Blut
bzw. Serum an und Tab. 5 zeigt ein Beispiel von Enzymaktivitätsverände-
rungen im Serum nach Ergometerarbeit (13).

Tab. 4. Auswirkungen körperlicher Belastungen auf
biologische Größen im Blut bzw. Serum.

Volumen	Abnahme[x]
Glucose	Abnahme
Proteine	Zunahme
freie Fettsäuren	Zunahme
Lactat	Zunahme
Pyruvat	Zunahme/Abnahme
pH-Wert	Abnahme
Enzyme	Zunahme/(Abnahme)
Kalium	Zunahme
Ammoniak	Zunahme
BSP-Retention	keine Änderung/Zunahme
Hämatokrit	Zunahme

[x] Dadurch werden sämtliche nicht durch die
Capillarwand diffusiblen Bestandteile in
ihrer auf das Blut- bzw. Plasmavolumen
bezogenen Konzentration erhöht.

Tab. 5. Auswirkungen von Ergometerarbeit (2 Std. 50 W) auf Enzymaktivitäten im Serum (nach OTTO, SCHMIDT und SCHMIDT (13)).

Enzym	n	vor Belastung (U/l)	nach Belastung (U/l)	mittlerer Zuwachs (%)
ALD	4	2,9 ± 0,6	3,2 ± 0,8	10
PK	4	24,0 ± 2,2	30,0 ± 3,0	25
LDH	5	105,0 ± 22,0	117,0 ± 25,0	11
MDH	5	46,4 ± 18,6	52,0 ± 7,0	12
GOT	5	10,5 ± 3,1	12,5 ± 3,7	19
GPT	4	8,8 ± 3,3	9,8 ± 4,7	14
SDH	-	nicht meßbar	nicht meßbar	-
GLDH	-	nicht meßbar	nicht meßbar	-

Auch hier handelt es sich zum Teil um Folgen von Plasmavolumenschwan-
kungen. Die Angaben in der Literatur bezüglich der Auswirkungen von körperlichen Belastungen auf Laboratoriumsuntersuchungen sind uneinheitlich.
Dies läßt sich auf die große Zahl der mit der Belastung verbundenen Variablen zurückführen. Als solche sind zu nennen: Typ der Arbeit (statisch,
dynamisch), Belastung/Zeit, Dauer der Belastung, Sauerstoffangebot, Zeitpunkt der Probenahme, Kollektivart und -größe und verwendete Meßtechnik.
In der Praxis spielen ergometrische Untersuchungen als Störfaktoren von
Laboratoriumsuntersuchungen eine untergeordnete Rolle, da entweder der
Einfluß zur Diagnostik gehört oder die Veränderungen bekannt bzw. zeitlich
begrenzt sind. Die Einhaltung einer entsprechenden zeitlichen Reihenfolge
der Tests bzw. Probenahmen führt somit leicht zur Elimination von Störungen. Auf die Standardisierung der allgemeinen körperlichen Belastung vor
Blutentnahmen wurde bereits hingewiesen.

Für die Elimination von Störungen durch Punktionen, Injektionen, Biopsien,
Laparoskopien und Endoskopien spielen Standardisierung sowie Reihen- und
Zeitfolge eine analoge Rolle. Diese Methoden wirken sich auf verschiedene
Untersuchungsarten aus (Tab. 6).

Betrachtet man Veränderungen im Serum, so stehen besonders Erhöhungen
der CK-Aktivität und in geringerem Umfang der GOT- und LDH-Aktivitäten
durch Schädigung des Muskelgewebes im Vordergrund. Nach 24 Stunden ist
in der Mehrzahl der Fälle mit einer Normalisierung zu rechnen. Doch muß
stets an Schädigungen größerer Gewebsbereiche z. B. bei der Laparoskopie,
an zeitlich verzögerte Schädigungen und an Komplikationen gedacht werden.
Ein Intervall von 24 Stunden ist dann nicht immer ausreichend.

Einflüsse durch Röntgenkontrastmittel müssen besondere Beachtung finden,

Tab. 6. Auswirkungen diagnostischer Eingriffe
und evtl. auftretender Komplikationen.

Punktionen	CK: Anstieg
Injektionen	GOT: (Anstieg)
Biopsien	LDH: (Anstieg)
Laparoskopien	patholog. Harnbefund
Endoskopien	Blut im Stuhl

da sie Langzeitstörungen verursachen können und Röntgenkonstrastmittel in großer Zahl angewendet werden. Im Radiologischen Institut der Kölner Universitätskliniken finden 9 verschiedene Röntgenkontrastmittel Verwendung. Es sind unterschiedliche Interferenzen beschrieben worden (Tab. 7) (1, 2, 6, 7, 8, 9, 10), z. B. in vitro mit Schilddrüsenfunktionstests, mit Fällungsreaktionen im Urin und mit der Serumelektrophorese im ß- und γ-Globulinbereich, in vivo mit Schilddrüsenfunktionstests und bei der Elimination von BSP. Auch geringgradige passagere Erhöhungen (Stunden) von in der Leberdiagnostik verwendeten Serumenzymaktivitäten wurden beobachtet (9, 10). Die Angaben sind unterschiedlich. So liegen die von GRENZMANN und Mitarb. (10) gefundenen Schwankungen bei lebergesunden Versuchspersonen im Gegensatz zu GOMBERT und Mitarb. (9) innerhalb des Normalbereichs.

Tab. 7. Störungen von Analysenverfahren
durch Röntgenkontrastmittel.

Urin	spezifisches Gewicht
	Präcipitationsmethoden
	Reduktionsmethoden
	EHRLICH'sche Probe
	Steroidbestimmungen
Plasma	Elektrophorese
bzw.	BSP-Test
Serum	Enzymaktivitätsmessungen
	PBJ
	T_3-Test
Schilddrüse	Jodaufnahme

Tab. 8 zeigt den Einfluß von Gallenkontrastmitteln auf die BSP-Elimination (3). Interessant ist hier das unterschiedliche Verhalten zwischen einem nor-

Tab. 8. Auswirkungen des Gallenkontrastmittels Biloptin auf die BSP-Retention (nach DUBACH (3)).

Die BSP-Tests wurden 12 - 18 Std. nach dem Cholecystogramm durchgeführt.

BSP-Retention (%) vor | nach Kontrastmittel		Diagnose	Resultat des Cholecystogramms
lebergesunde Patienten			
1, 0	1, 0	Emphysembronchitis	nicht ausgeführt
4, 5	4, 5	chronische Bronchitis	nicht ausgeführt
4, 5	4, 5	Polycythämie	normal
0, 5	0, 5	Hiatusgleithernie	normal
2, 5	4, 0	Status nach Prostatektomie	normal
2, 5	6, 5	E-Ruhr	normal
4, 5	10, 0	Hiatusgleithernie	normal
2, 0	12, 5	Arteriosklerosis cerebri	normal
Patienten mit Veränderungen der Leber und Gallenwege			
0, 5	3, 5	Hyperbilirubinämie GILBERT	normal
2, 5	3, 5	Cholelithiasis	Cholelithiasis
3, 0	4, 5	Cholelithiasis	Solitärstein
3, 5	4, 5	Leberschaden	Dyskinese der Gallenwege
4, 0	13, 5	Leberschaden	nicht ausgeführt
5, 5	21, 0	Diabetes mellitus, Hepatomegalie	schlechte Füllung
6, 5	7, 5	chron. Alkoholismus, Leberschaden	nicht ausgeführt
7, 0	14, 5	chron. Alkoholismus, Fettleber	nicht ausgeführt
8, 0	10, 0	Cholecystopathie	schlechte Füllung
9, 0	16, 0	Cholelithiasis	Cholelithiasis
11, 5	18, 5	chron. Alkoholismus, Gastritis	nicht ausgeführt
13, 5	14, 5	chron. Alkoholismus, Fettleber	nicht ausgeführt
15, 0	15, 0	Ulcus ventriculi, Cirrhosis hepatis	Dysinese der Gallenwege
27, 0	34, 5	Hepatomegalie	nicht ausgeführt

malen und einem pathologischen Kollektiv. BSP-Tests dürfen erst 3 Tage
nach Anwendung von Gallenkontrastmitteln durchgeführt werden.

Zusammenfassend wirken sich - mit Ausnahme der Schilddrüsentests -
Röntgenkontrastmittel nur für Stunden oder wenige Tage störend auf Labora-
toriumsuntersuchungen aus. Schilddrüsenfunktionstests hingegen können
Monate, bei öligen Kontrastmitteln Jahre gestört bleiben.

Schließlich sind Störungen durch Farbstoff- und Belastungstests von Bedeutung. Die in Tab. 9 angegebenen Farbstoffe (linke Spalte) besitzen eine
Eigenabsorption im alkalischen Milieu und können somit Farbreaktionen im
alkalischen Medium dann stören, wenn Überschneidungen der Absorptions-
spektren vorliegen. Nimmt man für die in Tab. 9 angegebenen Untersuchungen (rechte Spalte) Blut und Urin vor den Farbstofftests ab, so lassen sich
Interferenzen leicht vermeiden. Farbstoffe werden im Normalfall innerhalb
von Stunden aus dem Organismus ausgeschieden. Störungen sind deshalb am
folgenden Tag nicht mehr zu erwarten.

Tab. 9. Auswirkungen von Farbstofftests auf
Laboratoriumsuntersuchungen.

Test	Störung der
BSP-Test	Biuret-Reaktion JAFFE'sche Reaktion LANGE'sche Probe LEGAL'sche Probe alkal. Phosphatase
Phenolrot-Test	Biuret-Reaktion JAFFE'sche Reaktion LANGE'sche Probe LEGAL'sche Probe alkal. Phosphatase
Zweifarbstoff-Test	Biuret-Reaktion JAFFE'sche Reaktion Bilirubinbestimmung LANGE'sche Probe LEGAL'sche Probe alkal. Phosphatase

Von den Substrat-Belastungstests z. B. mit Glucose, Galaktose, Xylose,
Fructose, Lactose und Fett soll nur die Glucosebelastung Erwähnung finden.
Die Veränderungen im Serum sind mannigfaltig (Tab. 10), klingen aber -

wie bei den anderen angegebenen Belastungstests - innerhalb von Stunden ab,
so daß Belastungstests wie die Farbstofftests leicht sinnvoll in das diagnostische Programm eingeordnet werden können.

Tab. 10. Auswirkungen der Glucosebelastung auf
Meßgrößen im Serum bzw. Plasma.

Insulin	Zunahme
Glucose	Zunahme
Pyruvat	Zunahme
FFS	Abnahme
K	Zunahme
Na	Abnahme
Ca	Abnahme
Mg	Zunahme
Phosphat	Zunahme

Die Tolbutamidbelastung, die zu den Störungen durch Medikamente über-
leitet, sei hier eingefügt. Tab. 11 demonstriert die Vielfalt der Einflüsse
durch diesen Test (1, 2, 7, 8).

Tab. 11. Auswirkungen der Tolbutamidbelastung auf
Meßgrößen im Blut bzw. Serum und im Harn.

Im Blut bzw. Serum

Glucose	Abnahme
FFS	Abnahme
K	Abnahme
alkal. Phosphatase	(Zunahme)
BSP-Test	(Zunahme)
PBJ	(Abnahme)
T_3-Test	(Zunahme)

Im Harn

Eiweiß-Präcipita-tionsreaktionen	Zunahme

In die Liste diagnostischer Maßnahmen (Tab. 1) wurden auch Allergie-

testungen aufgenommen. Damit verbundene Blutbildveränderungen (Eosino-
philenanstieg) sind allgemein bekannt.

Zusammenfassend läßt sich feststellen, daß die störenden Einflüsse diagnostischer Maßnahmen auf die Bestimmung biologischer Größen mit Hilfe
klinisch-chemischer und hämatologischer Methoden mannigfaltig und keineswegs ausreichend bekannt sind. Im Vergleich zu den Störungen durch Medikamente bleiben sie überschaubarer. Mit wenigen Ausnahmen (Störung der
Schilddrüsenfunktionstests durch Röntgenkontrastmittel) sind die Störungen
durch diagnostische Maßnahmen auf kurze Zeiten (Stunden bis wenige Tage)
begrenzt. Ein entsprechender Aufbau des diagnostischen Programms
(Reihenfolge und Zeitfolge) bietet sich somit als wichtigste und im allgemeinen realisierbare Maßnahme zur Elimination der Störfaktoren an. Da-
neben sollten spezifischere Tests und Standardisierungen bei der Patientenvorbehandlung zur Probenahme mehr Beachtung finden. Aus der vorliegenden umfangreichen Literatur konnten nur Beispiele herausgegriffen werden.

<u>Literatur</u>

1. CARAWAY, W. T. and KAMMEYER, C. W.: Clin. chim. Acta <u>41</u>, 395
   (1972).

2. CHRISTIAN, D. G.: Amer. J. clin. Path. <u>54</u>, 118 (1970).

3. DUBACH, U. C.: Schweiz. med. Wschr. <u>92</u>, 393 (1962).

4. EISENBERG, S., CAMP, M. F. and HORN, M.: J. Lab. clin. Med. <u>61</u>,
   755 (1963).

5. FAWCETT, J. K. and WYNN, V.: J. clin. Path. <u>13</u>, 304 (1960).

6. FOLDENAUER, A. und BÖHM, P.: Dtsch. med. Wschr. <u>95</u>, 1454
   (1970).

7. GABSCH, H. -Ch. und LUDEWIG, R.: Zschr. ärztl. Fortbild. <u>63</u>, 666
   (1969).

8. GABSCH, H. -Ch. und LUDEWIG, R.: Tägl. Praxis <u>13</u>, 339 (1972).

9. GOMBERT, H. J. und HÖTZL, H. A.: Röfo <u>105</u>, 727 (1966).

10. GRENZMANN, M., BELTZ, L., SCHMIDTMANN, W. und THELEN,
    M.: Dtsch. med. Wschr. <u>95</u>, 15 (1970).

11. HOLLMANN, W., SCHLÜSSEL, H. und SPECHTMEYER, H.: Sport-
    arzt und Sportmedizin <u>5</u>, 166 (1965).

12. MÖLLER, H.: Physiologie und Klinik der Bluttransfusion, 2. Aufl.
    Stuttgart: Fischer 1960.

13. OTTO, P., SCHMIDT, E. und SCHMIDT, F.W.: Klin. Wschr. 42, 75 (1964).

14. PAGE, T.H. and MOINUDDIN, M.: Circulation 25, 651 (1962).

15. ZÖLLNER, N.: dieses Symposium.

Auswirkungen operativer Eingriffe

auf klinisch-chemische Parameter

C. MAURER

Die Auswirkungen eines operativen Eingriffs auf die Zusammensetzung des
Blutes und anderer Körperflüssigkeiten lassen sich nur schwer gegenüber
Veränderungen durch die Grundkrankheit und andere Behandlungsmaßnahmen abgrenzen. Steht doch die Operation häufig als eine letzte therapeutische Konsequenz am Ende einer langen Reihe von diagnostischen und therapeutischen Maßnahmen.

Zu den gewissermaßen operationsspezifischen Einflüssen wie der Narkose
mit Flüssigkeits- und Wärmeverlusten sowie Störungen der vegetativen
Regulationen, dem Blutverlust und der Gewebstraumatisierung summieren
sich eine große Zahl von Faktoren (Abb. 1), deren Gewichtigkeit im Einzel-

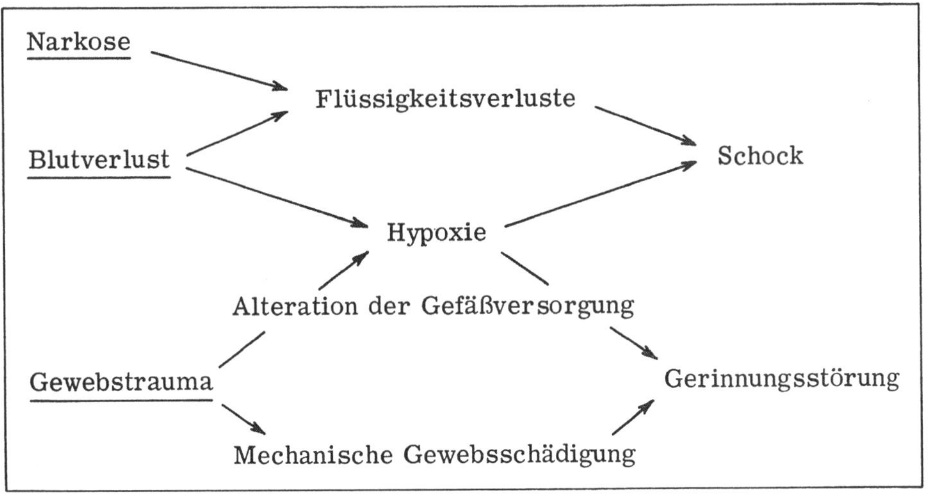

Abb. 1

fall nur schwer abzuschätzen ist. Schon in der präoperativen Ausgangssituation sind Bedingungen gegeben, die über Art und Ausmaß postoperativer
Veränderungen entscheiden.

1. Die präoperative Situation

    a) Grundkrankheit: geplanter Eingriff oder Notfalloperation
    b) Präoperative Vergleichswerte
    c) Begleiterkrankungen
    d) Medikation

2. Die Operation

    a) Zeitdauer der Narkose
    b) Ausmaß und Geschwindigkeit des Blutverlustes
    c) Ausdehnung des Operationsgebietes
    d) Funktion und Aufbau der betroffenen Gewebe

Von der Grundkrankheit hängt es ab, ob es sich um einen geplanten Eingriff
oder um eine Notfalloperation handelt. Bei Notfalloperationen sind Gewebs-
läsionen, Blut- und Flüssigkeitsverluste oft schon vor der Operation einge-
treten. Eng hiermit verknüpft ist die Frage nach der Standardisierung der
präoperativen Ausgangswerte bzw. das Fehlen von Vergleichswerten überhaupt. Die Kenntnisse über operativ bedingte Änderungen sind bei vielen
Eingriffen spärlich, da meist keine präoperativen Untersuchungen erfolgen.

Weiterhin sind Risikofaktoren wie Alter und komplizierende Erkrankungen
sowie die Auswirkungen der präoperativen Diagnostik und Therapie zu berücksichtigen. Aber auch die bereits erwähnten Belastungen durch die Operation an sich sind von unterschiedlichem Schweregrad.

Für die Auswirkungen eines Blutverlustes ist es von Bedeutung, ob der Verlust während einer mehrstündigen Operation kontinuierlich substituiert werden konnte oder ob dieser Verlust bei einer arteriellen Gefäßverletzung
innerhalb kurzer Zeit eintrat. Auch die Art des Volumenersatzes und die
Beschaffenheit von Konservenblut sind wichtig.

Für die Folgen der Gewebstraumatisierung ist die Ausdehnung des Opera-
tionsgebietes und die Art des betroffenen Gewebes entscheidend. Bei Operationen an oberflächlich gelegenen Skeletteilen sind durch die Operation an
sich geringe Änderungen zu erwarten, während Operationen an inkretorischen
Drüsen, beispielsweise die Entfernung von Adenomen der Nebenschilddrüsen,
mit ausgeprägten Veränderungen einhergehen, an denen Therapieerfolg und
Komplikationen gemessen werden. Hierzu eine eigene Beobachtung: Ein 15-
jähriger Patient erlitt im März 1972 bei einem Verkehrsunfall eine Leber-
ruptur, die übernäht wurde. Mitte Juni 1972 Wiederaufnahme wegen Teer-
stühlen infolge einer Hämobilie. Die selektive Arteriographie zeigte ein fal-
sches Aneurysma. Nach der operativen Revision mit Unterbindung der rechten Arteria hepatica kam es zu einem Anstieg der Transaminasen auf Werte
um 1000 mU/ml. Eine Farb-Subtraktionsaufnahme mit gleichzeitiger Darstellung der Gallenwege mittels direkter Cholangiographie und Arteriographie
ließ die arterielle Mangeldurchblutung im Bereich des rechten Leberlappens
deutlich erkennen.

Wenn sich auch diese Einflüsse aus der allgemeinen Erfahrung annähernd
kalkulieren lassen, so gehört doch das nicht berechenbare Risiko zum Wesen
der operativen Behandlung. Die postoperativen Veränderungen klinisch-
chemischer Befunde spiegeln die Summe von Ausgangssituation, operativer
Belastung und Unzulänglichkeit der Gegenmaßnahmen wider. Sie müssen daher in erster Linie als Indikatoren für Komplikationen betrachtet werden:

1. Die Verminderung von Hämoglobinkonzentration, Erythrocytenzahl und
   Hämatokrit als Ausdruck des ungenügend kompensierten Blutverlustes
   oder als Hinweis auf eine Nachblutung.

2. Elektrolytverschiebungen als unspezifische Indikatoren für metabolische
   Störungen, für Flüssigkeitsverschiebungen oder -verluste und als Zeichen
   einer renalen Insuffizienz.

3. Gerinnungsstörungen bei großen Blutverlusten, nach Massivtransfusionen,
   durch Einschwemmung von Gewebsthrombokinase, im Schock und der-
   gleichen.

4. Sauerstoff- und Kohlendioxidpartialdruck, Standardbicarbonat, Basenüber-
   schuß und pH-Wert zur Erfassung und zur Differenzierung metabolischer
   und respiratorischer Störungen.

5. Kreatinin- und Harnstofferhöhungen bei renaler Insuffizienz.

6. Änderungen von Enzymaktivitäten nach operativen Eingriffen, z. B. Erhöhungen der α-Amylase, der alkalischen Phosphatase und der Transaminasen nach Eingriffen im Bauchraum - vor allem an den ableitenden
   Gallenwegen - als Hinweis für eine operativ bedingte Pankreas- oder
   Leberschädigung.

7. Das Verhalten der Metaboliten des Betriebsstoffwechsels.

Große Schwierigkeiten bereitet die postoperative Einstellung und Kontrolle
eines Diabetes mellitus trotz der dosierten Infusionstherapie mit Glucose-
und Fructose-Lösungen. Die vielfältigen Einflüsse der Operation und der
postoperativen Periode bedingen starke Schwankungen der Blutzuckerwerte.

Die Bewertung von Befundänderungen nach operativen Eingriffen ist nur durch
die Verlaufskontrolle und einen Vergleich der verschiedenen Parameter
untereinander möglich, denn eine große Zahl von Befunden ist vieldeutig und
kann daher mißdeutet werden:

1. Eine postoperative Hyperbilirubinämie erweist sich bei aufmerksamer Beobachtung als ein häufiges Symptom. Meist wird dann eine Unverträglich-
   keitsreaktion bei Blutgruppeninkompatibilität oder eine Leberschädigung
   als Auswirkung von Medikamenten angenommen. Häufig handelt es sich
   hierbei aber lediglich um ein Overloading-Symptom. Postoperative Messungen der Bilirubinausscheidung aus Choledochusfisteln lassen einen auf
   das 3 - 4 fache gegenüber der normalen Erythrocytenabbaurate gesteiger-
   ten Hämoglobin-Bilirubin-Turnover erkennen (Abb. 2). Dies ist von peri-
   tonealen Blutaustritten, Blutungen in das Gewebe, der Menge und dem
   Alter von Konservenblut abhängig. Besonders häufig ist diese Ikterusform

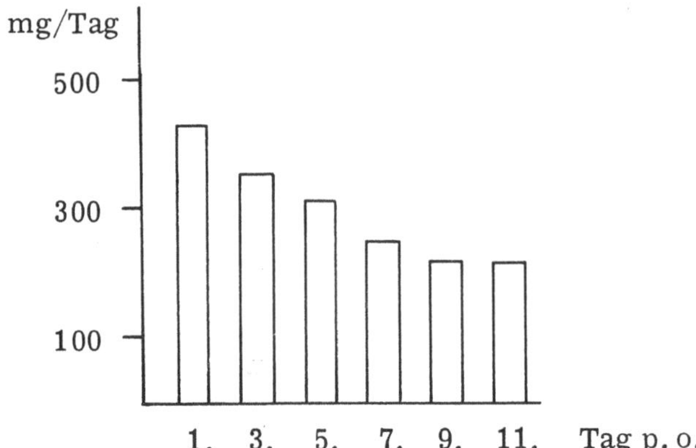

Abb. 2. Durchschnittliche postoperative Ausscheidung von Bilirubin durch die Drainage bei 10 Patienten mit Cholangiolithiasis.

bei Operationen unter Einsatz des extracorporalen Kreislaufs, da es hier zu mechanisch bedingten Hämolysen kommen kann. Eine latente Minderung der Leberleistung, beispielsweise bei einer präexistenten Stauungs- oder Fettleber, führt besonders häufig zu ausgeprägten Bilirubinerhöhungen. Bei lang anhaltenden und ausgeprägten Erhöhungen ist außerdem aber an die Möglichkeit einer Nachblutung, beispielsweise bei Koagulopathien oder Insuffizienz einer Gefäßligatur zu denken. Andererseits führen Bluttransfusionen häufig zu einem Rückgang der erhöhten Bilirubinwerte durch den Blutaustausch und verursachen eine Fehlbewertung durch scheinbar unerklärliche Schwankungen des Bilirubinspiegels.

2. Harnstofferhöhungen bei normalem Kreatininspiegel sind nach Eingriffen am Magen-Darm-Trakt mit Blutungen in das Darmlumen oder bei Nachblutungen zu beobachten. Auch okkulte Blutungen bei postoperativen Komplikationen wie Stress-Ulcus, Verbrauchskoagulopathie oder hämorrhagische Infarzierung des Dünndarms machen sich durch diese Diskrepanz bemerkbar. Passagere Harnstofferhöhungen mit Werten bis 60 mg/100 ml sind in den ersten postoperativen Tagen häufig, ohne daß sich hierfür eine einheitliche Ursache auffinden ließe. Nach Operationen am Magen-Darm-Trakt sind sie sogar die Regel.

3. Enzymaktivitäten werden häufig mißdeutet. An erster Stelle sind hier die Aktivitäten der Kreatin-Phosphokinase und anderer muskelspezifischer Enzyme zu nennen. So werden nach peripheren Embolektomien und dem Verdacht auf eine Parietalthrombose bei einem Herzinfarkt erhöhte CK-Werte häufig als Herzmuskelnekrosen mißdeutet. Nach Herzoperationen kommt es durch die Ventriculotomie und in Abhängigkeit von der Dauer der extracorporalen Perfusion zu signifikanten Erhöhungen der CK-Aktivität. Eine Differenzierung zwischen dem Kardiotomiesyndrom und einem echten operativ bedingten Infarkt durch Durchtrennung oder Thrombose

eines Coronararterienastes, einen Intimaabriß oder eine Einengung durch
Ventilprothesen ist daher nicht möglich.
Dagegen zeigen die Enzymaktivitäten nach Eingriffen im Bauch- und
Thoraxraum ein sehr unterschiedliches Verhalten. Der Vergleich zwischen Magenoperationen und Eingriffen an den Gallenwegen zeigt die Ursache: Bei Durchtrennung der Bauchdecken in der Medianlinie wird die
Muskulatur weniger alteriert als bei Querdurchtrennung. Vollends un-
übersichtlich ist die Situation aber bei peripheren Verschlußkrankheiten.
Während bei Embolien bereits vor der Operation durch die Ischämie deutliche Erhöhungen nachweisbar sind, weisen chronische Verschlußkrankheiten meist keine pathologisch erhöhten Werte auf. Postoperativ zeigen
sich sowohl mehr oder minder ausgeprägte Steigerungen als Folge der
operativ bedingten Ischämie, unveränderte Werte oder ein Rückgang bei
präoperativ erhöhten Werten als Ausdruck der verbesserten Sauerstoff-
versorgung.
Der Anstieg der Transaminasen bei Patienten mit länger liegenden T-
Drainagen nach Choledochotomie kann meist als Zeichen einer Leberpar-
enchymschädigung aufgefaßt werden. Gelegentlich aber muß die maximale
Stimulation der Gallensäureneubildung und die daraus resultierende Belastung des Leberstoffwechsels als Erklärung herangezogen werden, nämlich dann, wenn es mit zunehmendem Abstand von der Operation zu anstei-
genden Werten kommt, die sich nach Entfernung der T-Drainage schlagartig normalisieren. Andererseits deutet ein Absinken erhöhter Enzymaktivitäten nicht immer auf eine Besserung der Organfunktion hin. Eine
postoperative Leberatrophie kündigt sich meist durch eine Rückkehr erhöhter Transaminaseaktivitäten zur Norm an. Hier ist der weiter anhal-
tende Anstieg der Bilirubinwerte als signum malum ominis zu deuten,
ebenso die Normalisierung der α-Amylaseaktivitäten, die zusammen mit
erhöhten Blutzuckerwerten auf eine schwere Schädigung des Pankreas
hindeutet.

4. Schließlich zeigen auch die anderen Körperflüssigkeiten infolge operativer
   Maßnahmen mehr oder minder charakteristische Veränderungen. Besonders ausgeprägt ist dies bei der Galle durch die Unterbrechung des
   enterohepatischen Kreislaufs durch Choledochusfisteln. Rückgang der
   Gallensäureausscheidung durch die Entleerung des Pools und Wiederan-
   stieg durch maximale Neubildung in der Leber (Abb. 3) sind so charak-
   teristisch, daß sich aus Abweichungen Schlüsse auf postoperative Komplikationen ziehen lassen. Aber auch Liquor, Harn, Fistelsekrete und
   Wundbett-Drainagen lassen Rückschlüsse auf die Auswirkungen operativer
   Eingriffe zu. Hier wird meist die Aktivität der α-Amylase, die Konzentration von Gallensäuren, von Bilirubin oder von applizierten Teststoffen
   zur Beurteilung herangezogen. Hierzu ein Beispiel: Im Anschluß an eine
   Magenresektion nach Billroth II hatte sich ein subphrenischer Abszeß gebildet. Eine Verbindung mit einem kleinen intrahepatischen Gallengang
   wurde vermutet, doch ließ sich der drainierte Gallengang röntgenologisch
   nicht füllen. Eine maximale Gallensäurekonzentration von 8 mMol/l ließ
   auf eine erhebliche Beimengung von Galle schließen. Nach i. v. Applikation von 8,25 mg Indocyaningrün wurden im Laufe der folgenden 24 Stunden 7,4 mg entsprechend 90 % der verabreichten Menge wiedergefunden.

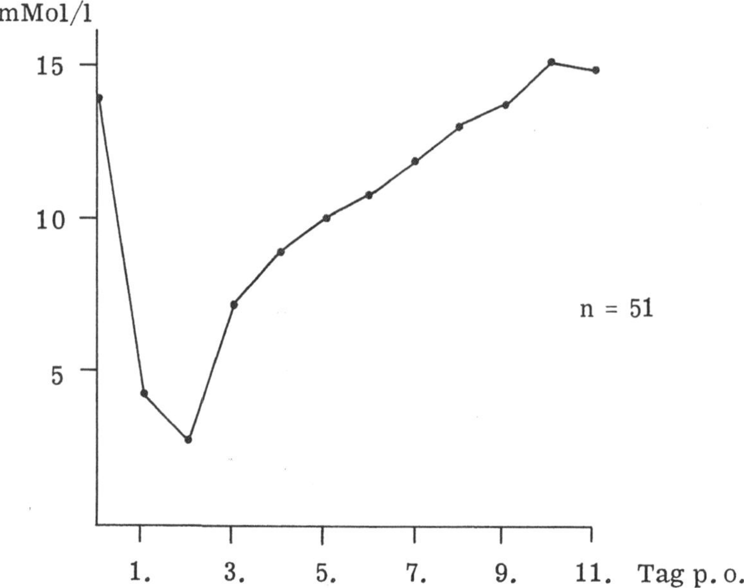

Abb. 3. Gesamtgallensäuren-Konzentration in der drainierten Galle.

Das Ergebnis ließ erkennen, daß es sich um eine Verbindung mit den ableitenden extrahepatischen Gallenwegen handeln mußte. Die operative
Revision deckte eine iatrogene Durchtrennung des Ductus choledochus
mit Perforation der Gallenblase in die Abszeßhöhle auf.

Wenn ich bisher die Auswirkungen operativer Eingriffe auf die Ergebnisse
klinisch-chemischer Untersuchungen aufgezählt habe, so schiene mir diese
lückenhafte Übersicht ganz und gar unvollständig, wenn nicht auch die äus-
seren Umstände und exogene Störungen Erwähnung fänden, welche die Ermittlung zuverlässiger Befunde erschweren. Vor allem sind es der Zeit-
druck und die enge zeitliche Bindung an die Operationstermine, also die
Verlagerung der Untersuchungen in die Abend- und Nachtstunden, welche
die Qualitätskontrolle der Ergebnisse schwierig machen. Es ist in erster
Linie das Bemühen um die Zuverlässigkeit der Ergebnisse, wenn neben
einer strengen Indikation eine Auswahl an relevanten Methoden und eine Be-
schränkung der Wiederholungen bei Verlaufskontrollen gefordert werden
muß. Zur Optimierung der Interpretation der Ergebnisse muß selbstverständlich über Entnahmezeit und -bedingungen Protokoll geführt werden.

Neben den vielen Fehlern wie Verwechslungen, Schreib- und Ablesefehlern,
die naturgemäß bei dringlichen Untersuchungen besonders häufig auftreten,
spielen Verfälschungen bei der Probenahme die größte Rolle. Vor allem die
Entnahme aus Verweilkanülen und -kathetern mit der Möglichkeit einer Bei-

mengung von Infusionslösungen, von Konservenblut und von Fremdsubstanzen führen zu falschen und gefährlichen Resultaten. Die Interpretation der Befunde ist ohnehin durch die möglichen raschen Änderungen der metabolischen Situation erschwert. Dies alles macht die postoperative Situation häufig unüberschaubar und erfordert einen engen Kontakt von Kliniker und Klinischem Chemiker am Krankenbett.

DISKUSSION

BUCHBORN:
Wir kommen damit zur Diskussion; da es sich im Gegensatz zum heutigen
Vormittag weniger um allgemeine und grundsätzliche, sondern um detail-
lierte Themen handelt, möchte ich vorschlagen, daß wir die Vorträge einzeln diskutieren und zunächst zum Vortrag von Herrn ZÖLLNER zurück-
kehren.

DENGLER:
Ich möchte auf ein Phänomen aufmerksam machen, das einem auffällt, wenn
man die Fieberkurven während der ersten Wochen eines Kliniksaufenthaltes
ansieht. Bei Patienten, die zur Diagnostik eingewiesen werden, stellt man
in der Regel einen erheblichen Gewichtsabfall fest, der darauf zurückzuführen ist, daß man bei zahlreichen Untersuchungen nüchtern bleiben muß
und daß das später angebotene Frühstück häufig nicht mehr eingenommen
wird. Wir haben uns deswegen Gedanken gemacht, welche Untersuchungen
man evtl. kombinieren könnte, um dieses Nüchternbleiben zu vermeiden.
So haben wir geprüft, welche Veränderungen auftreten, wenn man gleichzeitig eine orale Glucosebelastung und einen Bromsulfaleintest macht; beide
Untersuchungen sind ja relativ häufig beim gleichen Patienten indiziert. Es
zeigte sich bei der Varianzanalyse, daß der orale Glucosebelastungstest
unverändert bleibt, daß sich aber der Bromsulfaleintest regelmäßig signifikant bessert. Sehen Sie eine Erklärung für diese Beobachtung?

ZÖLLNER:
Nein.

BUCHBORN:
Thematisch gehört das eigentlich zum Vortrag von Herrn OETTE; ich weiß
nicht, ob Sie dazu etwas sagen wollen?

OETTE:
Ich sehe dafür keine Erklärung.

SZASZ:
Während einer Reduktionsdiät haben wir neben vielen anderen Parametern

auch die Cholinesteraseaktivität im Serum gemessen. Es handelte sich dabei
um 12 gesunde Probanden, die vier Wochen lang eine Diät mit 1000 Calorien
pro Tag bei einem Eiweißanteil von 22 % erhielten. Die Cholinesteraseaktivität wurde wöchentlich bestimmt und dabei eine kontinuierliche Abnahme
beobachtet. Zwischen den Ausgangs- und Endwerten war ein statistisch hoch-
signifikanter Unterschied vorhanden. Bei Probanden mit von vornherein
niedrigen Werten kam es nach vier Wochen sogar zu einer pathologisch erniedrigten Aktivität. Ich möchte diese Befunde nicht überbewerten, sondern
lediglich zur Diskussion stellen, ob so eine Reduktionsdiät nicht bereits mit
einer negativen Stickstoffbilanz einhergeht.

SCRIBA:
Ich würde Herrn ZÖLLNER gern fragen, wo die Grenze des Harnsäurespiegels liegt, die er als pathologisch bedeutsam bezeichnen würde unter den
Bedingungen der postäthanolischen Lactacidose, die ja wahrscheinlich in
diesen Fällen ein mehr oder weniger chronischer Zustand ist, und nach
wochenlangem Fasten.

ZÖLLNER:
Das ist eine Frage, die man nicht beantworten kann. Sicher ist, daß die Lös-
lichkeit des Natriumurats zwischen 6, 5 und 7, 0 mg/100 ml aufhört; darüber-
hinaus ist Serum eine supersaturierte Flüssigkeit. Es hängt dann nur noch
von der Geschwindigkeit der Ausfällung und vom Auftreten von Mikrokristal-
len ab, ob etwas passiert oder nicht. Ich komme morgen bei der Frage nach
den Normalwerten darauf zurück. Heute hat jeder, der einen Harnsäurewert
von mehr als $\bar{x} + 1$ s hat - und das ist ja ein erheblicher Teil der Population -
ärztlich gesehen einen pathologischen Wert. Ich weiß auch keine andere Lösung als die, daß wir unsere Kollegen etwas besser aufklären, was ein Normalwert, was ein Durchschnittswert, was ein Idealwert, was ein Sollwert
und was ein Grenzwert ist. Wichtig ist, daß die klinischen Konsequenzen
der Hyperuricämie selten sind, solange der Harnsäurewert unter 8, 5 mg/
100 ml liegt. In diesem Graubereich zwischen 6, 8 und 8, 5 mg/100 ml sollte
man sich nicht allzu viel Sorgen machen.

SCRIBA:
Über 8, 5 mg/100 ml würden Sie therapeutische Konsequenzen ziehen?

ZÖLLNER:
Ich würde versuchen, mit Diät zu therapieren. Ich bin nicht sicher, ob man
das Recht hat, einem Patienten mit einer asymptomatischen Hyperuricämie
chronisch, d. h. lebenslänglich ein Arzneimittel zu verordnen. Hier spielt
der Quotient zwischen Risk und Benefit, den Herr DENGLER genannt hat,
eine Rolle.

BUCHBORN:
Darf ich diese Frage noch erweitern: Sie haben gesagt, man hat kein Recht
dazu, den Patienten zu behandeln. Die Frage ist: Hat man die Pflicht, ihn
damit zu behandeln? Es gibt Hinweise, daß die Hyperuricämie - statistisch
jedenfalls - ein Risikofaktor ist, so daß man verpflichtet sein kann, diesen

Risikofaktor zu beeinflussen, und das könnte man hier durch Allopurinol, das
man dem Patienten dann nicht vorenthalten dürfte. Es ist wirklich eine wichtige und schwierige Frage, weil diese Behandlung - wie Sie richtig sagen -
lebenslänglich notwendig und also mit hohen Kosten verbunden ist. Ich möchte
Sie fragen, ob Sie auf Grund des jetzigen Standes der Dinge einschließlich der
Unsicherheit der Abgrenzung von "normal", "nicht sicher pathologisch" und
"pathologisch" tatsächlich daraus keine therapeutischen Konsequenzen ziehen
würden?

ZÖLLNER:
Wenn der Patient seine hohe Harnsäure durch ein Arzneimittel oder durch
Äthanol oder durch eine reichliche Purinzufuhr hat, dann versuche ich zunächst einmal, die Ursache zu eliminieren. Es bleibt dann immer noch eine
ganze Reihe von Fällen, die auch bei einer "vernünftigen" Ernährung auf
Grund ihrer familiären Hyperuricämie hohe bis sehr hohe Werte haben und
bei ihnen ist Ihre Frage berechtigt. Das ist aber nicht die gleiche Gruppe,
die Herr SCRIBA angesprochen hat; bei Abmagerungskuren würde ich kein
Allopurinol geben, weil der Harnsäureanstieg vorübergehend ist. Bei der
"idiopathischen" Hyperuricämie ist das Problem komplizierter.
Auch bei deutlich erhöhten Harnsäurewerten zwischen 8 und 9 mg/100 ml
liegt nämlich die Wahrscheinlichkeit, daß ein Mann Gelenkgicht entwickelt,
nur um 25 % (FRAMINGHAM-Studie); der bei weitem größere Prozentsatz
dieser Männer wird also keine Gicht bekommen. Die prophylaktische Behandlung von asymptomatischen Harnsäurewerten zwischen 8 und 9 mg/100 ml beinhaltet also ein kalkuliertes Risiko, bei dem die Tatsache, daß die Behandlung nicht in allen Fällen notwendig ist, und die Nebenwirkungen der Therapie gegeneinander abgewogen werden müssen. Erst wenn die Harnsäurewerte dauernd über 9 mg/100 ml liegen, wird das Auftreten von Gicht und
Harnsäuresteinen hochwahrscheinlich, so daß eine Prophylaxe jedenfalls angezeigt ist.

VAHLENSIECK:
Herr ZÖLLNER, Sie sagten, daß Sie unter einer speziellen Diät erhebliche
Senkungen der Harnsäurewerte sowohl bei gesunden Versuchspersonen wie
auch bei Hyperuricämie hätten erreichen können. Was für eine Diät ist das?
Es ist immer gesagt worden, es gibt gar keine Diät, mit der man das erreichen kann, oder es darf dann nicht eine nur purinarme oder purinfreie Diät
sein, sondern es muß auch eine eiweißarme oder eiweißfreie Diät sein.

ZÖLLNER:
Die Aussage, die Diät müsse eiweißfrei oder eiweißarm sein, ist sicher
falsch. Es ist einfach so, daß es außer Milcheiweiß keine Eiweißquelle gibt,
die purinfrei oder ausreichend purinarm ist. Die alten Lebensmitteltabellen
haben uns da im Stich gelassen. So sind z. B. viele Gemüse relativ purin-
reich, wenn Sie auf den Caloriengehalt beziehen. Die Angaben, die ich gemacht habe, sind mit einer halbsynthetischen Formeldiät gewonnen, in der
wir als Eiweißquelle ausschließlich Magermilcheiweiß verwendet haben. Die
einzige Diät, mit der Sie in der Klinik dem nahekommen, nennen wir Spa-
ghetti-Milch-Ei-Diät. Dabei liegt die Purinzufuhr unter 10 mg Purinstick-

stoff pro Tag.

VAHLENSIECK:
Ist das praktikabel?

ZÖLLNER:
Für experimentelle Zwecke ja.

KATTERMANN:
Herr WILLMS in unserer Klinik hat sich auch sehr mit der Therapie des
totalen Fastens befaßt. Wir haben Acetessigsäure und Harnsäure gemessen
und beobachtet, daß z. B. die Harnsäure bis 20 mg/100 ml ansteigt. Können
Sie eine Erklärung geben, warum die Harnsäure beim Fasten und bei der
Lactacidose ansteigt? Ist das eine Interferenz am Tubulusapparat?

ZÖLLNER:
Es ist sicher renal bedingt und allen Zuständen eigen, in denen der Lactat :
Pyruvat- oder Hydroxybutyrat : Acetoacetat-Quotient hinaufgeht. Die der-
zeit gültige Hypothese ist, daß es mit einer Änderung des intracellulären
NADH : NAD-Quotienten im Nierentubulus zusammenhängt.

LASCH:
Herr HEYDEN hat auf einem Kongreß in der Schweiz kürzlich erzählt, daß
auch die Konzentration der Triglyceride im Serum abhängig ist von der am
Tag zuvor genossenen Alkoholmenge. Wenn das stimmt, steht natürlich die
Frage einer "Triglycerid-Kosmetik" hier zur Diskussion.

ZÖLLNER:
Wir haben keine systematischen eigenen Untersuchungen. Herr HEYDEN
hat die Literatur sicher richtig zitiert. Meiner Meinung nach müssen Sie
die Triglyceridwerte nehmen, die für die Person repräsentativ sind; wenn
einer sich jeden Abend betrinkt, dann müssen Sie auch analysieren, wenn
er am Abend vor der Probenahme getrunken hat. Und umgekehrt, wenn einer
zufällig am Abend mal einen gehoben hat, weil er von Herrn LANG nach
Mainz eingeladen wurde, dann dürfen Sie ihn am nächsten Morgen nicht untersuchen.

BÜTTNER:
Wie sollen wir nun die Bedingungen der Probenahme standardisieren, vor
allem im Hinblick auf die dringend notwendige Normalwertermittlung; da
sollte man doch irgendetwas festlegen?

DENGLER:
Herr ZÖLLNER, sind die Werte bei einem nüchternen Patienten morgens in
der Klinik anders als bei einem nüchternen Patienten, der morgens aufsteht
und sich zu Fuß, mit dem Fahrrad oder mit einem Verkehrsmittel in die
Klinik begibt? Ist dieses zwei oder drei Stunden dauernde Hungern von Einfluß?

ZÖLLNER:
Ich habe mich das schon oft gefragt, Herr DENGLER. Das müßten Sie genauso gut beantworten können wie ich. Ich weiß es auch nicht.

STAMM:
Es gibt erstens die Untersuchungen von FAWCETT und WYNN (J. clin. Path. 13, 304 (1960)) über den Einfluß der Körperlage auf die Konzentration einiger Blutbestandteile. Danach verändern sich die Konzentrationen all derjenigen Bestandteile, die überwiegend an das Serumeiweiß gebunden sind. Verläßliche Konzentrationsbestimmungen dieser Bestandteile sind deswegen nur bei Patienten möglich, die mindestens eine Stunde vor der Probenahme gelegen haben.
Zweitens gibt es die Untersuchungen von ANNINO und RELMAN (Amer. J. clin. Path. 31, 155 (1959)), die die Konzentration von Serumbestandteilen vor und nach einem europäischen Hotelfrühstück untersuchten. Sie fanden bei einer Reihe von Parametern Veränderungen. Als wir 1965 die Tagesgänge der Normalwerte untersuchten, fanden wir dieselben Veränderungen, obwohl die im Bett liegenden Probanden nur Mineralwasser, aber keine Nahrung erhielten. Da die Untersuchungen von ANNINO und RELMAN keine Kontrollen ohne Frühstück enthalten, möchten wir die Änderungen auf tageszeitliche Schwankungen zurückführen (STAMM, D.: Verh. Dtsch. Ges. Inn. Med. 73, 982 (1967)).

ZÖLLNER:
Ich glaube, Herr STAMM, daß man aus dem Verhalten unter den physiologisch definierten Bedingungen Stehen versus Liegen nur schwer Rückschlüsse auf das Verhalten eines Patienten ziehen kann, der drei Stunden auf ist, bis er zu uns kommt. Ein großer Teil der Veränderungen, die man im Stehen beobachtet, kommt nicht zustande, wenn der Mensch geht, d. h. wenn er durch die Muskelpumpe den venösen Rückfluß in Gang hält.

BUCHBORN:
In praxi würde das darauf hinauslaufen, daß man diesen Faktor überhaupt nicht eliminieren kann, sondern daß man die Normbereiche aus gemischten Kollektiven ermitteln muß, in denen dieser Faktor nicht berücksichtigt ist.

STAMM:
Es kommt darauf an, was Sie erkennen wollen. Die Arbeit von FAWCETT und WYNN hat gezeigt, daß bestimmte Hypoproteinämien bei ambulanten Patienten nicht entdeckt worden sind, sondern erst, als man sie stationär aufgenommen und die Proben am Morgen bei den liegenden Patienten entnommen hat.

LAUE:
Im Grunde genommen sollten wir nicht mehr von Normalwerten sprechen, sondern von Referenzwerten, die jeweils für bestimmte Referenzkollektive, die exakt definiert sein sollten, gelten. Wenn uns eines Tages entsprechende Referenzwerte zur Verfügung stehen, so ist das eben diskutierte Problem gelöst.

BUCHBORN:
Dann können wir dieses Thema verlassen und uns dem Vortrag von Herrn
OETTE über Auswirkungen diagnostischer Maßnahmen zuwenden.
Habe ich richtig gehört, daß der T_3-Test durch Kontrastmittel verändert
wird?

OETTE:
Ja, allerdings nur ganz gering; wahrscheinlich hängt das von der Proteinbindung ab.

BUCHBORN:
Wenn dazu weiter keine Fragen sind, können wir gleich den Vortrag von
Herrn MAURER über Auswirkungen operativer Eingriffe diskutieren.

LASCH:
Herr MAURER, ein Teil der Veränderungen, die Sie gefunden haben, beruht nicht auf technischen Störfaktoren, sondern auf Krankheitsprozessen.
Der Begriff der "postoperativen Krankheit" besteht auch heute noch, z. B.
mit dem Anstieg des Harnstoffs. Das ist ja ein relevanter Wert, der uns
nicht nur die methodische Problematik näherbringt, sondern die pathophysio-
logische Situation.

MAURER:
Das habe ich mir auch schon überlegt, aber bei der Themenstellung war die
Frage, ob man die Auswirkungen, die man als Indikatoren für Komplikationen ansieht, mit hineinnimmt. Aber sie müssen ja sozusagen als Vergleich
da sein, weil viele Veränderungen als Auswirkungen gravierender Komplikationen bewertet werden können und es möglicherweise gar nicht sind, wie
z. B. die postoperative Hyperbilirubinämie, die oft symptomlos nach 2 - 3
Tagen abklingt.

Frau SCHMIDT:
In diesem Zusammenhang möchte ich auf einen Punkt hinweisen, der mir für
die Interpretation von Laborbefunden insbesondere dort wichtig scheint, wo
es um die Einwirkung von Medikamenten auf klinisch-chemische Parameter
geht. In der Literatur und auf Tabellen, die recht breit gestreut verteilt
werden, wird oft nicht unterschieden zwischen den Störungen einer Bestim-
mungsmethode durch exogene Einflüsse und echten Veränderungen von Funk-
tionsparametern, z. B. durch Effekte und Nebeneffekte von Medikamenten,
aber auch durch veränderte diätetische Bedingungen oder durch diagnostische
oder therapeutische Eingriffe. Von den Störungen der Analysenverfahren
müßte man erwarten, daß sie auch in vitro reproduzierbar sind und sich so
von den pathologischen Begleitreaktionen (z. B. der Leber auf viele Medikamente), die oft flüchtig und subklinisch verlaufen, abgrenzen lassen.

APPEL:
Herr MAURER, Sie brachten ein Diapositiv mit dem Abfall des Bilirubin-
spiegels postoperativ nach einer Gallensteinentfernung. Deuten Sie das als
Folge des operativen Eingriffs oder einfach als einen Heileffekt?

MAURER:
Das ist durch den Rückgang der postoperativ erhöhten Bilirubinausscheidung
bedingt. Durch Verluste in die Peritonealhöhle, in das Gewebe usw. geht ja
ziemlich viel Blut verloren und wird abgebaut. Das wird ganz offensichtlich,
wenn Patienten auch Bluttransfusionen bekommen haben. Dann steigt unter
Umständen die Bilirubinausscheidung in den ersten postoperativen Tagen der-
art, daß man zusätzlich zu den 200 - 250 mg aus dem normalen Hämoglobin-
Turnover so viel Bilirubin findet, daß man sagen kann, hier sind 25 % des
Konservenblutes innerhalb von 24 Stunden schon wieder abgebaut worden.

SZASZ:
Als postoperative Komplikation ist eine Lungenembolie besonders gefürchtet.
Dabei stellt sich häufig die differentialdiagnostische Frage: Lungenembolie
oder Herzinfarkt. Im Gegensatz zum Herzinfarkt verursacht eine Lungenembolie per se keinen Anstieg der Kreatinkinase-Aktivität, es sei denn, es
kommt zu einem Schock. Es stellt sich aber auch die Frage: Wie lange bleibt
die Kreatinkinase-Aktivität, bedingt durch den Eingriff selbst, erhöht? Dazu
hätte ich gern gezeigt, wie hohe Enzymaktivitäten nach verschiedenen Operationen zu erwarten sind.

Enzymaktivitäten im Serum 24 Std. nach verschiedenen operativen Eingriffen

	n	CK (U/l)	GOT (U/l)	GPT (U/l)	LDH (U/l)	HBDH (U/l)
Appendektomie	1	35	10	10	128	83
Prostatektomie	1	63	20	17	134	96
Strumektomie	2	76 (67 - 85)	15 (11 - 19)	8 (5 - 11)	225	152
Cholecyst-ektomie	4	128 (59 - 255)	34 (17 - 50)	31 (17 - 42)	142 (108 - 184)	98 (77 - 121)
Nephropexie	2	130 (122 - 137)	13	6 (5 - 7)	128 (121 - 134)	84 (71 - 96)
Nephrektomie	4	321 (103 - 670)	19 (12 - 30)	13 (7 - 21)	196 (124 - 251)	128 (89 - 170)
Lobektomie	4	360 (229 - 441)	25 (12 - 29)	11 (7 - 15)	183 (177 - 192)	125 (108 - 148)
Mediane Sternostomie	1	306	40	12	333	216
Mitralklappen-ersatz	1	934	130	19	867	626

In der Tabelle sind die Enzymaktivitäten im Serum 24 Stunden nach verschie-
denen operativen Eingriffen zusammengestellt. Die Kreatinkinase-Aktivität
bleibt nach kleineren Eingriffen, z. B. Appendektomie, Prostatektomie,
Strumektomie im Normbereich oder war nur gering erhöht. Deutlich erhöhte
Werte erhielten wir nach Cholecystektomie, Nephrektomie und Lobektomie.
Die obere Grenze der Norm wurde hier bis zu zehnfach überschritten, die
Werte können also in dem beim Herzinfarkt üblichen Bereich liegen.
Die Aktivitäten der GOT, der GPT und der LDH stiegen im Verhältnis zur
Kreatinkinase kaum an. Deutlich bis stark erhöhte GOT- und LDH-Aktivitäten
wurden nur bei den beiden letzten Patienten beobachtet, bei denen das Herz
selbst vom Eingriff betroffen war. Wenn man den letzten Fall der Tabelle -
einen Patienten mit Mitralklappenersatz - betrachtet, so sieht man nicht nur
eine stark erhöhte GOT- und LDH-Aktivität, sondern auch die Relation zwi-
schen GOT und GPT bzw. zwischen LDH und HBDH ist wie beim Herzinfarkt.
Ich möchte diesen Befund als einen weiteren Beweis für die Möglichkeit zur
Differenzierung zwischen Herz- und Skelettmuskelschädigung mit Hilfe des
CK/GOT-Quotienten deuten (SZASZ, G. und BUSCH, E.-W.: In: KAISER, E.
(Hrsg.), Fortschritte der Klinischen Chemie, S. 163. Wien: Verlag der
Wiener Med. Akademie 1972).
Die maximale Enzymaktivität wird nach Operationen bei komplikationslosem
Verlauf 24 - 36 Stunden nach dem Eingriff beobachtet. Die Normalisierung
ist von der absoluten Höhe der Aktivität und von der Halbwertszeit abhängig.
Die absolute Höhe der Aktivität ist nach unseren Recherchen nicht nur von
der Lokalisation und Länge des Schnittes, sondern auch von der Intensität,
mit der die Wundhaken benutzt wurden, abhängig.

BUCHBORN:
Vielen Dank, dazu müßte man sicherlich noch eine große Zahl von Werten
für die einzelnen Gruppen ermitteln, ehe man differentialdiagnostisch
Schlüsse daraus ziehen kann.

BÜTTNER:
Ich frage mich, ob es überhaupt sinnvoll ist, daß wir den Begriff der Störung einer klinisch-chemischen Analysenmethode auf die Dinge anwenden,
die im System liegen. Das sollten wir nicht tun, ich glaube, das bringt be-
grifflich Schwierigkeiten. Störung ist das, was in vitro eintritt, und das
andere ist halt eben ein physiologischer oder ein pathophysiologischer Vorgang.

Frau SCHMIDT:
Ich möchte noch einmal auf die postoperative Bilirubinausscheidung, von der
Herr MAURER gesprochen hat, zurückkommen. Es handelte sich dabei doch
um Patienten mit Choledocholithiasis, also mit einer zumindest inkompletten
oder intermittierenden Gallestauung, die operativ behoben wurde. Tritt das
erwähnte Phänomen bei anderen Operationen ebenfalls auf?

MAURER:
Das war eine komplikationslose Cholangiolithiasis, also ohne eine Stauung,
ohne Erhöhung der Bilirubinwerte. Das waren alles Patienten mit Bilirubin-

werten unter 1, 0 mg/100 ml.

Frau SCHMIDT:
Meine Frage, ob es bei anderen Operationen ebenso ist, ist damit aber noch nicht beantwortet.

MAURER:
Bei anderen Operationen können wir das ja nicht direkt messen, weil keine Choledochusfistel nach KEHR gelegt wird. Es handelte sich um Konzentrationen in der Galle. Ich wollte nur eine Erklärung geben für das sehr häufige Phänomen eines postoperativen Ikterus, der ohne Hinweise auf eine Hämolyse oder Leberschädigung auftritt. Hier wird die Ausscheidungskapazität der Leber überschritten.

BUCHBORN:
Aber auch das wäre Störung im Sinne von Krankheit, und deshalb noch einmal die Frage, ob zu dem, was Herr BÜTTNER eben mit Recht betont hat, noch eine Frage ist, die sich jetzt nur noch auf die Störung der Bestimmung bezieht.
Wenn das nicht der Fall ist, können wir die Diskussion schließen.

Medikamentöse Nebenwirkungen durch Interferenz mit geregelten biologischen Systemen

W. SIEGENTHALER, R. BECKERHOFF, D. WÜRSTEN
und K. ZIMMERMANN

Die folgenden Ausführungen sollen einen Hinweis auf Möglichkeiten medikamentöser Nebenwirkungen durch Interferenz mit geregelten biologischen Systemen geben. Aus einer derartigen Beeinflussung resultieren schließlich auch klinisch-chemische Resultate, die nur im Zusammenhang mit der gleichzeitig stattfindenden medikamentösen Therapie verstanden werden können. Zur Illustration sollen nur einige wenige Beispiele herausgegriffen werden.

1. Beeinflussung der Blutgerinnung durch Medikamente und Interferenz der oralen Antikoagulantien mit anderen Medikamenten

Die Vitamin K-Antagonisten (Cumarin- und Phenylindandionderivate = orale Antikoagulantien) wirken durch Verdrängung des Vitamins K in der Leberzelle. Da das Vitamin K als Coferment für die Synthese der Gerinnungsfaktoren II, VII, IX und X (Prothrombingruppe) (Abb. 1) (3) notwendig ist, wird durch die erwähnten Antagonisten die weitere Bildung dieser Faktoren blockiert (14). Mannigfache klinische Gegebenheiten und eine Vielzahl von Medikamenten können zu einer Toleranzänderung gegenüber Antikoagulantien im Sinne einer Verstärkung oder einer Verminderung der Antikoagulantienwirkung führen (1, 6, 9, 10, 11, 13, 14, 18). Eine Zusammenstellung von Medikamenten, die mit Antikoagulantien in irgendeiner Weise interferieren, zeigt Tab. 1.

Der Mechanismus der medikamentösen Interferenz mit Antikoagulantien ist für manche der in Tab. 1 genannten Pharmaka bekannt. Das labile Gleichgewicht zwischen oralen Antikoagulantien und Vitamin K kann prinzipiell an

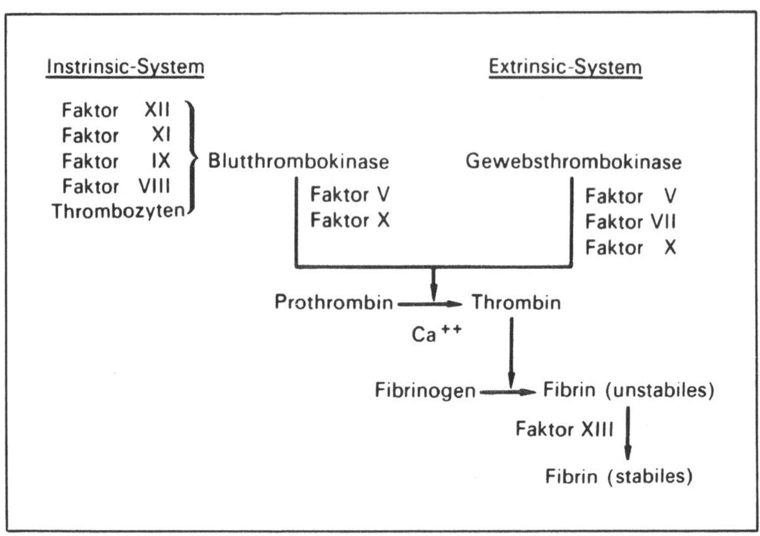

Abb. 1. Schema der Blutgerinnung.

Tab. 1

Medikamentöse Verstärkung der Antikoagulantienwirkung		Medikamentöse Verminderung der Antikoagulantienwirkung	
obligat	fakultativ	obligat	fakultativ
Phenylbutazon	Nalidixinsäure	Barbiturate	Glucocorticoide
Mefenaminsäure	Indomethacin	Glutethimid	Ovulations-
Chloralhydrat	Sulfonamide	(Doriden)	hemmer
Chloromycetin	Antibiotica	Griseofulvin	Rimactan
Thyroxin-	Anabolica	Vitamin K-	Meprobamat
derivate	Clofibrat	haltige	Digitalis
Glucagon	Salicylate	Präparate	Diuretica
Chininderivate	Allopurinol		
Neomycin	Methylphenidat		
Cholestyramin	Dibenzazepine		
	MAO-Hemmer		

drei Stellen gestört werden, nämlich durch Veränderungen im Bereich des Antikoagulans, des Vitamins K und der Leberzelle (Tab. 2).

Tab. 2

<u>Beeinflussung der Blutgerinnung durch Medikamente</u>

Cumarine und Phenylindandionderivate als Vitamin K-Antagonisten

Medikamentöse Interferenz mit oralen Antikoagulantien:
    Veränderungen im Bereich des Antikoagulans
        Veränderungen in der Bindung an Plasmaeiweiß
        Veränderungen im Metabolismus des Antikoagulans
    Veränderungen im Bereich des Vitamins K
        Verminderung des Vitamin K-Angebots
        Verminderung der Vitamin K-Resorption
    Veränderungen im Bereich der Leber
        Beschleunigung des intrahepatischen Katabolismus der
        Gerinnungsfaktoren
        Steigerung der intrahepatischen Synthese von Gerinnungs-
        faktoren
        Hemmung der intrahepatischen Synthese von Gerinnungs-
        faktoren

Veränderungen im Bereich des Antikoagulans

Veränderungen in der Bindung an Plasmaeiweiß

Der überwiegende Anteil des peroral aufgenommenen Antikoagulans
ist an Plasmaeiweiß (vor allem an Albumin) gebunden, so z. B.
Marcumar zu 99 %. Nur der freie, nicht gebundene Anteil ist aktiv.
Somit sind alle Medikamente, die dank einer höheren Affinität zum
Plasmaeiweiß das Antikoagulans aus der Eiweißbindung verdrängen
können, im Sinne einer Antikoagulantienüberdosierung wirksam (7).
In erster Linie erwähnenswert ist hier das Phenylbutazon (Butazolidin)
mit seinem Abkömmling Oxyphenbutazon (Tanderil) (14). Weitere
Medikamente, die eine analoge Wirkung haben, sind Sulfinpyrazon
(Anturan), Sulfadimethoxin (Madribon), Nalidixinsäure (Nogram), Indo-
methacin (Amuno), Mephenaminsäure (Ponstan), Clofibrat (Regelan),
Chloralhydrat über seinen Metaboliten Trichloressigsäure u. a. (14,
15, 16, 17).

Veränderungen im Metabolismus des Antikoagulans

Durch eine Hemmung der Enzyme, die für den Abbau des Antikoagulans verantwortlich sind, kommt es zu einer Verlängerung von dessen
Halbwertszeit und zu einem langsamen Anstieg der Plasmakonzentration mit Wirkungsverstärkung trotz unveränderter Dosierung. Auf diese
Weise wird die Interferenz von Chloromycetin, Allopurinol (Zyloric),

Mercaptopurin (Purinethol), Methylphenidat (Ritalin) und Dibenzazepin (z. B. Tofranil) mit Antikoagulantien erklärt (2, 7, 14).

Der umgekehrte Vorgang, also eine Enzyminduktion mit schnellerer Metabolisierung und demnach kürzerer Halbwertszeit des Antikoagulans führt zu einer Wirkungsabnahme bei unveränderter Dosierung. Dieser Mechanismus wurde vor allem bei den Barbituraten untersucht. In analoger Wirkung scheinen Glutethimid (Doriden), Griseofulvin und Meprobamat (Miltaun) die Antikoagulantienwirkung zu verringern (7, 14).

Veränderungen im Bereich des Vitamins K

Eine Änderung der zur Verfügung stehenden Menge an Vitamin K ist medikamentös durch die Verminderung des Vitamin K-Angebots und die Verminderung der Vitamin K-Resorption möglich.

Verminderung des Vitamin K-Angebots

Alle Medikamente, welche mit der Vitamin K-produzierenden Darmflora interferieren, können bei Antikoagulierten über eine Schädigung dieses wichtigen Vitamin K-Lieferanten zu einem Abfall des QUICK-Wertes führen, z. B. schwer resorbierbare Sulfonamide, Neomycin und Breitbandantibiotica (7, 14).

Verminderung der Vitamin K-Resorption

Da die Resorption des fettlöslichen Vitamins K im Darm von Faktoren wie Galleabfluß, Passagegeschwindigkeit und Absorptionsvermögen der Schleimhaut abhängig ist, verursachen alle Medikamente mit Einfluß auf diese Faktoren eine Veränderung im labilen Gleichgewicht zwischen Vitamin K und Antikoagulantien. So kann unter Cholestyramin (Cuemid), einem Gallensalze adsorbierenden Anionenaustauscher, beim Antikoagulierten der QUICK-Wert rasch abfallen. Die gleiche Wirkung können Laxantien mit stark beschleunigender Wirkung auf die Magen-Darm-Passage haben, ebenso Medikamente, die mit der cellulären Aktivität der Darmschleimhaut interferieren (4, 14).

Veränderungen im Bereich der Leberzelle

Der komplexe Lebermetabolismus bietet insbesondere beim Antikoagulierten zahlreiche Angriffspunkte für Störfaktoren, die das empfindliche Gleichgewicht zwischen Vitamin K und Antikoagulantien stören. Folgende Mechanismen sind von Bedeutung:

Beschleunigung des intrahepatischen Katabolismus der Gerinnungsfaktoren

Während beim nicht antikoagulierten Menschen ein verstärkter Katabolismus der Gerinnungsfaktoren durch eine Synthese der Gerinnungsfaktoren kompensiert wird, ist dies beim antikoagulierten Patienten nur schwer möglich. So steigern Thyroxin und seine Abkömmlinge wie gewisse Antilipämica die Geschwindigkeit der metabolischen Vorgänge in der Leber und können auf diese Weise die Antikoagulation im Sinne einer Überdosierung beeinflussen (14).

Steigerung der intrahepatischen Synthese von Gerinnungsfaktoren

Durch die Besserung einer dekompensierten Herzinsuffizienz unter
Digitalis und/oder Diuretica über eine Entstauung von Leber und Darmschleimhaut kommt es gleichzeitig zu einer Verbesserung der intrahepatischen Gerinnungsfaktorensynthese, einer eventuellen Verbesserung des Appetits mit vermehrter Zufuhr Vitamin K-haltiger Nah-
rungsmittel sowie einer verbesserten Vitamin K-Resorption durch die
entstaute Darmschleimhaut, was sich in einer Abnahme der Antikoagulantien-Empfindlichkeit, also einem QUICK-Anstieg bei gleichbleibender Antikoagulantiendosierung äußert (14).

Hemmung der intrahepatischen Synthese von Gerinnungsfaktoren

Bereits eine geringfügige Beeinträchtigung der Gerinnungsfaktorensynthese kann beim Antikoagulierten einen Abfall der QUICK-Werte
verursachen. Auf diesem Wege wird durch Chinin und seine Abkömmlinge, wahrscheinlich auch durch Glucagon in hoher Dosierung, die
Antikoagulantien-Empfindlichkeit erhöht (5, 6, 14).

Medikamente mit komplexem und/oder wenig geklärtem Interferenzmecha-
nismus

Eine verstärkte Antikoagulantienwirkung mit komplexer Pathogenese wird
u. a. bei Salicylaten und Anabolica, eine verminderte Antikoagulantienwirkung u. a. bei Glucocorticoiden, Ovulationshemmern und Rimactan beobachtet (7, 8, 12, 14).

2. Beeinflussung des Kohlenhydratstoffwechsels durch Medikamente

Die Beeinträchtigung der Glucosetoleranz unter dem Einfluß von Medikamenten ist allgemein bekannt (Tab. 3). Dagegen ist ihr Wirkungsmechanismus auf den Kohlenhydratstoffwechsel in vielen Fällen noch offen.

Tab. 3

<table>
<tr><td>Beeinflussung des Kohlenhydratstoffwechsels
durch Medikamente

Saliuretica
Glucocorticoide
Ovulationshemmer
Nicotinsäure</td></tr>
</table>

Diuretica

Bei den Diuretica werden vor allem zwei pathogenetische Thesen diskutiert:
Die eine nimmt eine Hemmung der 3, 5-AMP-Phosphodiesterase in der Leber als Ursache einer verstärkten Glykogenolyse und verminderten Glykogenresynthese an (1, 2, 3, 4, 5). Der daraus resultierenden Hyperglykämie kann nur ein belastungsfähiges System mit vermehrter Insulinausschüttung gerecht werden (2, 3, 4, 5, 7, 9, 10).
Inwieweit die zweite These vom diureticabedingten Kaliummangel mit Beeinträchtigung der Phosphorylase-Phosphataseaktivität in der Leber und damit einer Störung der Glykogenresynthese der Tatsache entspricht, bleibt umstritten (2, 6, 7, 8, 11, 12).

Glucocorticoide

Etwa 14 % der Patienten mit Cushing-Syndrom haben einen manifesten Diabetes mellitus. Eine diabetische Stoffwechsellage im Sinne einer pathologischen oralen Glucosetoleranz findet sich sogar bei 85 % der Patienten mit Cushing-Syndrom. Der wesentliche diabetogene Faktor bei dieser Krankheit ist das Cortisol. Aus dem gleichen Grunde kann sich auch unter der Therapie mit Glucocorticoiden eine pathologische Glucosetoleranz entwickeln, wenn die genetische Disposition für einen Diabetes mellitus besteht (29 - 45).

Ovulationshemmer

Auch unter Ovulationshemmern kann es zu einer Beeinträchtigung der Glucosetoleranz kommen (13 - 23). Der Wirkungsmechanismus ist noch weitgehend unklar (24 - 28).

Nicotinsäure

Nach Ansicht zahlreicher Autoren führt auch eine längere, hoch dosierte Nicotinsäuretherapie in vielen Fällen zu einer meist reversiblen Beeinträchtigung der Glucosetoleranz (46 - 51).

In allen erwähnten Situationen ist die Störung des Kohlenhydratstoffwechsels nach Absetzen der Medikamente im allgemeinen reversibel.

3. Beeinflussung des Renin-Angiotensin-Aldosteron-Systems (RAA-System) durch Medikamente

Medikamente können an den verschiedensten Stellen ins Renin-Angiotensin-Aldosteron-System eingreifen (Abb. 2, Tab. 4) (1, 2).

Diuretica

Insbesondere die stark natriuretisch wirkenden Thiazide sowie das Furosemid führen unter den Diuretica zu einer starken Stimulation des RAA-Systems. Plasma-Renin-Aktivität (PRA), Plasma-Aldosteron (PA)

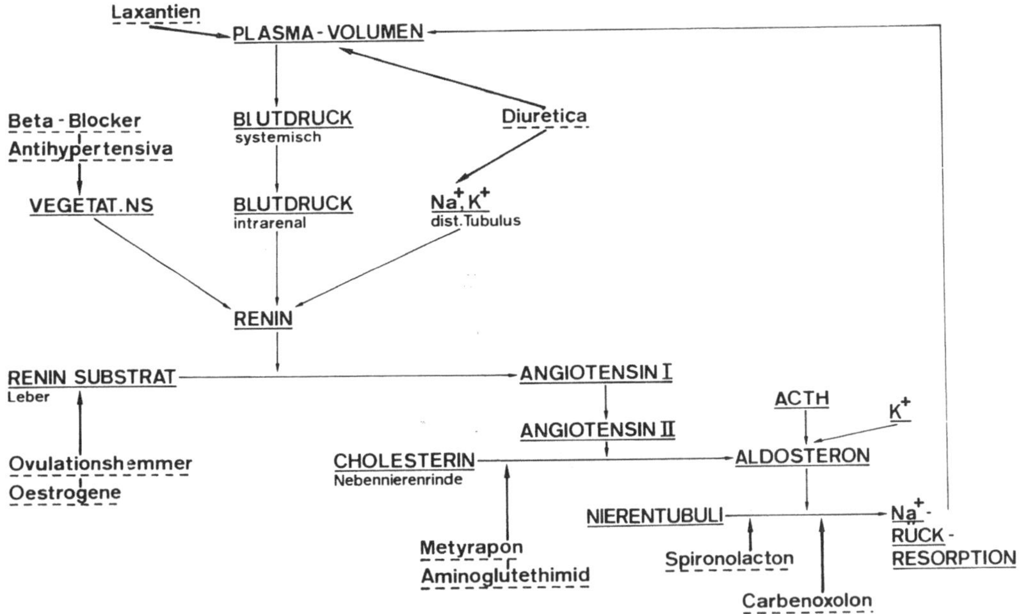

Abb. 2. Hauptangriffspunkte verschiedener, auf das Renin-Angiotensin-
Aldosteron (RAA)-System einwirkender Medikamente.

Tab. 4

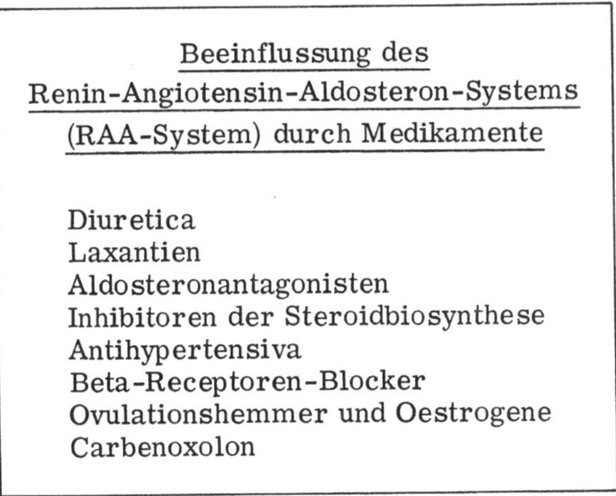

Beeinflussung des
Renin-Angiotensin-Aldosteron-Systems
(RAA-System) durch Medikamente

Diuretica
Laxantien
Aldosteronantagonisten
Inhibitoren der Steroidbiosynthese
Antihypertensiva
Beta-Receptoren-Blocker
Ovulationshemmer und Oestrogene
Carbenoxolon

und Aldosteron-Exkretionsrate (AE) sind erhöht. Die vermehrte Aktivierung des RAA-Systems durch Diuretica kann sowohl über die Maculadensa-Theorie (vermehrter Natriumfluß durch den distalen Tubulus) als auch über die Baroreceptorentheorie (verminderter intrarenaler Blutdruck infolge Natrium- und Wasserverlust) erklärt werden.

Laxantien

Übermäßige Laxantieneinnahme führt - ähnlich wie die Gabe von Diuretica - durch Natrium- und Wasserverlust zu einer Stimulation des RAA-Systems.

Aldosteronantagonisten

Der wichtigste Vertreter der diuretisch wirkenden Aldosteronantagonisten ist das Spironolacton. Es hemmt kompetitiv die Aldosteronwirkung an den distalen Nierentubuli. Infolgedessen kommt es zur vermehrten Natriumausscheidung und Kaliumrückresorption und so zur Aktivierung des RAA-Systems. Die Veränderungen im RAA-System sind die gleichen wie bei den oben genannten Diuretica.

Inhibitoren der Steroidbiosynthese

Inhibitoren der Steroidbiosynthese (z. B. Metyrapon, Aminoglutethimid) hemmen die Steroidbiosynthese in der Nebennierenrinde, wobei Metyrapon selektiv die 11-beta-Hydroxylase blockiert und Aminoglutethimid die gesamte Steroidsynthese hemmt. Damit wird auch die Aldosteronsynthese durch diese Medikamente gehemmt. Auch Heparin führt auf noch nicht geklärte Weise zu einer Erniedrigung der Aldosteronsynthese. Die Folge dieser mangelhaften Aldosteronsynthese ist ein ungenügender "feedback"-Mechanismus mit Stimulation des Renin-Angiotensin-Systems.

Antihypertensiva

Bei akuter Blutdrucksenkung führen Antihypertensiva, wahrscheinlich über eine akute Verminderung der Nierendurchblutung, zu einer Stimulation des RAA-Systems. Bei länger dauernder Verabreichung dagegen führen verschiedene Antihypertensiva (Guanethidin, α-Methyl-Dopa) zu einer Supprimierung der Plasmareninaktivität und hierdurch auch der Aldosteronsekretion. Dieser hemmende Effekt wird durch die Einwirkung der Medikamente auf das vegetative Nervensystem erklärt, da das beta-adrenergische System einen Stimulator oder Modulator der Reninsekretion darstellt.

Beta-Receptoren-Blocker

Aus dem gleichen Grunde führen Beta-Receptoren-Blocker zu einer Supprimierung der Reninsekretion. Alpha-Receptoren-Blocker beeinflussen die Reninsekretion nicht.

Ovulationshemmer und Oestrogene

Ovulationshemmer führen zu einer Mehrproduktion des in der Leber gebildeten Renin-Substrates Angiotensinogen. Erhöhte Angiotensin-

und Aldosteron-Plasmaspiegel sind die Folge.

Carbenoxolon

Die Wirksubstanz des Medikaments Carbenoxolon, die Glycyrrhizin-
säure bzw. ihr Natriumsuccinat, besitzt einen dem Aldosteron ähnlichen mineralocorticoiden Effekt. Infolge der erhöhten Natriumrück-
resorption ist das RAA-System unterdrückt.

Zusammenfassung

Anhand einiger Beispiele werden Möglichkeiten medikamentöser Nebenwirkungen durch Interferenz mit geregelten biologischen Systemen aufgezeigt.
Als Modelle dienen die Beeinflussung der Blutgerinnung durch Medikamente
und die Interferenz der oralen Antikoagulantien mit anderen Medikamenten,
dann die medikamentöse Beeinflussung des Kohlenhydratstoffwechsels und
schließlich diejenige des Renin-Angiotensin-Aldosteron-Systems.

Literatur

Zum Abschnitt: Beeinflussung der Blutgerinnung durch Medikamente

1. BUCHER, U. und KAPPELER, R.: Antikoagulantienbehandlung.
   In: HADORN, W. (Hrsg.), Lehrbuch der Therapie.
   Bern: Huber 1968.

2. CHRISTENSEN, L.K. and SKOVSTED, L.: Lancet 1969/II, 1397.

3. FRICK, P.: Blutgerinnung und Hämostase.
   In: SIEGENTHALER, W. (Hrsg.), Klinische Pathophysiologie, 2. Aufl.
   Stuttgart: Thieme 1973.

4. GROSS, L. and BROTMAN, M.: Ann. intern. Med. 72, 95 (1970).

5. KOCH-WESER, J.: Ann. intern. Med. 68, 511 (1968).

6. KOCH-WESER, J.: Ann. intern. Med. 72, 331 (1970).

7. KOCH-WESER, J. and SELLERS, E.M.: New Engl. J. Med. 285, 487;
   547 (1971).

8. MICHOT, T., BÜRGI, M. und BÜTTNER, J.: Schweiz. med. Wschr.
   100, 583 (1970).

9. O'REILLY, R.A.: J. clin. Invest. $\underline{48}$, 193 (1969).

10. LEWIS, R.J. and TRAGER, W.F.: Ann. N.Y. Acad. Sci. $\underline{179}$, 205 (1971).

11. RINGLER, H.E.: Therapiewoche $\underline{36}$, 2917 (1972).

12. O'REILLY, R.A., SAHUD, M. and AGGELER, P.M.: Ann. N.Y. Acad. Sci. $\underline{179}$, 173 (1971).

13. SEILER, K.: Praktische Probleme der Langzeitantikoagulation. In: WIDMER, L.K. und WAIBEL, P. (Hrsg.), Venenkrankheiten in der Praxis. Bern: Huber 1972.

14. SEILER, K.: Schweiz. med. Wschr. $\underline{102}$, 1415 (1972).

15. SELLERS, E.M. and KOCH-WESER, J.: New Engl. J. Med. $\underline{283}$, 827 (1970).

16. SELLERS, E.M. and KOCH-WESER, J.: Ann. N.Y. Acad. Sci. $\underline{179}$, 213 (1971).

17. WEINER, M.: Ann. N.Y. Acad. Sci. $\underline{179}$, 226 (1971).

18. ZUKSCHWERDT, L. und THIES, H.A. (Hrsg.): Nebenwirkungen und Blutungen bei Antikoagulantien und Fibrinolytica. Stuttgart: Schattauer 1965.

Zum Abschnitt: <u>Beeinflussung des Kohlenhydratstoffwechsels durch Medikamente</u>

1. JAHNECKE, J.: Dtsch. med. Wschr. $\underline{92}$, 1270 (1967).

2. SENFT, G.: Internist $\underline{7}$, 426 (1966).

3. WANDREY, H., GESER, C.A., FRIEMANN, J. und ZÖLLNER, N.: Med. Klin. $\underline{63}$, 2071 (1968).

4. WANDREY, H.: Diabetes mellitus in Praxis und Forschung. München: Goldmann 1971.

5. WELLER, J.M. and BORONADY, P.E.: Metabolism $\underline{16}$, 532 (1967).

6. LOSERT, W., SENFT, G. und SITT, R.: Arch. exp. Path. Pharmak. $\underline{251}$, 120 (1965).

7. SENFT, G., LOSERT, W., SCHULTZ, G., SITT, R. und BARTEL-HEIMER, H.K.: Arch. exp. Path. Pharmak. $\underline{255}$, 369 (1966).

8. WOLF, F.W. and PARMLEY, W.W.: Diabetes $\underline{13}$, 115 (1964).

9. SCHULTZ, G., LOSERT, W., SENFT, G. und SITT, R.: Arch. exp. Path. Pharmak. $\underline{255}$, 74 (1966).

10. SCHULTZ, G., SENFT, G. und MUNSKE, K.: Naturwissenschaften $\underline{53}$, 529 (1966).

- 131 -

11. GARDNER, L. J., TALBOT, N. B., COOK, C. D., BERTIAN, H. and URIBE, C.: J. Lab. clin. Med. 35, 592 (1950).

12. NIEDERMEYER, W. and CARMICHAEL, E. B.: Proc. Soc. exp. Biol. Med. 104, 779 (1960).

13. BUCHLER, D. and WARREN, J.C.: Amer. J. Obst. Gyn. 41, 479 (1966).

14. GERSHBERG, H., JAVIER, Z. and HULSE, M.: Diabetes 13, 378 (1964).

15. JAVIER, Z., GERSHBERG, H. and HULSE, M.: Metabolism 5, 443 (1968).

16. PETERSON, W.F., STEEL, M.W. and COYNE, R.V.: Amer. J. Obst. Gyn. 95, 484 (1966).

17. SPELLACY, W.N. and CARLSON, K.L.: Amer. J. Obst. Gyn. 95, 474 (1966).

18. SPELLACY, W.N., CARLSON, K.L., BIRK, S.A. and SCHADE, S.L.: Metabolism 17, 496 (1968).

19. WYNN, V. and DOAR, J.W.H.: Lancet 1966/II, 715.

20. WYNN, V., DOAR, J.W.H. and MILLIS, G.L.: Lancet 1966/II, 720.

21. DANOWSKI, T.S.: Clin. Pharmac. Ther. 9, 223 (1968).

22. WALAAS, O.: Acta endocrin. (Kbh.) 10, 193 (1952).

23. LEAKE, N.H. and BURT, R.L.: Diabetes 11, 419 (1962).

24. FRANTZ, A.G. and RABKIN, M.T.: J. clin. Endocr. 25, 1470 (1965).

25. KITAY, J.: J. clin. Endocr. 24, 231 (1964).

26. KLEINER, G.J., KREESCH, L. and ARIAS, I.M.: New Engl. J. Med. 273, 420 (1965).

27. MÜLLER, M.N. and KAPPAS, A.: J. clin. Invest. 43, 1905 (1964).

28. BARKER, K.L. and WARREN, J.C.: Endocrinology 78, 1205 (1966).

29. ROOS, E.J., MARSHALL-JONES, P. and FRIEDMANN, M.: Quart. J. Med. 35, 149 (1966).

30. LABHART, A.: Klinik der inneren Sekretion, 2. Aufl. Berlin: Springer 1971.

31. JEANRENAUD, B. and RENOLD, A.E.: Metabolic effects of corticosteroids. In: PFEIFFER, E.F. (Hrsg.), Handbuch des Diabetes mellitus, Bd. I, S. 591. München: Lehmann 1969.

32. DAVID, D.S., GRIELO, M.H. and CUSHMAN, P.: J. chron. Dis. 22, 637 (1970).

33. DREWS, J.: Med. Klin. 64, 773 (1969).

34. ASHMORE, J.: Diabetes 13, 349 (1964).

35. MATSUI, N. and PLAGER, J.E.: Endocrinology 84, 1439 (1969).

36. COORE, H.G. and RANDLE, P.J.: Biochem. J. 84, 78 P (1962).

37. PFEIFFER, E.F.: Statik und Dynamik der Insulinsekretion bei
Diabetes, Proto-Diabetes und Adipositas.
In: PFEIFFER, E.F. (Hrsg.), Handbuch des Diabetes mellitus, Bd. II,
S. 123.
München: Lehmann 1971.

38. BERGER, S., DOWNEY, J.L., TRAISMAN, H.S. and METZ, R.:
New Engl. J. Med. 274, 1460 (1966).

39. JANOSKI, A.H., SHAVER, J.C., CHRISTY, N.P. and ROSNER, W.:
On the pharmacologic actions of 21-carbon hormonal steroids of the
adrenal cortex in mammals.
In: DEANE, H.W. and RUBIN, B.L. (Eds.), Handbuch der experimen-
tellen Pharmakologie, Bd. XIV, 3, S. 256.
Berlin: Springer 1968.

40. SCHWARZ, K. und SCRIBA, P.C.: Endokrinologie für die Praxis,
Teil III.
München: Lehmann 1969.

41. VON WERDER, K., HANE, S. and FORSHAM, P.H.: Horm. Metab.
Res. 3, 171 (1971).

42. BASTENIE, P.A.: Endocrine disorders and diabetes.
In: PFEIFFER, E.F. (Hrsg.), Handbuch des Diabetes mellitus, Bd. II,
S. 871.
München: Lehmann 1971.

43. McKIDDIE, M.T., JASANI, M.K., BUCHANAN, K.D., BOYLE, J.A.
and BUCHANAN, W.W.: Metabolism 17, 730 (1968).

44. SCHUBERT, G.E. und SCHULTE, H.D.: Dtsch. med. Wschr. 88,
1174 (1963).

45. RINGLER, I., WEST, K., DULIN, W.E. and BOLAND, E.W.:
Metabolism 13, 37 (1964).

46. MAHL, M. and LANGE, K.: Amer. J. med. Sci. 246, 673 (1963).

47. POLLAK, H.: Diabetes 11, 144 (1962).

48. ROSSENBECK, H.G. und BÖHLE, E.: Med. Welt 16, 860 (1966).

49. ZÖLLNER, N. und GUDENZI, M.: Med. Klin. 61, 1996 (1966).

50. ZELLER, W., SCHÖN, H., WÜST, H., ANDERS, U. und AMMON,
P.T.: Klin. Wschr. 44, 1022 (1966).

51. HEYDEN-STUCKY, S.: Schweiz. med. Wschr. 97, 451 (1967).

Zum Abschnitt: <u>Beeinflussung des Renin-Angiotensin-Aldosteron-Systems durch Medikamente</u>

1. SIEGENTHALER, W. (Hrsg.): Klinische Pathophysiologie, 2. Aufl. Stuttgart: Thieme 1973.

2. WERNING, C.: Das Renin-Angiotensin-Aldosteron-System. Stuttgart: Thieme 1972.

Beeinflussung klinisch-chemischer Meßergebnisse durch Arzneimittel

W. APPEL

Zunächst möchte ich Sie bitten, das, was ich jetzt zu sagen habe, nicht als eigenständiges Referat zu betrachten, sondern als ein Korreferat zu dem, was wir eben hörten. Die Gründe kann ich Ihnen ausführen. Ich möchte Sie zweitens auch darum bitten, daß Sie nicht enttäuscht sind, wenn Sie keine Einzelheiten hören werden; auch das werde ich begründen.

Wir sprechen von Beeinflussung, von Störungen, wir müssen aber, von der Naturwissenschaft her kommend, erst die Begriffe klären. Ein biologisches, geregeltes, rückgekoppeltes System kümmert sich zunächst nicht um das, was wir interpretieren, sondern wir haben das System als solches zu akzeptieren. Dann haben wir einen Fremdstoff, einen körperfremden Stoff vor uns; ob dies ein Umweltgift oder ob das ein Arzneimittel ist, spielt zunächst keine Rolle. Der Organismus reagiert und wir werden eine "Störung", d. h. eine Beeinflussung des Systems finden. Wenn wir also unser Thema einschränken auf die medikamentöse Beeinflussung, dann habe ich ein Wort geprägt, das weiterhin Gültigkeit haben soll, nämlich nicht S t ö r u n g, sondern B e e i n f l u s s u n g im Sinne einer wertfreien Beobachtung, inwieweit sich Parameter verändern. Die überwiegende Mehrzahl dieser Beeinflussungen bezieht sich auf die biologischen Systeme im Organismus des Gesunden oder des Kranken. Was ich Ihnen jetzt bringen möchte, ist - obwohl es vordergründig sehr umfangreich erscheint - lediglich die Beeinflussung einer Methode der Laboratoriumsdiagnostik oder - in unserem engeren Sinn - einer klinisch-chemischen Methode, nicht aber die Beeinflussung eines Systems.

Warum ich keine Einzelheiten bringen möchte: Vor einigen Jahren war im Rahmen des Fachnormenausschusses Medizin die Frage diskutiert worden, ob man die Bearbeitung des Stichworts "Methodenbeeinflussung" nicht einer eigenen Arbeitsgruppe vorbehalten soll. Herr HAJDU von den Farbwerken Hoechst und ich haben uns da Gedanken gemacht und wir sind sehr schnell soweit übereingekommen, Zurückhaltung zu üben. Eine sinnvolle Bearbeitung erfordert eine sehr subtile Methodik, eine sehr subtile Arbeitsweise, und der Zündstoff war auch vorherzusehen. Nun, das Ergebnis haben wir gerade in diesem Jahr erlebt: Schlagartig - fluchtartig geradezu - kamen nun Meldungen über "falsche" Aussagen, über Störungen von Methoden (falsch-negativ, falsch-positiv) der Klinischen Chemie durch Arzneimittel. Wenn man das ernst nimmt oder ernst genommen hätte - ich muß gleich ein Urteil vorwegnehmen - dann würden wir fast vor einem Fiasko stehen. Die Frage, die wir uns nun zu stellen haben, und da möchte ich unter Verzicht auf Details auf dieses Prinzipielle, Allgemeine herauskommen, den Kern herausschälen: Stehen wir vor einem Fiasko oder ist es nur eine Modelaune? Wieweit werden unsere Methoden tatsächlich gestört?

Nun, es kommt vor und wir werden die Kriterien noch herausschälen, wann wir damit zu rechnen haben. Dazu ein historisches Beispiel: Vor etwa 10 Jahren, bei der Einführung der niedermolekularen Dextrane in die Innere Medizin, kamen beinahe Hiobsbotschaften: Diese Dextrane wirken diabetogen. Beim näheren Hinsehen, und wieso? Ja, massive Harnzuckerausscheidungen. Blutzucker? Nein, aber bei Dextran muß man ja erwarten, daß es gestört wird. Ketonkörper? Nein. Nun, wie haben Sie den Zucker denn gemessen? Polarimetrisch. Der Fall war geklärt.

Sie mögen vielleicht sagen, natürlich ist Dextran rechtsdrehend; nur, welchen Stellenwert hat die Polarimetrie heute? Richtig, nun damals hatte sie einen sehr hohen. Das war also keine diabetogene Wirkung, gemessen an einer Erhöhung des Harnzuckers, sondern schlicht und einfach die Störung der Harnzuckerbestimmung mittels Polarimetrie durch Dextran. Dies aber haben wir heute immer noch, denn Sie wissen, in welchem Umfang die Polarimetrie eingeführt ist, auch in kleineren Häusern. Wenn wir aber daran denken, daß wir es nicht nur mit großen Mengen von Drittsubstanzen im Harn zu tun haben, sondern auch mit kleineren Mengen hochdrehender Arzneimittel, wie z. B. Tetracycline - überhaupt aller Antibiotica mit molaren Drehwinkeln über 1000 - dann führen auch kleine Mengen schon zu Verfälschungen.

Vielleicht mögen Sie sagen: Polarimetrie sei eine Ausnahmeerscheinung. Das mag stimmen. Wir werden aber zwei Kriterien jetzt schon herausstellen müssen: Wir werden immer dann mit einer Beeinflussung einer Methode zu rechnen haben, wenn neben der zu analysierenden Substanz eine Fremdsubstanz in großen Mengen vorliegt, oder, wenn zwar kleinere Mengen vorliegen, aber die zu messende Kenngröße besonders beeinflußt wird.

Das kommt häufiger vor als wir denken, und das ist genau die Kunst des Analytikers und das ist auch die entscheidende Fehlerquelle der meisten Literaturarbeiten dieses und der letzten Jahre. Was wurde hier nämlich gemacht? In einfachen in vitro-Zusatzversuchen, z. B. im System Serum oder Harn, wurde ein Arzneimittel zugegeben und die Meßgröße erneut bestimmt: falsch. Schluß: Das Arzneimittel stört. Ein schönes Beispiel dafür in einer Arbeit, ich glaube, aus der "Diagnostik" des letzten Jahres: 100 Tabletten Cebion forte in 12 1 Serum erhöhen die Werte für die Harnsäure von 3, 5 auf 18 mg/100 ml; und so geht es weiter, querdurch wurden 179 Medikamente geprüft und Aussagen getroffen. Wäre dem so, könnten wir mit unserer klinisch-chemischen Diagnostik fast "einpacken". So geht es nicht.

Was war die Ursache? Nun, wie gesagt, man hat fast unkontrolliert, ohne den Metabolismus zu berücksichtigen, ohne statistische Berechnungen, ohne Hemmungen alles, was einem in die Finger kam, hereingekippt. Verzeihen Sie mir diesen Sarkasmus, aber nochmals: So geht es nicht.

Wenn wir diese Fragestellung etwas diffiziler betrachten und kritisch, um nicht zu sagen, skeptisch die fast 30 - 40 Arbeiten der letzten zwei Jahre ansehen, dann fällt ein großer Teil dieser Arbeiten weg, weil die Ergebnisse von den Konzentrationen her unter Bedingungen gewonnen worden sind, die in der Realität nicht vorkommen.

Darf ich hier einfügen, was wir unter einer Methodenbeeinflussung zu verstehen haben. Eine Methode in unserem Sinn ist ein Vorgehen, bei dem man verschiedene Kennmerkmale einer Stichprobe eines Grundkollektivs erfassen will. Eine Methode gilt dann als "gut", wenn wir an weiteren, randomisierten Stichproben die Verteilung wiederfinden. Das ist aber gefährlich, da wir zu leicht mit dem Begriff Plausibilität kollidieren. Gut oder weniger gut - wann ist eine Methode "beeinflußt"? Nun, eine Methode ist dann beeinflußt, wenn die Merkmalsgrößen, die zu einer Verteilungsfunktion der Grundgesamtheit führen, diese Funktion beeinflussen, so daß es eine weitere Verteilung darstellt, oder durch größere Veränderungen der Lageparameter überhaupt eine andere Verteilung resultiert. Das Auseinanderklaffen zwischen der erwarteten oder der tatsächlichen Verteilungsfunktion einerseits und der gemessenen andererseits bedeutet, daß die Methode beeinflußt worden ist.

An welcher Stelle ist diese Methode beeinflußt, wodurch und wann? Die meisten fremdsubstanzbedingten Veränderungen der Verteilungsfunktion treten nicht während der Messung im Labor auf, sondern bereits vorher im Organismus, und deswegen wird die Thematik etwas schwer faßbar.

Kennen wir einwandfreie Prognosen, <u>wann</u> wir mit einer Störung unserer gesamten Methodik zu rechnen haben?
Ich erwähnte bereits, daß wir dann damit zu rechnen haben, wenn große Mengen vorliegen. Größere Mengen an Fremdsubstanzen können im Harn, teilweise auch im Serum vorhanden sein. Wir haben aber bisher einen ganz wichtigen Aspekt außer acht gelassen, den wir auch mit Zusatzversuchen im Labor nicht erfassen werden, den des Metabolismus. Wir setzen nämlich eine Prämisse rein, die wir bei modernen Arzneimitteln in den wenigsten Fällen überhaupt von vornherein annehmen dürfen, nämlich die Prämisse, daß das, was wir zusetzen, im Serum, vor allem im Harn, überhaupt enthalten ist. Dies gilt für Vitamine, für Plasmaexpander, für Infusionslösungen; aber denken Sie nur an die Vielfalt dessen, was wir zum Beispiel bei der Verabreichung von Benzodiazepin im Harn zu erwarten haben: 12 - 20 verschiedene Metabolite, die wir zum Teil noch gar nicht kennen. Und nun glauben wir, wenn wir eine bestimmte Substanz dem Organismus verabreichen und wir dann erhöhte Werte der Konzentration der körpereigenen Substanz finden, daß das der Fremdsubstanz zuzuschreiben ist; und wir glauben ferner, wir können diesen Einfluß dadurch prüfen, indem wir die Substanz in vitro zugeben. Das ist eben nicht möglich.

Die Nahtstelle ist allerdings eng. Ein Beispiel dazu: In zwei Fällen wurde in der Literatur berichtet, daß die 17-Ketosteroide im Serum massiv er-

höht wurden. Die Diagnose Nebennierenaffektion bzw. Nebennierentumor
war auch vorhanden, bis dann der Analytiker feststellte, daß vorher hohe
Dosen Nalidixinsäure verabreicht worden waren. Nun hat man bei der Gelegenheit festgestellt, daß Nalidixinsäure eben die 17-Ketosteroide erhöht
oder genauer gesagt, daß bei der Messung der 17-Ketosteroide nach vorheriger Gabe am Patienten hohe Werte gefunden werden. Das kann nur noch
ein Geschehen im Organismus sein. Man kann Nalidixinsäure zwar in Zusatzversuchen zu Serum zugeben, aber man wird falsche Werte bekommen, denn
die Nalidixinsäure wird stark metabolisiert. Man wird also wohl sagen können, das ist keine Beeinflussung der Methode im engeren Sinne, sondern ein
Geschehen außerhalb bzw. vor diesem System.

Haarscharf an dieser Grenze ist eine andere Beobachtung, nämlich die, daß
Indometacin die sogen. Leucinaminopeptidase (Leucinnaphthylamidase, LNA)
erhöht. Das ist nun tatsächlich eine effektive Beeinflussung der Meßmethode
in unserem engeren Sinn, denn hier ist nicht etwa eine Affektion der Leber
aufgetreten oder irgendetwas, wofür die LNA eben aussagekräftig ist, sondern hier wird ganz einfach die Bestimmung der LNA durch Indometacin gestört. Entscheidend wird für uns hier die Fragestellung, ab welchen Konzentrationen derartige Störungen auftreten können. Als Faustregel sei vielleicht
hier schon genannt, daß alles, was in vitro Konzentrationen über 1 mM erreicht, in vivo nicht mehr vorliegen dürfte, oder man muß Hilfsmechanis-
men dazunehmen. Wenn man also die Frage wirklich studieren will: Habe
ich hier einen Verdacht auf eine Beeinflussung meiner Methode, so setze
ich eine Konzentrationsreihe des zu prüfenden Arzneimittels oder des einen
oder anderen Metaboliten der Prüfflüssigkeit zu und höre getrost bei 10^{-2}
molar auf; erst wenn ich bei 10^{-4} bis 10^{-6} molar Effekte sehe, komme ich
in die Größenordnung, die ich normalerweise im Organismus erwarten kann.
Dies ist also eine kleine Hilfsmöglichkeit.

Die Zwischenbilanz, die ich hier ziehen möchte, ist die, daß die Gefahr,
unsere Methoden könnten positiv oder negativ durch Arzneimittel beeinflußt
werden, immer kleiner wird.

Und nun noch etwas: Wenn wir im Laboratorium diese Frage aus irgendwelchen Gründen nicht richtig klären können, wir aber Angst davor haben, es
könnte zu viel falsch laufen, unsere Methoden werden zunehmend störanfälli-
ger, die Ergebnisse falscher, dann spricht etwas dagegen, was vielleicht
naturwissenschaftlich nicht erlaubt ist, aber statistisch, nämlich der Er-
fahrungssatz: Wenn dem so wäre, hätten wir erheblich mehr Falschanalysen,
Fehlinterpretationen oder leere Informationen. Das ist kein Beweis, sicher,
aber wir können noch etwas berücksichtigen: Seit 5 bis 7 Jahren ist die for-
schende pharmazeutische Industrie erheblich unter Druck geraten, indem
zur Registrierung eines neuen Arzneimittels beim Bundesgesundheitsamt in
Berlin erheblich mehr Daten, harte Daten, geliefert werden müssen. Im
Rahmen der toxikologischen Untersuchungen ist fast bei jeder der großen
Firmen auch die Klinische Chemie beteiligt. Es ist also nicht sehr viel mehr
Arbeit und fällt vielleicht mitunter ohnehin an, wenn man bei den Kontroll-
versuchen der Toxikologie im Rahmen der klinisch-chemischen Untersuchungen auch prüft, ob die Testsubstanz etwa auch Störungen der Meßtechnik be-
wirkt. In der Regel ist dies nicht der Fall, sonst fällt die toxikologische

Prüfung in sich zusammen. Die nächste Stufe der Arzneimittelprüfung ist
dann bereits die klinische Pharmakologie. Auch hier wiederum messen wir
die Wirkung an irgendeiner Kenngröße, auch mit klinisch-chemischen Untersuchungsmethoden, letztere insbesondere auch für eventuelle Nebenwirkungen. Sie in der Klinik setzen, meine Damen und Herren, eine Prämisse an,
daß Ihre und unsere Methoden nicht gestört werden. Infolgedessen ist es
eigentlich für den wissenschaftlich orientierten Untersucher an der Klinik
selbstverständlich, daß er diese Voraussetzung in einer Nebenserie mitprüft,
zumal er bei der Applikation am Menschen mit diesen gezielten Studien die
Metaboliten im Serum und im Urin erhält. Wenn er also keinerlei Beeinflussung dieser Methoden sieht im Sinne der gewünschten Ergebnisse, nämlich
keine klinischen Nebenwirkungen, genauer gesagt, mit klinisch-chemischen
Methoden faßbare Nebenwirkungen, dann hat er bereits ein weiteres Indiz
für eine Nichtbeeinflussung seiner Labormethode.

Wenn wir das nun zusammenfassen, dann kommen wir wohl soweit, daß wir
sagen dürfen: Es ist fraglich geworden, ob es sich heute noch lohnt, irgendeine große prospektive Studie zu beginnen zu der Frage, ob dieses oder
jenes neue interessante, weitverbreitete Arzneimittel eine Störung klinisch-
chemischer Methoden bewirkt. Dies ist vielleicht durch ein organisatori-
sches Schema oder durch die EDV bereits vorweg zu klären, und wir in der
Klinik sind diese Sorge wahrscheinlich doch los. Was übrigbleibt - irgendwann müssen wir es tun - daß man die Literatur, die jetzt vorhanden ist und
mit der wir uns konfrontiert sehen, eben klar sichtet, was im oben genannten
Sinn "Abfall" ist - diesen Anteil schätze ich im Augenblick auf 80 %. Der
harte Rest kann genau definiert werden und dann erscheinen vielleicht
Empfehlungen; vielleicht macht das der Hersteller auf dem Beipackzettel
der Arzneimittelpackungen, vielleicht erscheint diese in irgendeinem Infor-
mationsblatt. Jedenfalls kommen wir zu einer recht kleinen, überschaubaren,
fast auswendig erlernbaren Gruppe von Arzneimitteln, die verschiedene
unserer Methoden stören können.

Was übrig bleibt, ist der große Komplex der Einflüsse und Wirkungen im
Körper, der allerdings sehr viel größer als der bisher behandelte ist. Das
ist das, was wir eben von Herrn SIEGENTHALER hörten, und da werden wir
tatsächlich so nicht weiterkommen. Aber unser Gebiet der echten Methodenbeeinflussung durch Arzneimittel scheint viel einfacher, als es noch vor
einem Jahr ausgesehen hat.

Literatur

APPEL, W., WIRMER, V. und EBENEZER, St.: Anaesthesist 17, 95 (1968).
BRODY, B.B.: Clin. Chem. 17, 355 (1971).
CHRISTIAN, D.G.: Amer. J. clin. Path. 54, 118 (1970).

CROSS, F. C., CANADA, A. T. and DAVIS, N. M.: Amer. J. Hosp. Pharm. 23, 235 (1966).

ELKING, M. P. and KABAT, H. F.: Amer. Soc. Hosp. Pharm. 25, 485 (1968).

GABSCH, H. C. und LUDEWIG, R.: Tägl. Praxis 13, 339 (1972).

HAUG, H., DORLÖCHTER, G. und HERMANN, G.: Diagnostik 5, 85 (1972).

LUBRAN, M.: Med. Clin. North America 53, 211 (1969).

MIRHOM, Y. W.: Clin. chim. Acta 30, 347 (1970).

WIRTH, W. A. and THOMPSON, R. L.: Amer. J. clin. Path. 43, 579 (1965).

ZONDAG, H. A. and VAN BOETZELAER, G. L.: Clin. chim. Acta 5, 155 (1960).

Ferner sei verwiesen auf den Informationsdienst über den Einfluß von Arzneimitteln auf klinisch-chemische Bestimmungen des Commitee of Standards der IFCC, Herrn Dr. B. G. BLIJENBERG, Dept. of Clinical Chemistry, Medical Faculty, Academic Hospital Dijkzigt, Rotterdam - 2, Niederlande.

DISKUSSION

WOLF:
Es ist wirklich überraschend - wie wir bei einem Grundprogramm für die
Klinische Chemie bei toxikologischen Untersuchungen feststellen konnten -,
daß auch bei außerordentlich hoher Dosierung Beeinflussungen der Werte
durch den verabreichten Stoff selbst oder durch seine Metaboliten nur selten
gefunden werden. Es ist aber ohne Zweifel eine Notwendigkeit - zur Zeit
tun dies mit uns nur wenige - eine volle Klinische Chemie in der ersten
Phase bei der Prüfung an freiwilligen Probanden durchzuführen. In-vitro-
Tests nützen nichts, man muß evtl. Wirkungen von Metaboliten berücksichtigen. Hier stellt sich jedoch überhaupt kein neues Problem, da diese Metaboliten zukünftig für die Registrierung eines Arzneimittels sowieso definiert
sein müssen. Moderne Methoden erlauben uns, auch eine größere Zahl von
Metaboliten zu identifizieren. Man wird dann mit diesen nötigenfalls - soweit
ein Test verändert wird - in-vitro-Untersuchungen durchführen.

J. BREUER:
Ich kann nur das bestätigen, was Herr WOLF eben gesagt hat. Bei der toxikologischen Prüfung von neuen Arzneimitteln bei Tieren wenden wir Dosen
an, die zum Teil 1000 fach höher liegen als die, die wir später beim Menschen anwenden. Wenn wir dabei klinisch-chemische Werte finden, die nicht
mit dem Normbereich übereinstimmen, müssen wir klären, ob diese Abweichungen auf Grund von toxikologischen Einwirkungen der neuen Arzneimittel auf den Organismus zustandekommen oder ob sie methodisch bedingt
sind. Wir würden uns selbst einen schlechten Dienst erweisen, wenn wir
dieser Frage nicht nachgehen würden.

SCHMIDT:
Es wurden hier 2 Probleme angesprochen. Einmal die methodische Störung
von Meßparametern durch Pharmaka; Störmöglichkeiten, die sicher eher
über- als unterschätzt werden und die durch den zunehmenden Ausbau der
Biochemie in der pharmazeutischen Industrie in Zukunft wohl auch früher
erkannt werden. Anders ist es mit den toxischen Arzneimittelnebenwirkun-
gen. Wenn Sie daran denken, daß z. B. nach Ovulationshemmern cholesta-
tische Hepatosen nur im Verhältnis von 1 : 5000 bis 1 : 10 000 auftreten,
so ist es sehr fraglich, ob Hinweise auf die Möglichkeit durch eine ausge-

dehnte toxikologische Prüfung zu erfassen sind. Darüber hinaus werden Veränderungen nicht selten als Folge einer in-vitro-Beeinflussung des Meß-
systems interpretiert, denen reale Schädigungen zugrunde liegen.

H. BREUER:
Im Zusammenhang mit der Frage der Wirkung von Arzneimitteln in vitro
auf klinisch-chemische Untersuchungsmethoden ist das Gebiet der bereits
zitierten Hormonbestimmungen besonders ergiebig. In der Tat gibt es eine
Fülle von Untersuchungen der letzten 15 - 20 Jahre, in denen festgestellt
wurde, daß die im Urin, aber auch im Serum ermittelten Hormonwerte durch
Einwirkung von Arzneimitteln falsch sein können, ohne daß das System beeinflußt worden ist. Das kann man z. B. dadurch nachweisen, daß mit zunehmender Reinigung der zu untersuchenden Probe die Werte niedriger oder
höher werden. Als Beispiel möchte ich die Bestimmung der 17-Ketosteroide
nennen, die ja als Screeningmethode heute immer noch ihren Wert hat: Einnahme von Laxantien erhöht die Werte, ohne daß das System beeinflußt wird,
manchmal um das 3 - 4 fache, so daß sehr oft auf Grund eines Abusus von
Laxantien Tumoren und CUSHING-Syndrome diagnostiziert werden. Auch bei
Psychopharmaka kennt man diese Effekte, wenn bereits geringe Dosen gegeben werden. Andere Wirkungen wiederum gehen auf das System; so vermindert beispielsweise Spironolacton die Oestriol-Ausscheidung während
der Schwangerschaft, so daß gelegentlich Fehldiagnosen gestellt werden,
wenn die betreffenden Patientinnen auch Aldactone bekommen.

DENGLER:
Ich teile auch die Auffassung von Herrn APPEL, was das Serum betrifft;
beim Urin sind die Dinge wesentlich komplizierter. Man kann zahlreiche
Methoden aufzählen, bei denen eine Substanz oder ein Metabolit Bestimmungen im Urin stört. Es geht vom Einfluß von α-Methyldopa auf die Catechol-
amine bis zur Erniedrigung der Hydroxyindolessigsäure durch alle Pheno-
thiazine. Aber wenn ich jetzt als Klinischer Pharmakologe sprechen darf,
fand ich es eigenartig, mit welchen Begriffsbildungen man diesen Problemen
beizukommen versucht: "medikamentös induzierte Störungen" oder - wert-
frei - "medikamentöse Beeinflussung". Wir müssen lernen, daß ein Arzneimittel ein Wirkungsprofil hat, und wenn eine Substanz als Beta-Receptoren-
Blocker beschrieben ist, dann schließt das natürlich nicht aus, daß es auch
eine Reihe anderer Wirkungen hat. Wir benutzen die Begriffe "antiarryth-
mische Wirkung, Chinidin-ähnliche Wirkung" usw.; nur weil wir früher zu
wenig gewohnt waren, auch physiologische oder klinisch-chemische Parameter zu untersuchen, wundern wir uns jetzt, wenn durch Pharmaka Veränderungen der von uns untersuchten biochemischen Größen auftreten. Es
ist nichts anderes als die Erfassung des Wirkungsprofils eines Pharmakons.
Das können wir ohne jede Wertung und ohne jede Klassifizierung - etwa als
Schädigung - feststellen, das gehört zum Arzneimittel.

BÜTTNER:
Ich wollte zu den Ausführungen von Herrn APPEL noch folgendes anmerken:
Man muß das Problem insofern in einen größeren Rahmen hineinstellen, als
die Einflüsse von Arzneimitteln in vitro auf klinisch-chemische Untersuchungsmethoden eigentlich nichts anderes sind als ein Spezialfall systematischer

Fehler, d. h. also ein Spezialfall einer ungenügenden Richtigkeit. Obwohl wir das Problem der Richtigkeit seit einigen Jahren in der Klinischen Chemie bearbeiten, müssen wir doch noch sorgfältiger versuchen, das mit der Richtigkeit eng verknüpfte Problem der Spezifität in den Griff zu bekommen. Wären wir vor Jahren schon über die Spezifität unserer Analysenmethoden besser informiert gewesen und hätten wir damals schon spezifische Methoden, wie sie jetzt zum Teil zur Verfügung stehen, gehabt, wäre das Problem wahrscheinlich nicht in diesem Maße aufgekommen. Wir werden im Vortrag von Herrn STAMM noch Näheres über die Beziehung zwischen Spezifität und Richtigkeit hören.

APPEL:
Ich muß schon etwas präzisieren. Was Sie sagen, ist richtig, aber Spezifität einer Methode heißt ja, daß ich ein zu untersuchendes Merkmal an einer Stichprobe einer Grundgesamtheit möglichst "spezifisch" erfasse. Ein Arzneimittel kann dieses Merkmal vortäuschen, indem es beispielsweise quasi in vitro als Antimetabolit wirkt, der dieses Merkmal aufweist. Es gibt aber auch die echten Störungen, deren Zahl so gering ist, bei denen Meßreaktionen gestört werden. Ich glaube, es existiert eine Arbeit aus den Niederlanden, wo bewiesen worden ist, daß bei der Bestimmung der Proteine nach FOLIN-CIOCALTEU Phenolkörper stören. Das ist die eine Möglichkeit. Die Spezifität ist genauso hoch wie vorher, aber ich bekomme zusätzliche unerwartete Substanzen in das System. Das zweite ist, daß bei Mehrfachreaktionen, beispielsweise Blutzuckerbestimmung mittels Glucoseoxydase Interferenzen am Chromogensystem auftreten; die werden Sie mit Ihrer Spezifitätsdefinition kaum erfassen können. Und als drittes wollte ich noch bemerken, daß dies nicht nur Urin, sondern Gewebe generell betrifft.

BÜTTNER:
Ich stimme insofern nicht zu, als Sie beispielsweise die Störungen der Glucoseoxydase-Reaktion mit Indikator-Reaktion als ein Problem ansehen, das nichts mit Spezifität zu tun hat. Im Gegenteil, die Methode ist an der Stelle nicht so spezifisch wie sie sein sollte. Wie diese Störungseinflüsse aussehen, das kann bei jeder Methode ganz unterschiedlich sein, aber ich würde sie mit in den Gesamtbegriff Spezifität einbeziehen.

RŐKA:
Ich möchte darauf zurückkommen, was Herr SIEGENTHALER gesagt hat. Wir sollten folgende Dinge wissen: Welche Untersuchung läßt sich durchführen, solange das Medikament gegeben wird, vor welchen Untersuchungen muß das Medikament abgesetzt werden und wie lange vorher muß das Medikament abgesetzt werden, damit ich keinen Einfluß auf die Bestimmung habe? Es gibt Frauen, die Ovulationshemmer nehmen und unabhängig davon auch eine verminderte Glucosetoleranz haben. Das müßte man unterscheiden können. Deswegen wäre es sehr wichtig zu wissen, wie lange eine systematische Beeinflussung durch ein Medikament nachwirkt. Kann man jedes Medikament absetzen?
Sie haben nicht erwähnt, ob allein die Antikoagulantientherapie andere Grössen beeinflußt. Kann man, nur um diese Frage zu studieren, das Risiko eingehen, die Antikoagulantien mehr oder weniger lange abzusetzen? Es ist

doch auch ein Problem, daß es nicht immer möglich ist, eine Dauertherapie zu unterbrechen, nur um eine diagnostische Aussage machen zu können. Bei der Beeinflussung der Antikoagulantienwirkung ist es sicherlich etwas anderes, ob es sich um eine Substanz handelt, die das Marcumar aus der Proteinbindung verdrängt oder eine Therapie, die die Vitamin K-Synthese durch die Darmflora verändert. Wir brauchen Informationen über die Zeit, für wielange z. B. ein Ovulationshemmer, ein Saliureticum oder irgendein anderes Medikament abgesetzt werden muß, bevor man einen Glucosetoleranztest beurteilen kann.

SIEGENTHALER:
Ich glaube, diese Frage ist außerordentlich schwierig zu beantworten. Ich kann Ihnen einige Beispiele geben. Bei einem Patienten mit einer Nierenarterienstenose möchten wir wissen, inwieweit das Renin-Angiotensin-System an der Pathogenese des Hochdrucks beteiligt ist. Wenn wir gleichzeitig Antihypertensiva geben, ist dieses System verändert, so daß wir nicht wissen, ob die Werte wegen der Antihypertensiva oder wegen der Stenose erhöht sind. In den meisten Fällen ist es bei einer entsprechenden Beobachtung auch möglich, die Therapie abzusetzen. Ich stimme mit Ihnen jedoch überein, daß ein derartiger ärztlicher Entscheid nicht am grünen Tisch getroffen werden kann. Bei den Diuretica hat sich gezeigt, daß wir das Medikament für etwa 8 - 10 Tage absetzen müssen, bevor wir reelle Werte bekommen. Bei den Ovulationshemmern ist es auf Grund eigener Untersuchungen so, daß das Renin-Substrat, also das Angiotensinogen, noch 3 - 4 Wochen nach der letzten Einnahme erhöht sein kann. Wenn wir also wissen wollen, ob eine Hypertonie bei einer Frau, die Ovulationshemmer einnimmt, mit dieser Medikation zusammenhängt, dann kommen wir nicht darum herum, das Medikament mindestens 4 Wochen abzusetzen, um dann die entsprechenden Untersuchungen durchzuführen. Die zeitlichen Verhältnisse sind also sehr unterschiedlich und heute auch nur zum Teil bekannt.

APPEL:
In Zukunft wird es vielleicht etwas besser, wenn wir mehr wissen über die Pharmakokinetik, speziell über die Frage der Speicherung und der Ausscheidungsdauer. Bei Kumulationen, beispielsweise bei D-Penicillamin, ist ja im Augenblick alles ins Schwimmen gekommen. Wenn Sie 6 Wochen brauchen, um eine Wirkung zu sehen, dann werden Sie bestimmt längere Zeit absetzen müssen, um eine Störwirkung vermeiden zu können. Bei anderen Substanzen, die einmalig gegeben werden, genügen vielleicht 24 Stunden.

RÓKA:
Die Ausscheidung ist eine Komponente. Eine andere Komponente ist z. B. die Veränderung der Darmflora durch Antibiotica, dann kommt - obwohl die Antibiotica schon ausgeschieden sind - noch eine Lagphase hinzu, bis die Darmflora sich wieder normalisiert hat.

SIEGENTHALER:
Ich hätte noch eine Frage zum Thema von Herrn APPEL, die mir nicht klar beantwortet schien: Wir wissen zum Beispiel, daß bei der Teststreifenmethode für den Nachweis des Zuckers im Urin hohe Dosen von Vitamin C

einen falsch-negativen Befund geben können. Nun habe ich heute morgen den
Eindruck bekommen, diese Stixmethoden würden als Screening-Verfahren
in Frage gestellt, oder habe ich das falsch verstanden? Es handelt sich ja
um Methoden, die uns doch, sofern wir die Fehlerquellen kennen, in relativ
rascher Zeit viel Information liefern.

BÜTTNER:
Es ist ganz eindeutig, daß die Stixmethoden für die einfache Urinuntersuchung
heute die Methoden sind und daß sie überall ausgeführt werden. Die Diskussion heute morgen bezog sich auf wenige Schnelltests, die wir auch im Blut
anwenden. Bezüglich dieser Tests kann man verschiedener Meinung sein,
aber man kann wohl sagen: Für das Notfall-Labor und für die Praxis sind sie
geeignet, wenn man sich der Grenzen bewußt ist.

SIEGENTHALER:
Sie sind aber auch der Meinung, daß es für ein großes Krankenhaus oder eine
Universitätsklinik erlaubt ist, im Labor den Urin mit Stix zu untersuchen?

BÜTTNER:
Durchaus, denn es wäre ein Rückschritt, wenn Sie jetzt anfangen würden,
beispielsweise das Eiweiß oder die Glucose mit den alten Methoden zu machen.

RICK:
Eiweiß ist kein gutes Beispiel. Zum Nachweis von Eiweiß im Harn reichen
die Teststreifen nicht aus, da wir zu viele falsch-negative und falsch-posi-
tive Ergebnisse bekommen. Man muß immer auch die Sulfosalicylsäure-
probe anwenden.

SIEGENTHALER:
Offenbar werden auch BENCE-JONES-Proteine mit Stix nicht erfaßt.

RICK:
Wir alle müssen sicher sehr genau aufpassen, damit wir sämtliche Störungen von Analysenmethoden erkennen. Bei allem, was uns unklar erscheint,
müssen wir sofort überlegen, woher das kommen kann. Als Beispiel möchte
ich die Bilirubinbestimmung im Serum nennen: Wir finden immer wieder
Proben, die nach Alkalisieren der Ansätze nicht nur die typische grüne
Farbe des Azobilirubins zeigen, sondern andere Farbstoffe enthalten; bisher
konnten i. v. gegebene Tetracycline, Chloramphenicol und p-Aminosalicyl-
säure als störende Substanzen ermittelt werden. Weiterhin kann ich mir
sehr gut vorstellen, daß - trotz aller Screening-Methoden - eine pathologische Erhöhung der Transaminasen im Serum nicht gesehen wird, weil ein
gleichzeitig anwesendes Medikament oder ein Metabolit das Enzym hemmt.
Es werden sehr große Anstrengungen von allen Seiten notwendig sein, damit
man Störungen der Analytik durch entsprechende Medikamente oder deren
Metabolite vollständig aufdeckt und bekanntmacht.

APPEL:
Das ist schon richtig, Herr RICK, aber ich möchte nochmal insistieren auf
das, was anfangs gesagt worden ist: Wenn ein Medikament in einer mehr

oder weniger großen Dosis ein Enzym hemmt, finden wir erstens in der
Klinik gar nichts mehr, und zweitens wird es längstens vorher im Rahmen
der toxikologischen und vor allem der klinisch-pharmakologischen Prüfung
ermittelt.

RICK:
Es ist nicht gesagt, daß Sie das finden. Wenn die Aktivität eines Enzyms
ohne Hemmstoffe - z. B. wenn Sie das Medikament wegdialysieren - vielleicht 50 mU/ml wäre und Sie finden 10 mU/ml, dann können Sie gar nichts
aussagen.

APPEL:
Wenn Sie zu dialysieren anfangen, kommen Sie zur Fragestellung der körpereigenen Inhibitoren, dann wird es noch diffuser.

RICK:
Darüber ist bei den Transaminasen bisher nichts bekannt. Man sollte wirk-
lich sehr vorsichtig sein, ehe man aus einem im Normbereich liegenden
Wert überhaupt einen Schluß zieht.

WOLF:
Diese Konstruktion erscheint mir etwas theoretisch. Es werden schließlich
verschieden hohe Dosierungen angewandt. Sie müßten dann den Fall voraus-
setzen, daß eine Hemmung bis auf den Normalbereich stattfindet, eine weitere Erhöhung der Dosis dann aber keine weitere Senkung der verbleibenden
Restaktivität mit sich bringt. Dies wäre ein ganz extremer, kaum vorstell-
barer Zufall, zumal solche Untersuchungen bei drei Tierarten durchgeführt
werden. Wir sind in der Lage, gesunde Freiwillige unter den heute bestmög-
lichsten Sicherheitsbedingungen vier Wochen lang in unserem Humanpharma-
kologischen Zentrum zu untersuchen. Die Ergebnisse sind von einer Qualität, wie sie an den meisten anderen Stellen, z. B. auch an Universitätskliniken aus verschiedenen, u. a. auch technischen Gründen nur selten zu erhalten sind!

KNEDEL:
Ich glaube, wir müssen auf jeden Fall in erheblichem Maße aufpassen; ich
möchte ein sehr wichtiges Beispiel bringen, über das wir mit Herrn APPEL
schon diskutiert haben: Ein Patient mit Altersdiabetes erhielt Dextran zur
Volumensubstitution. Ohne klare Indikation war an diesem Tag bei ihm eine
Blutzuckerbestimmung angesetzt. Mit der o-Toluidin-Methode wurden Werte
von 560 und 570 mg/100 ml gemessen. Das Ergebnis wurde natürlich sofort
durchgegeben und daraufhin Insulin gespritzt. Dann wurde kontrolliert und
der Wert war unwesentlich heruntergegangen; es wurde nochmals Insulin
verabreicht. Glücklicherweise bemerkten wir dann die Störung: Dextran gibt
mit o-Toluidin in Eisessig massive Trübungen, die bei mechanisierter Durchführung unbeachtet bleiben. Auf Grund dieser Trübung bei der optischen Messung kam es zu dem pseudoerhöhten Wert, während der enzymatisch bestimm
te Blutzucker extrem vermindert war.

- 147 -

APPEL:
Ich wollte nur die alarmierende Gefahr, die wir im Augenblick aufsteigen
sehen, etwas dämpfen. Der von Herrn KNEDEL genannte Effekt tritt nur bei
o-Toluidin-Reagens mit Eisessig auf. Die Methode von Herrn HAERTEL
mit Äpfelsäure wird nicht so stark gestört. Sie haben völlig recht, man muß
schon sehr genau hinschauen. Nur wollte ich verhindern, daß wir in eine
Alarmstimmung kommen.

RICK:
Das ist bei uns zum ersten Mal im Nachtdienst aufgefallen. Bei der manuellen
Methode kann man die Störung dadurch beseitigen, daß man das ausgefallene
Dextran abzentrifugiert und den klaren Überstand photometriert. Nur muß
man die Störung überhaupt bemerken!
Nachdem diese Interferenz bekannt war, die bei kontinuierlichen Analysen-
systemen nicht eliminiert werden kann, haben wir die notwendigen organisatorischen Folgerungen gezogen: Damit keine Dextran-haltigen Proben in
unser modifiziertes AutoAnalyzer-System eingegeben werden, muß die Station uns bei jedem Patienten mitteilen, ob er Dextran erhalten hat oder nicht;
wir haben das Formular für den Blutzucker mit der Frage "Macrodexinfu-
sion?" "ja/nein" ergänzt und nach einer kurzen Eingewöhnungszeit wird diese
Rubrik auch stets sorgfältig ausgefüllt.

<u>Auswirkungen der Probenahme</u>
<u>auf klinisch-chemische Untersuchungsergebnisse</u>

F. H. KREUTZ

Analytische Arbeit beginnt nicht erst im Labor. Die Probenahme gehört als
integraler Bestandteil mit zur Analytik. Bei Industrieanalysen z. B. wird
das Problem der Probenahme sehr ernst genommen. Hier gibt es bei der
Untersuchung von Rohmaterial sowie von Zwischen- und Fertigprodukten in
der Chemie, bei der Kohle, bei Eisen und Stahl genaueste Anweisungen für
die Probenahme. Hier existiert das Berufsbild des Probenehmers, dessen
Hauptaufgabe die Gewinnung repräsentativer Proben darstellt.

Im medizinischen Laboratorium haben wir es uns lange Zeit mit diesen Dingen etwas zu einfach gemacht. Ihre Wichtigkeit kommt uns in den letzten
Jahren erst zunehmend zum Bewußtsein, seit durch Verbesserung der Genauigkeit unserer Bestimmungsmethoden in einigen Fällen Probenahmefehler dadurch unangenehm werden, daß sie zur beherrschenden Fehlerkompo-
nente für die Gesamtgenauigkeit der Methode werden. Ganz so groß wie bei
der Untersuchung einer Halde Kohle z. B. sind unsere Probleme zum Glück
nicht. Wir können aber die Probenahme und die damit verbundene Beeinflussung unserer Analysenergebnisse nicht außer acht lassen, wenn wir zuverlässige Resultate liefern wollen, die für bestimmte diagnostische Fragestellungen eine möglichst hohe Aussagefähigkeit haben.

Das Blut, unser häufigstes Untersuchungsmaterial, ist in seiner Zusammensetzung recht homogen, aber eben doch nicht vollkommen gleichbleibend. Es
existieren

1. Unterschiede in der Zusammensetzung in den verschiedenen
   Gefäßgebieten und
2. - zumindest für viele diagnostisch wichtige Bestandteile - relativ
   rasche zeitliche Änderungen.

Kurzfristige, von der Körperlage abhängige Veränderungen des Blutvolumens
und damit einhergehende Konzentrationsveränderungen, die in der Klinischen
Chemie erst in den letzten Jahren mit Interesse registriert worden sind,

waren schon sehr lange bekannt. BÖHME (1) hat bereits 1911 durch refrakto-
metrische Eiweißbestimmungen nachgewiesen, daß das Blut innerhalb weniger als einer Stunde nach Übergang aus der senkrechten in eine horizontale
Körperlage um etwa 10 % verdünnt wird (Abb. 1).

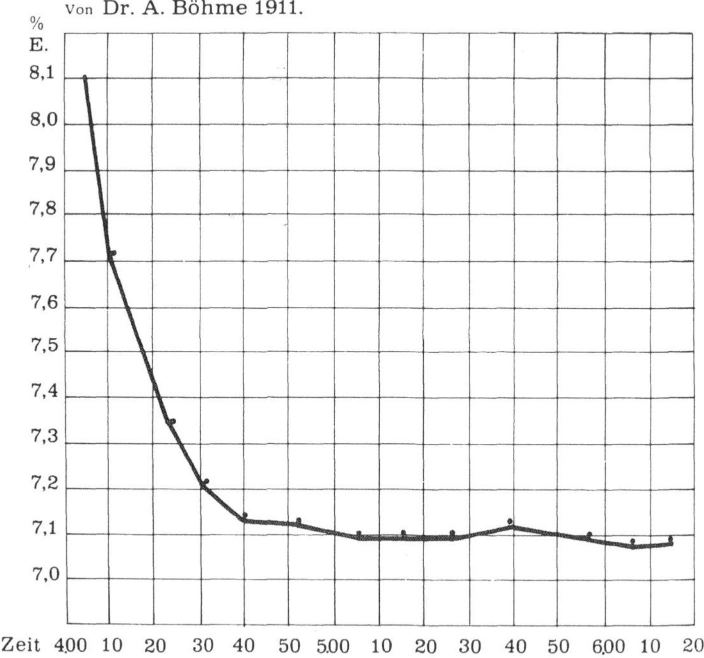

Abb. 1

Aus den Ergebnissen von FAWCETT und WYNN (3) kann man sehen, daß die
umgekehrte Veränderung - eine Blutkonzentration bei Übergang in eine senk-
rechte Körperlage - noch rascher erfolgt und daß innerhalb 10 - 15 Minuten
das Blutvolumen um etwa 10 % abnimmt. Hierdurch kommt es zu einer Kon-
zentrationserhöhung z. B. für das Gesamteiweiß um den gleichen Betrag,
d. h., in Konzentrationen ausgedrückt, von beispielsweise 6, 8 auf 7, 5 g/
100 ml (Abb. 2). Bei diesen Angaben handelt es sich um Mittelwerte. Insofern können diese Veränderungen noch deutlicher sein. So kommt es z. B.
bei Patienten mit einer Ödemneigung zu einer durchschnittlichen Steigerung
der Eiweißkonzentration um 15 % und im Einzelfall zu weit stärkeren Ver-
schiebungen (Abb. 3).

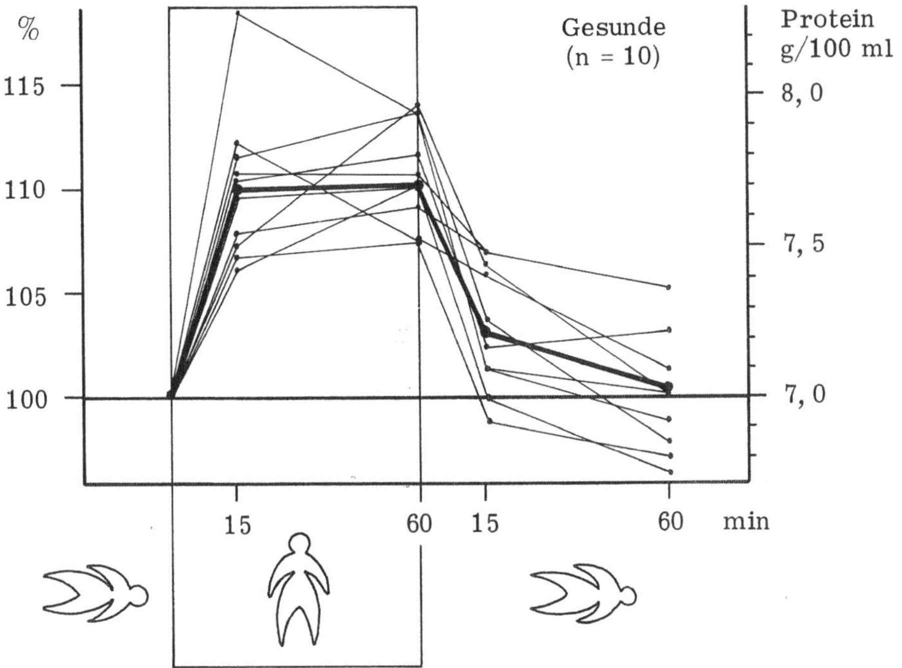

Abb. 2. Abhängigkeit der Proteinkonzentration im Serum von der
Körperlage bei Gesunden (nach FAWCETT und WYNN 1960).

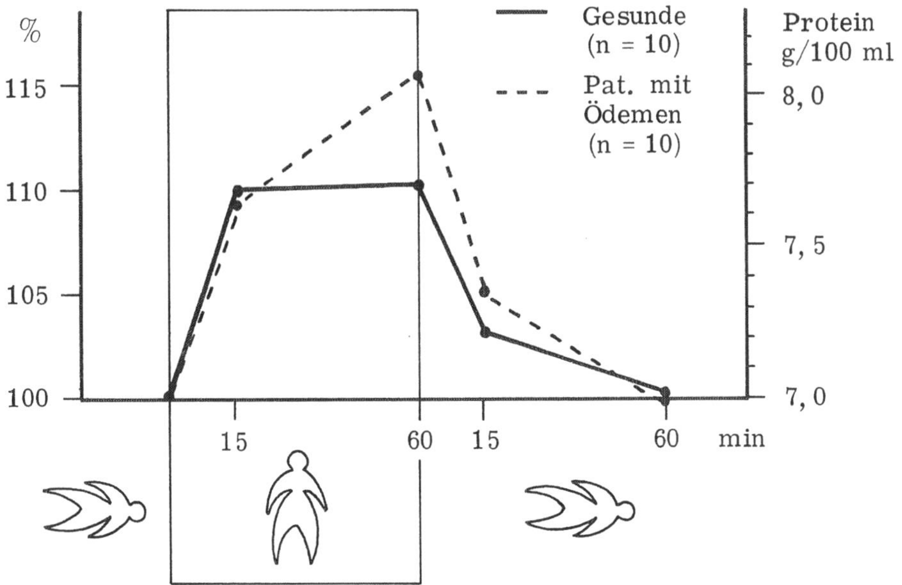

Abb. 3. Abhängigkeit der Proteinkonzentration im Serum von der Körperlage bei Patienten mit Ödemen (nach FAWCETT und WYNN 1960).

Die Untersuchungen von EISENBERG (2) bestätigen diese Ergebnisse und
zeigen darüber hinaus, daß es außerdem noch Unterschiede in der Eiweißkonzentration gibt, je nachdem, ob die Blutprobe an einem herabhängenden
Arm oder in Höhe des rechten Vorhofs entnommen wurde (Abb. 4).

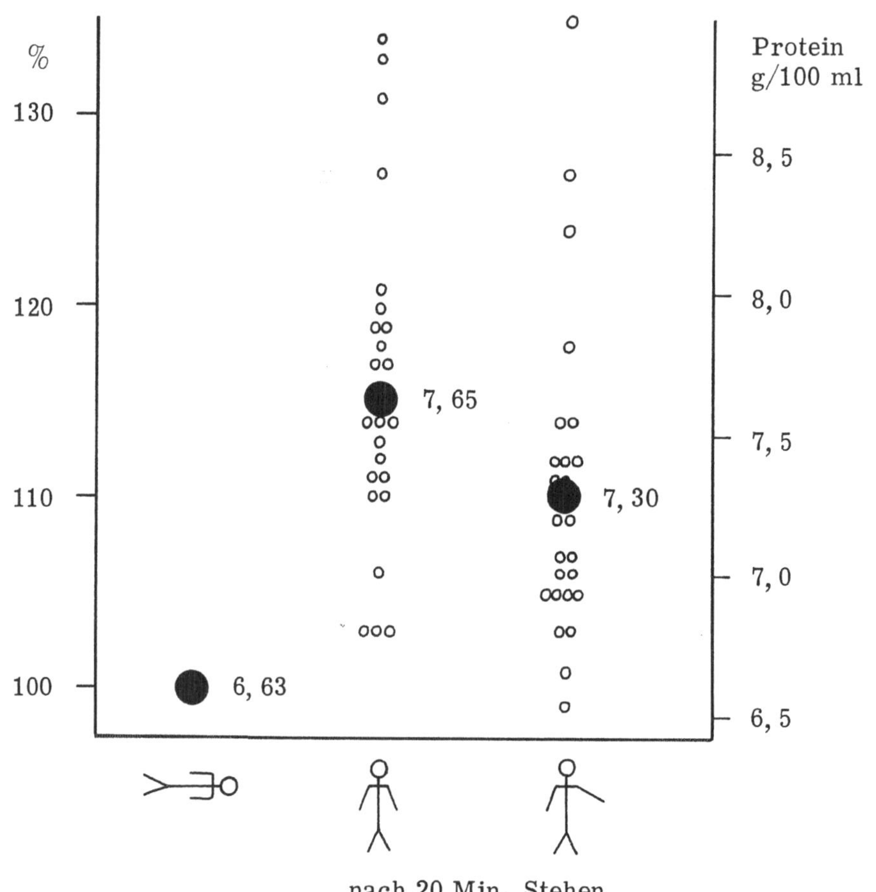

Abb. 4. Proteinkonzentration im Serum in Abhängigkeit von der
Blutentnahme (nach EISENBERG 1963).

links: beim liegenden Probanden
Mitte: nach 20 Minuten Stehen aus dem herabhängenden Arm
rechts: nach 20 Minuten Stehen aus einem in die Höhe des
         rechten Vorhofs angehobenen Arm

Die Experten unter uns werden dieses Phänomen sicher besser erklären
können als wenn ich laienhaft sage, es kommt zu einer Abfiltration von Blut-
flüssigkeit unter dem höheren hydrostatischen Druck beim Stehen.

Da ein gesunder Mensch im allgemeinen morgens aufsteht und sich erst abends wieder in die Horizontale begibt, kommt es dadurch zu einem circadianen Rhythmus des Blutvolumens und vieler Blutbestandteile. Ich weiß nicht, ob die Rhythmusforscher unter den Physiologen diese Veränderungen zu den echten circadianen Rhythmen zählen.

Bei der Stauung einer Extremität wird es ebenfalls zu einem erhöhten Flüssigkeitsabstrom aus dem intravasalen Raum in das Gewebe kommen. Die Untersuchungen von PAGE und MOINUDDIN (4) zeigen mit zunehmender Stauungsdauer Anstiege bis auf + 20 % der Serumproteinkonzentration nach 10 Minuten (Abb. 5).

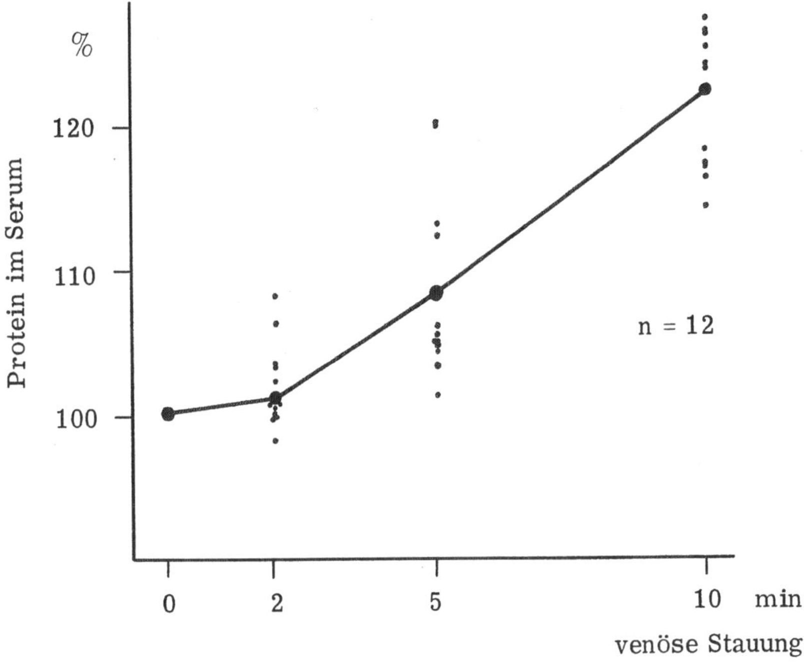

Abb. 5. Abhängigkeit der Proteinkonzentration im Serum von der Dauer einer venösen Stauung am Ort der Blutentnahme (nach PAGE und MOINUDDIN 1962).

Man könnte sagen, daß eine so lange Stauung bei diagnostischen Blutentnahmen nicht angewandt wird. Wenn wir uns aber vorstellen, unter welchen Bedingungen z. B. bei schwerkranken Patienten, bei denen es für die Therapieführung eigentlich auf besonders genaue Ergebnisse ankommt, Blut entnommen wird, muß uns klar sein, daß der Probenahmefehler eine Reihe Labordaten unsicherer macht als sie bei überlegter Entnahmetechnik sein könnten. Wir kennen alle die übel zugerichteten Arme von Schwerkranken, die wegen einer Infusion ans Bett gebunden oder auf einer Schiene fixiert sind mit zu-

sätzlicher Stauung durch eine Blutdruckmanschette. Daß eine Probe aus
einer solchen cyanotischen und oft ödematös geschwollenen Extremität mit
beeinträchtigter Blutzirkulation kein repräsentatives Ergebnis für die Zusammensetzung des Blutes liefern kann, liegt auf der Hand. Die Beeinflussung des Blutvolumens durch Körperlage und Stauung muß alle corpusculären
(Erythrocyten mit Hämoglobin, Hämatokrit, Leukocyten, Thrombocyten),
hochmolekularen (Enzyme, Lipide) und proteingebundenen (Ca, Fe usw.,
Hormone) Bestandteile betreffen.

Daß die Berücksichtigung dieser Tatsache ganz neue Perspektiven bei der
Betrachtung von Laborergebnissen und Normgrenzen eröffnen kann, zeigen
die Ergebnisse von PEDERSEN (5) über die intraindividuellen Schwankungen
der Calciumkonzentration des Serums und die Fehleranalysen der Gruppe
von COTLOVE (8). In der Untersuchung von PEDERSEN wurde, wie zu erwarten, die deutliche Abhängigkeit der Gesamtcalciumkonzentration von der
Körperlage bestätigt (Abb. 6). Nach Korrektur für die Veränderung des
Blutvolumens bzw. der Eiweißkonzentration liegt die Streuung des Gesamt-
calciums aber in der gleichen Größenordnung wie die des ionisierten Calciums.

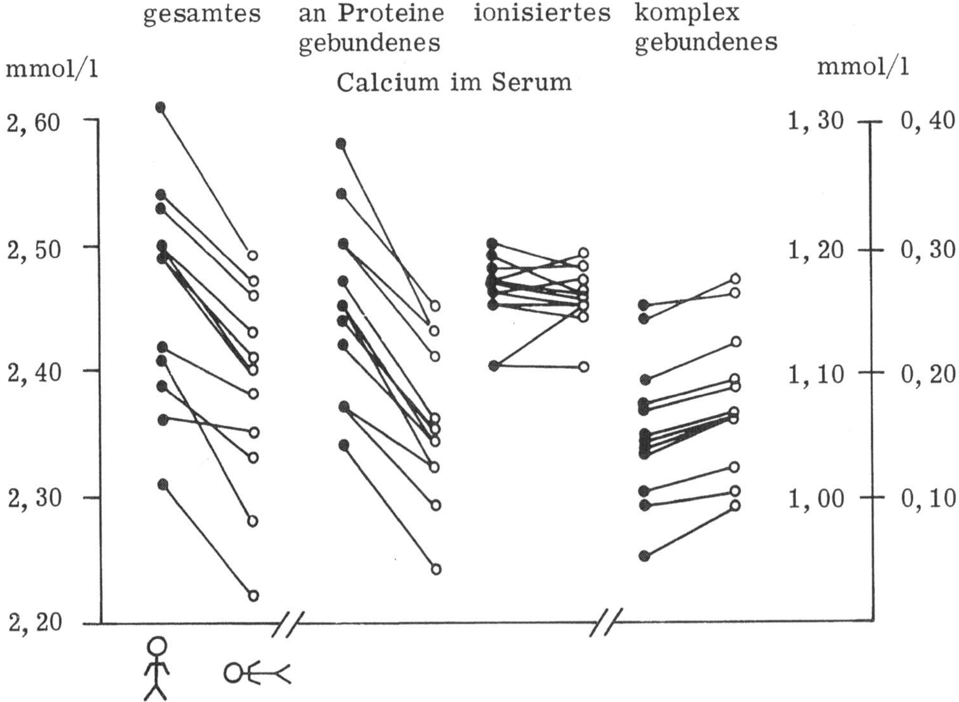

Abb. 6. Abhängigkeit der Konzentrationen des gesamten
Calciums, des an Proteine gebundenen Calciums, des
ionisierten und des komplex gebundenen Calciums im
Serum von der Körperlage (nach PEDERSEN 1972).

Die uns geläufige Streuung der interindividuellen Calciumkonzentration, d. h.
ein Normbereich von etwa 4, 5 bis 5, 5 mval/l, reduziert sich für intraindividuell auf 3, 3 %. Diese Streubreite schließt aber immer noch die Komponenten der methodischen Streuung und des Probenahmefehlers ein. Wenn man
sie subtrahiert, bleibt für das Individuum eine biologische Schwankungsbreite
von weniger als 1 %, d. h., die Calciumkonzentration wird in dem erstaunlich engen Bereich von ± 0, 04 mval/l konstant gehalten.

In unserer Routineanalytik sind wir oft überhaupt nicht in der Lage, auf dem
Hintergrund der hohen Probenahme- und Analysenfehler Abweichungen von
einer individuellen Norm beim Einzelpatienten zu erfassen. Dies könnte z. B.
eine Erklärung für manche normocalcämische Tetanie sein.

Es gibt also Gründe, unsere analytische Genauigkeit weiter zu steigern. Zu-
dem muß aber vor allem der Probenahmefehler, der vorläufig größer ist als
der analytische, eingeengt werden. PEDERSEN: " It is irrational to improve
methodology as long as uncontrolled sampling conditions may cause changes
that far exceed the analytical variability. "

Eine weitere wichtige Ursache für einen unnötig hohen Probenahmefehler ist
die capillare Blutentnahme. Sie muß erwähnt werden, weil auch heute noch
in der Hämatologie vielfach Untersuchungen an Capillarblut vorgenommen
werden und weil zweitens in der Pädiatrie - sehr verständlicherweise - die
Tendenz besteht, mit Capillarblutentnahmen auszukommen.

Im capillaren Gefäßgebiet treten überwiegend niedermolekulare Blutbestandteile aus dem Gefäß in das pericapillare Gebiet über und fließen stromab-
wärts wieder in das Gefäß zurück (Abb. 7). Beim Durchfluß durch dieses

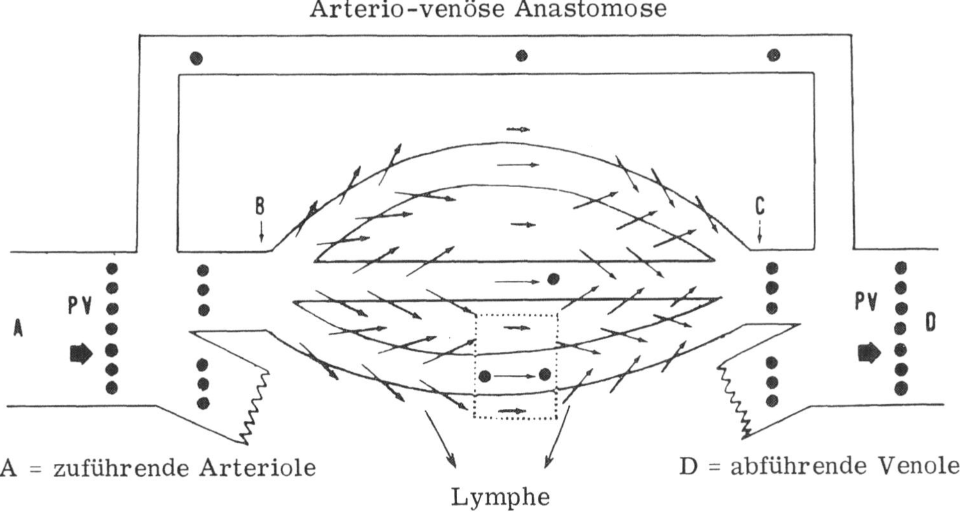

Zwischen B und C ist die Zusammensetzung des Blutes wegen
der Austauschprozesse nicht exakt zu charakterisieren

Abb. 7. Stoffaustauschvorgänge im Bereich der Capillaren.

Gebiet kommt es also regelrecht zu einer Fraktionierung des Blutes (7). Aus diesem Grund ist es nicht möglich, irgendwo zwischen der Arteriole und der Venole eine Blutprobe zu entnehmen, die für die Zusammensetzung des Blutes schlechthin repräsentativ ist.

Bei der Blutentnahme haben wir zwei Fehlertypen zu berücksichtigen: Erstens besteht eine systematische Abweichung zwischen Capillar- und Venenblut; so ist z. B. die Hämoglobinkonzentration im Capillarblut im Durchschnitt etwa 0, 6 g/100 ml höher als im Venenblut. Ähnliche Relationen gelten für alle hochmolekularen und corpusculären Bestandteile. Zweitens ist die Präzision der Entnahme bei Capillarblut deutlich schlechter als bei Venenblut, da die Konzentrationen in Proben von Capillarblut durch Änderungen des Gefäßwiderstands und durch veränderte Abfiltration innerhalb sehr kurzer Zeiten sehr stark schwanken können.

In den letzten Jahren konnte die Präzision hämatologischer Untersuchungen durch eine verbesserte Technik sehr deutlich gesteigert werden (Tab. 1).

Tab. 1. Die Einzelfehler und der Gesamtfehler der Blutkörperchenzählung (nach v. BOROVICZÉNY 1968).

| | | Varianz | | | |
| | | Bestimmung der Erythrocytenzahl | | Bestimmung der Leukocytenzahl | |
Art des Fehlers	VK %	ohne	mit Pipettenfehler	ohne	mit Pipettenfehler
Statistischer Fehler, Erythrocytenzahl	5, 3	28	28		
Statistischer Fehler, Leukocytenzahl	8, 8			77	77
Entmischungsfehler	7	49	49	49	49
Deckglasauflagefehler	5	25	25	25	25
subjektiver Zählfehler	3	9	9	9	9
Kammertiefe (Herstellung)	3	9	9	9	9
subjektiver Pipettierfehler	1	1	1	1	1
Pipettenfehler (Herstellung)	3		9		9
idealisiert, ohne Pipettenfehler	0	0		0	
Summe der Varianzen		121	130	170	179
Gesamtfehler, VK %		11, 0	11, 4	13, 0	13, 4

In größeren Laboratorien zumindest sind an die Stelle der Kammerzählung, die allein aufgrund der geringen Zahl der gezählten Zellen eine hohe Fehlerbreite aufweist, moderne Zählgeräte getreten, deren Fehler bei einer Zählung von etwa 10.000 Zellen auf ein Zehntel der früheren Streuung reduziert ist. Der Pipettierfehler ist durch die Anwendung von Dilutoren verkleinert worden.

Diese Errungenschaften werden nun plötzlich dadurch in Frage gestellt, daß nach der Verminderung des rein methodischen Fehlers von früher gut 10 % auf heute etwa 2 % von Tag zu Tag (Tab. 2) der Probenahmefehler zur be-

Tab. 2. Ermittlung hämatologischer Parameter mit dem Coulter-Counter S. Präzision in der Serie und von Tag zu Tag.

Parameter		Präzision in der Serie		Präzision von Tag zu Tag	
		s	VK %	s	VK %
Hämoglobin	(g/100 ml)	0, 07	0, 6	0, 15	1, 4
Erythrocyten	$(10^3/\mu\mathrm{l})$	44	1, 1	58	1, 5
$\mathrm{Hb_E}$	(pg)	0, 3	1, 0	0, 4	1, 5
MCV	$(\mu\mathrm{m}^3)$	0, 7	0, 8	1, 8	2, 0
HK	(%)	0, 4	1, 2	0, 8	2, 3
Leukocyten	(pro μl)	160	3, 6	290	8, 5

herrschenden Einzelkomponente für die Gesamtstreuung wird. So zeigt z. B. eine Fehleranalyse der Hämoglobinmessung mit dem Coulter-Counter S einen Meßfehler von etwa 0, 5 und einen Verdünnungsfehler von etwa 0, 7 %. Beide Komponenten addieren sich zu einem erstaunlich kleinen Gesamtmeßfehler von etwa 0, 9 % in der Meßserie. Dieser Gesamtmeßfehler läßt sich auch bei langfristiger Untersuchung unter 2 % halten. Dagegen finden wir einen Gesamtfehler von 4 %, wenn wir statt Venenblut Capillarblut verwenden. Daraus läßt sich ableiten, daß die Capillarblutentnahme allein - und das bei nicht einmal besonders schwierigen Entnahmebedingungen - mit einem Variationskoeffizienten von etwa 3, 3 % das Gesamtuntersuchungsergebnis ganz erheblich verschlechtert. Analog liegen die Verhältnisse für Erythrocyten, Hämatokrit, Leukocyten und Thrombocyten.

Ein Vergleich des methodischen Fehlers der Hämoglobinbestimmung von etwa ± 0, 5 g/100 ml bei Verwendung von Capillarblut mit der Breite des Normbereichs (Standardabweichung von etwa 1, 0 g/100 ml) läßt erkennen, daß die Qualität hämatologischer Untersuchungsergebnisse an Capillarblut für eine zuverlässige Beurteilung der gewonnenen Werte viel zu gering sein muß (Abb. 8). Wir dürfen nicht vergessen, daß die Streubreite des Norm-

	Streubreite	s Hb g/100 ml	VK %
Meßfehler		0, 06	0, 5
Verdünnungs- fehler		0, 09	0, 74
Probenahme- fehler		0, 41	3, 3
methodischer Fehler		0, 49	3, 8
Normbereich		1, 0	7, 1

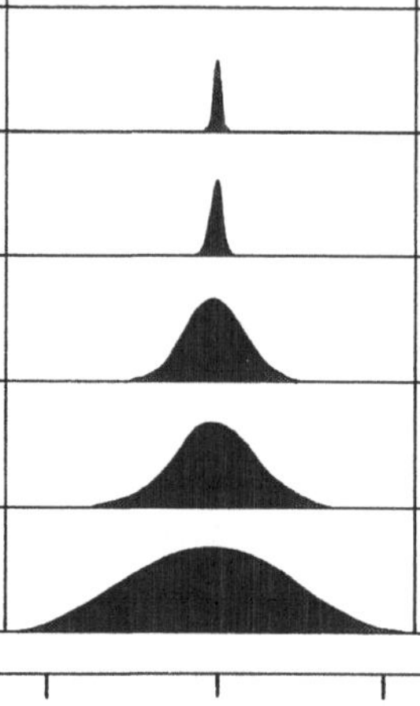

12   14   16   Hämoglobin g/100 ml

Abb. 8. Fehleranalyse der Hämoglobinbestimmung
mit dem Coulter-Counter S und Vergleich mit dem
Normbereich.

bereichs in Wirklichkeit viel enger ist, weil die Normgrenzen, mit denen
wir zu arbeiten gewohnt sind, durch Methodenstreuung und - in diesem
Falle - durch den Probenahmefehler ausgeweitet und stillschweigend sehr
groß gefaßt sind.

Die Überlagerung der beiden Fehlertypen bei der Capillarblutentnahme, der
Verschlechterung der Präzision mit dem systematischen Fehler, führt zu
einer unnötig hohen, beträchtlichen Streuung der Resultate, die sich sehr
störend bemerkbar machen muß:

1. bei der longitudinalen Betrachtung, bei Verlaufsbeobachtungen am
   Einzelpatienten und
2. bei Transversalbetrachtungen, bei der Abgrenzung von Normbereichen.

Als Beispiel für die Longitudinalbetrachtung sei die Fragestellung "Blutverlust" erwähnt. Wir schränken höchst unsinnigerweise unsere Möglichkeiten zur Erkennung eines Blutverlusts bei einem Patienten mit einer
Ulcusblutung oder nach einem Trauma durch unsachgemäße Probenahme
ein. Es ist durchaus nicht gleich, ob die Probe zur Bestimmung des Hämoglobins oder des Hämatokrits von einer med. -techn. Assistentin durch
Capillarentnahme aus einer evtl. bei Schock schlecht durchbluteten Peripherie mit engen Capillaren entnommen wird, venös aus der Armvene eines

an das Bett festgebundenen Armes mit massiver Stauung oder aus einem
Vena cava-Katheter mit laufender Infusion. Bei der letzteren Art der Blutentnahme sehen wir immer wieder, daß das Totvolumen des Katheters nicht
genügend berücksichtigt wird und Blutproben zur Untersuchung kommen,
die mit Infusionslösung kontaminiert sind.

Wir wollen als Beispiel annehmen, daß ein Patient weiter Blut verloren und
daß sich seine Hämoglobinkonzentration von 10, 5 auf 10, 0 g/100 ml vermindert hat (Abb. 9). Wir würden bei einer Präzision der Hämoglobinbe-

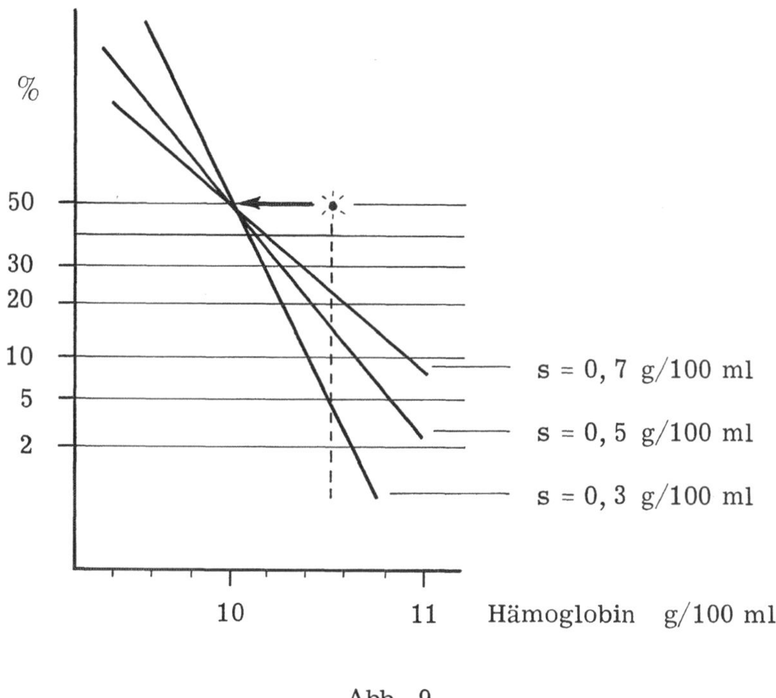

Abb. 9

stimmung mit Capillarblutentnahme von etwa 0, 5 g/100 ml in ungefähr 17 %
aller Untersuchungen diesen Hämoglobinabfall überhaupt nicht registrieren,
weil wegen der hohen Streuung fast 1/5 aller Ergebnisse noch über dem Ausgangswert von 10, 5 g/100 ml liegen würde. Wenn wir durch eine Ausschaltung des Capillarprobenfehlers die Präzision unserer Bestimmung auf 0, 3
g/100 ml verbessern, hätten wir dagegen nur in etwa 5 % mit einem falsch-
hohen Ergebnis zu rechnen.

Noch katastrophaler werden die Verhältnisse, wenn sich zu dem hohen
Probenahmefehler eine Änderung der Blutkonzentration durch unterschiedliche Körperlage bei den Vergleichsuntersuchungen addiert. So würden wir
z. B. bei einem Abfall des Hämoglobins um 0, 5 g/100 ml von 10, 5 auf 10, 0
g/100 ml und einem gleichzeitigen lagebedingten Anstieg der Blutkonzen-

tration um + 0, 6 g/100 ml in mehr als der Hälfte aller Untersuchungen den
weiteren Blutverlust des Patienten überhaupt nicht bemerken (Abb. 10).

Eine große Streubreite eines Untersuchungsresultats beeinträchtigt natürlich
auch die Sicherheit, mit der wir ein Ergebnis als normal oder nicht normal
klassifizieren können. Wenn wir als untere Normgrenze der Hämoglobinkonzentration für Frauen z. B. 12, 0 g/100 ml annehmen und mit einer Streuung
der Hämoglobinbestimmung von etwa 0, 5 g/100 ml rechnen müssen, so können wir einen Wert von 11, 6 g/100 ml noch nicht mit Sicherheit als unter
der Norm liegend einordnen. Er wäre mit einer Wahrscheinlichkeit von
immerhin 20 % doch noch normal. Auf der anderen Seite könnte eine Konzentration von 12, 4 g/100 ml mit der gleichen Wahrscheinlichkeit doch schon
subnormal oder pathologisch sein (Abb. 11). Wenn wir die capillare Blutentnahme vermeiden und damit die Fehlerstreuung auf 0, 2 g/100 ml verringern,
werden die Daten, die wir liefern, wesentlich härter, die Sicherheit, mit der
wir sie interpretieren können, ist größer.

Durch die Verwendung von Plasma anstelle von Serum für klinisch-chemische Untersuchungen dürfte sich die methodische Streubreite für einige Blutbestandteile verringern lassen. Das gilt besonders für Stoffe, die während
des Gerinnungsvorgangs zum Teil aus den Thrombocyten und Erythrocyten
freigesetzt werden. So sind geringere Standardabweichungen z. B. bei einigen Enzymen und beim Kalium bewiesen worden.

Wir haben uns aus zwei Gründen bisher noch nicht für die allgemeine Verwendung von Plasma entscheiden können: Erstens erhöht die Verwendung
des relativ teuren Lithiumheparinats die Analysenkosten, zweitens kommt
es durch spätere Fibrinbildung in einigen Analysengeräten zu folgenschweren
Verstopfungen.

Der um etwa 12 % unterschiedliche Wassergehalt von Vollblut und Plasma
bzw. Serum kann sich höchstens dann störend bemerkbar machen, wenn
z. B. Glucoseergebnisse aus unterschiedlichem Untersuchungsmaterial miteinander verglichen werden.

Bei Glucosebestimmungen muß auch die A-V-Differenz berücksichtigt werden. Ergebnisse aus Venenblut und Capillarblut sind wegen der zu erwartenden Konzentrationsunterschiede bis zu 20 mg/100 ml nur bedingt vergleichbar (Abb. 12).

In unserer Klinik fiel vor einiger Zeit auf zwei internen Stationen ein besonders hoher Prozentsatz pathologischer Tolbutamid-Belastungstests auf.
Bei näherem Nachforschen stellte sich heraus, daß die für diese Station zu-
ständige med. -techn. Assistentin mit den Stationsärzten ein Abkommen getroffen hatte: Die Ärzte entnahmen die Blutprobe zur Bestimmung des Null-
Minutenwerts vor Injektion des Artosin oder Rastinon venös, während der
20-Minutenwert von der Assistentin capillar entnommen wurde. Alle venösen Ausgangswerte lagen also um die A-V-Differenz zu niedrig, es resul-
tierte ein hoher Prozentsatz scheinbar geringer Glucoseabfälle und damit
pathologischer Tests.

%
s = 0, 5 g/100 ml
50
- 0, 5
30
20
10
+ 0, 6
5
10
11
g/100 ml
Hämoglobin

Abb. 10

Fehler
%
40
20
s = 0, 2 g/100 ml
%
40
20
s = 0, 5 g/100 ml
%
40
20
s = 0, 75 g/100 ml
11
12
13
g/100 ml
Hämoglobin

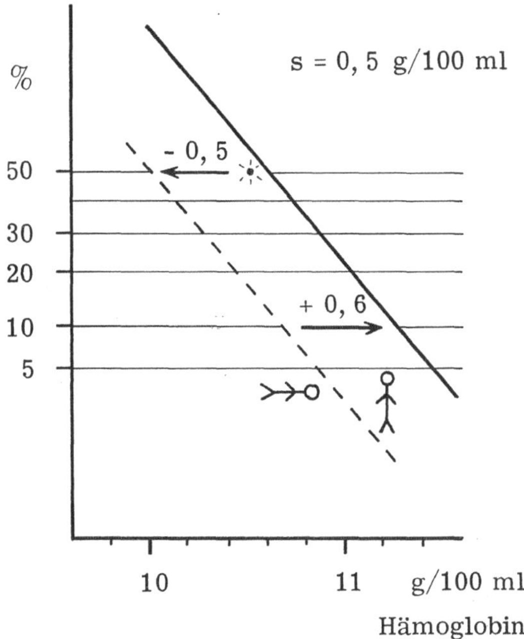

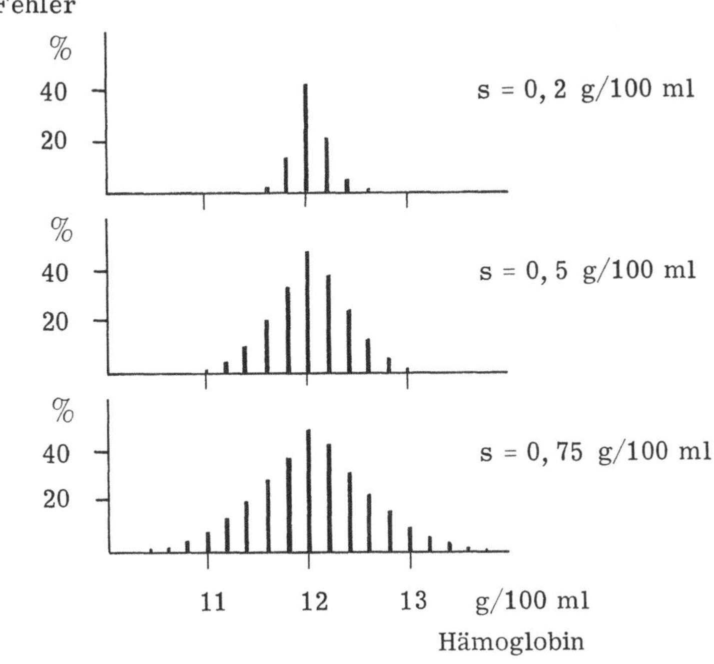

Abb. 11

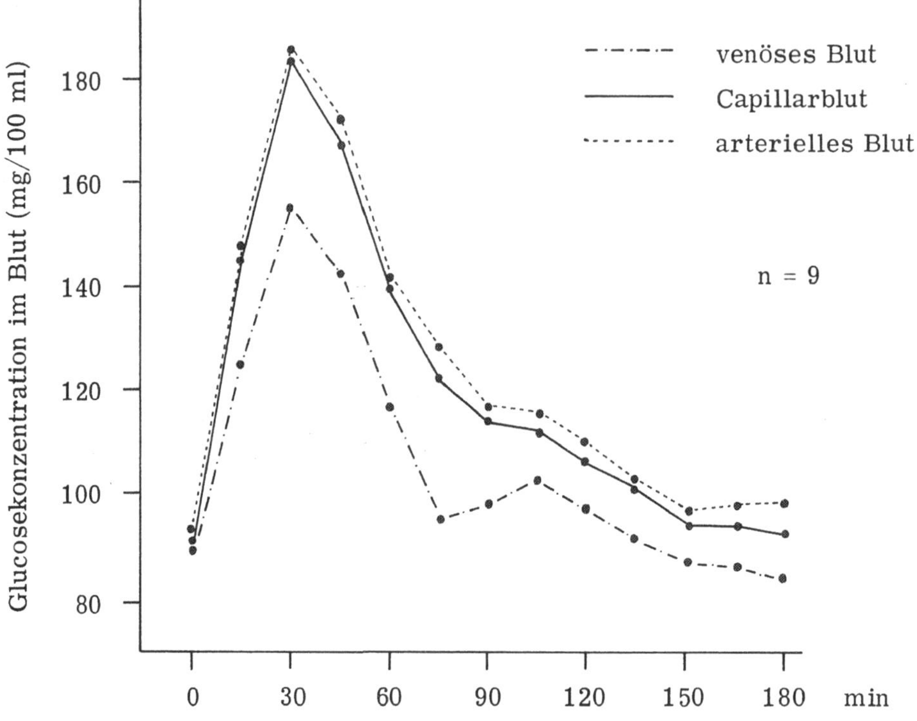

Abb. 12. Glucosekonzentrationen im venösen, capillaren und arteriellen Blut während eines Glucose-Toleranz-Tests. Durchschnittswerte aus 9 Beobachtungen (nach FÖRSTER 1972).

Daß durch Hämolyse der Blutproben die Konzentration einiger wichtiger Bestandteile sehr stark gestört werden kann, ist allgemein bekannt. Trotzdem kann das Labor natürlich die Untersuchung hämolytischer Proben nicht rundherum ablehnen. In einer Notfallsituation z. B. können ein trotz Hämolyse erniedrigtes Kalium oder eine LDH eine wichtige Aussage haben. Die Beimengung von Hämoglobin zum Serum stört bei einigen Bestimmungsmethoden, die ohne Enteiweißung der Proben arbeiten. Das gleiche gilt für die Lipidtrübung. Man sollte deshalb immer darauf dringen, daß nur Nüchternblut zur Untersuchung kommt. Im übrigen muß der Klinische Chemiker prüfen, ob er nicht bei der Verwendung von Bestimmungsmethoden, die ohne Enteiweißung arbeiten, die angestrebte methodische Vereinfachung durch eine höhere Anfälligkeit gegen Proteine, Hämoglobin und Lipidtrübungen erkauft.

Daß die Untersuchung mancher Blutbestandteile, so die Blutgasanalytik, die Untersuchung von Lactat und Ammoniak ganz besondere Kautelen bei der

Probenahme erfordern, soll der Vollständigkeit halber erwähnt sein.

Genau wie in der Analytik passieren natürlich auch bei der Probenahme sogenannte grobe Fehler. Diese groben Fehler sind hier wie dort deshalb eine besondere Plage, weil es kein Kontrollsystem gibt, sie mit einiger Sicherheit zu erfassen. Kontaminationen von Proben mit Injektionslösungen, Verwechslungen und Blutentnahmen beim falschen Patienten machen uns viel Ärger, noch häufiger bleiben sie wahrscheinlich unentdeckt.

Die Probenahme, obwohl Teil der Analytik, muß wohl für die meisten Untersuchungen außerhalb des Labors bleiben. Wir müssen also an unsere klinisch tätigen Kollegen die Bitte richten, in ihrem Einflußbereich durch Aufklärung aller Beteiligten mitzuhelfen, durch Verkleinerung des Probenahmefehlers zur Qualitätsverbesserung von Laborergebnissen beizutragen. Eine solche Verbesserung ist notwendig, weil wir härtere Daten brauchen, sowohl für die Verlaufsbeobachtung wie auch zur Abgrenzung von Normbereichen und erst recht vielleicht in Zukunft für Vorsorgeuntersuchungen.

Literatur

1. BÖHME, A.: Dtsch. Arch. klin. Med. 103, 522 (1911).

2. EISENBERG, S.: J. Lab. clin. Med. 61, 755 (1963).

3. FAWCETT, J.K. and WYNN, V.: J. clin. Path. 13, 304 (1960).

4. PAGE, J.H. and MOINUDDIN, M.: Circulation 25, 651 (1962).

5. PEDERSEN, K.O.: Scand. J. clin. Lab. Invest. 30, 191 (1972).

6. PERERA, G.A. and BERLINER, R.W.: J. clin. Invest. 22, 25 (1943).

7. SWAN, H. and NELSON, A.W.: Ann. Surg. 173, 481 (1971).

8. YOUNG, D.S., HARRIS, E.K. and COTLOVE, E.: Clin. Chem. 17, 403 (1971).

Vorteile einer zeitlichen Standardisierung
des Analysenprogramms

G. SZASZ

Zuerst möchte ich die beiden Begriffe - zeitlich standardisiertes Analysenprogramm und zeitlich nicht standardisiertes Analysenprogramm - erklären. Eine zeitlich nicht standardisierte Analyse liegt z. B. vor, wenn eine
Schwester irgendwann ins Labor kommt und sagt: Machen Sie bitte in dieser
Blutprobe eine Kaliumbestimmung. Sicher ist das ein Extremfall, und es
ist ebenso ein Extremfall für ein zeitlich standardisiertes Analysenprogramm, wenn wir z. B. Nierensteine nur Mittwoch nachmittags analysieren.
Man könnte auch vielleicht vereinfachend sagen, daß Einzelbestimmungen
eigentlich immer eilige Untersuchungen sind und die Serienuntersuchungen
notgedrungen immer zeitlich standardisierte Untersuchungen werden müssen. Eine zeitliche Standardisierung des Analysenprogramms ist damit in
den Routinelaboratorien eine absolute Notwendigkeit und bietet auch für die
Klinik gewisse Vorteile. Dazu muß ich Ihnen zunächst unseren Tagesablauf
zeigen und versuchen, an diesem Beispiel die Vorteile für die Klinik zu erklären.

In Abb. 1 sehen Sie unseren Tagesablauf und zwar ganz links die Uhrzeit
und dann, in 3 Gruppen eingeteilt, zuerst die Probenannahme, dann den
zeitlichen Ablauf des Analysenprogramms und die Befundausgabe. Wir haben
bereits versucht, die Probenannahme mindestens teilweise zu standardisieren. Wie Sie aus dem Bild ersehen, wird teils Blut und teils Serum in das
Zentrallaboratorium angeliefert. Blutproben, die bis 13 Uhr bzw. Serum-
proben, die bis 13.30 Uhr abgegeben werden, untersuchen wir noch am selben
Tag. Ein Teil der Blutproben wird von uns von den Stationen abgeholt. Morgens um 8 Uhr sammelt der Bote in der Medizinischen Klinik die bereits ent-
nommenen Blutproben ein. Gegen 9 Uhr holt er von den 3 Stationen der Medizinischen Poliklinik die Blutproben. Anschließend geht er erneut durch die
Stationen der Medizinischen Klinik und sammelt die restlichen Blutproben
ein. Diese drei von den Stationen abgeholten Sendungen sind in Abb. 1 mit
Querpfeilen gekennzeichnet, die dazugehörigen Blutproben werden an der

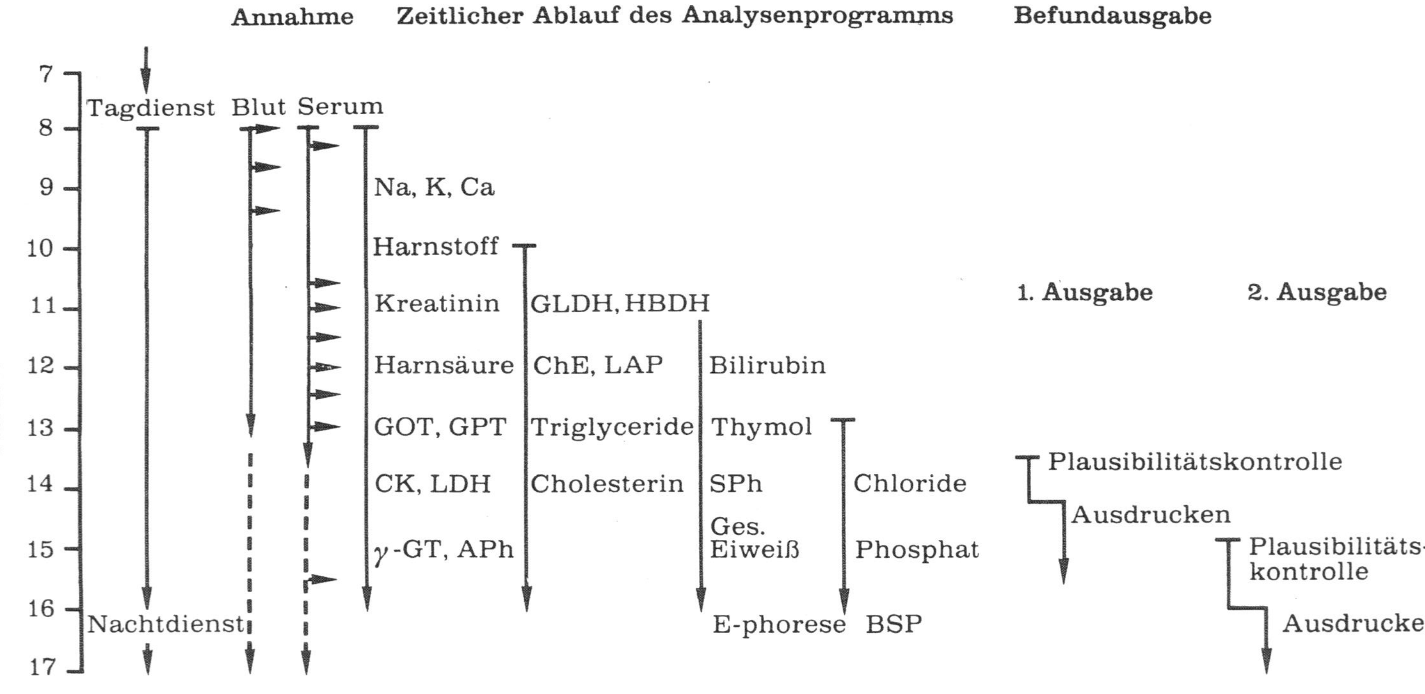

Abb. 1. Tagesablauf im Zentrallabor der Universitätskliniken Gießen.

Annahmestelle des Zentrallabors bearbeitet. Ansonsten sind drei Annahme-
stellen in unserem Institut eingerichtet: Eine im Zentrallaboratorium mit
Sitz in der Chirurgischen Klinik und je eine in der Medizinischen Klinik bzw.
Poliklinik. In diesen beiden Kliniken werden die später eingegangenen Blutproben, insbesondere von ambulanten Patienten, bearbeitet. Die Proben
werden als Seren von dem Boten in halbstündigem Rhythmus in das Zentrallabor gebracht (Querpfeile in Abb. 1), bereits verteilt auf die einzelnen 4
Arbeitsgruppen (AutoAnalyzer-Labor, Enzymlabor, halbmechanisierte
Arbeitsplätze und Elektrophorese-Labor). Ähnlich werden an der Annahmestelle im Zentrallabor die Blutproben von sämtlichen Kliniken, ausgenom-
men von den Medizinischen Kliniken, verarbeitet. Selbstverständlich hört
die Annahme der Proben nicht um 13 Uhr bzw. 13. 30 Uhr auf. Proben laufen
bis in den späten Nachmittag ein; sie werden zwar gleich zentrifugiert, aber
erst am nächsten Tag analysiert.

Die Vorteile der zeitlich standardisierten Probenannahme sind:

1. Wir erreichen dadurch, daß mindestens ein Teil der Blutentnahmen
   morgens relativ früh durchgeführt wird. Als Gegenleistung garantieren wir, daß diese Proben bei der Analytik vorgezogen werden.

2. Wir haben einen direkten Einfluß darauf, wie lange die Zeitspanne
   zwischen Blutentnahme und Trennung von Serum und Blutkuchen einerseits bzw. Analyse andererseits ist. Ich glaube, ich brauche die Konsequenzen nicht anzuführen, die entstehen, wenn das Serum länger
   über dem Blutkuchen steht. Leider stehen die Blutproben manchmal
   auf den Stationen mehrere Stunden, bis jemand bereit ist, sie in das
   Labor zu bringen.

Nun zum zeitlichen Ablauf unseres Analysenprogramms. Die Analysenautomaten setzen eine sequentielle Untersuchung voraus. Der Umbau der Analysenautomaten von einer auf eine andere Methode ist problematisch und wird
auch meistens nicht praktiziert. So fangen wir bei der Analyse von Serumbestandteilen, bei denen die täglichen Anforderungszahlen hoch liegen, bereits früh morgens an. Hier ist bei 300 - 400 Proben täglich ein kontinuier-
licher Probenzufluß gewährleistet und die Geräte sind bis 16 Uhr durchgehend ausgelastet. Bei Untersuchungen mit geringeren Anforderungszahlen
fangen wir erst später an. Selbstverständlich richten wir uns auch nach der
Dringlichkeit der Untersuchung, bei der Kreatin-Kinase z. B., bei der die
im Durchschnitt 50 Anforderungen am Tag den frühzeitigen Anfang an sich
nicht rechtfertigen.

Die Vorteile der zeitlich standardisierten Analytik sind:

1. Die Arbeit wird mit optimal geschultem Personal durchgeführt.

2. Die Methoden sind weitgehend unter Kontrolle. Dadurch haben wir
   eine relativ hohe Richtigkeit und Präzision.

3. Die Wiederholung von unglaubhaften und ungewöhnlichen Befunden kann
   bereits im Tagesdienst erfolgen.

Damit bin ich beim letzten Teil, bei der Befundausgabe, angekommen. Wir haben zweimal täglich eine Befundausgabe, und zwar erfolgen beide in gedruckter Form, nach Patienten geordnet, auf einem Klebestreifen, von einer IBM-Maschine ausgedruckt. Die erste Ausgabe liegt um 15.30 Uhr, die zweite Ausgabe um 17 Uhr in den Fächern und kann abgeholt werden. Diese Zeiten können nur selten nicht eingehalten werden, wenn z. B. ein Analysenautomat (SMA 6/60 oder Enzymstraße) ausfällt. Meistens sind mindestens 60 % der Befunde bereits um 15.30 Uhr gedruckt. Diese Zeit ist auch für unsere Chirurgische Wachstation annehmbar, die für die Therapie wichtigen Ergebnisse liegen für die Visite um 16 Uhr vor. Die brandeiligen Befunde werden freilich telefonisch durchgegeben.

Der Befundausgabe ist eine Plausibilitätskontrolle vorgeschaltet, die selbstverständlich kein Ersatz für die statistische Qualitätskontrolle ist, sondern eine zusätzliche Kontrolle. Die Plausibilitätskontrolle spielt sich auf zwei Ebenen ab. Die erste Ebene ist das technische Personal. Die med. -techn. Assistentinnen haben mit den Jahren gelernt, worauf es dem Endkontrolleur - in der Regel ich selbst - ankommt. Um spätere Wiederholungen zu vermeiden, machen sie immer dann von sich aus eine Doppelbestimmung, wenn sie wissen, daß sie mit der Befundkonstellation nicht durchkommen werden.

Mit wieviel Prozent Wiederholungen muß man rechnen? An der Spitze stehen die Transaminasen mit 10 - 15 %. Sie setzen sich etwa 1 : 1 zusammen aus Seren mit hoher Aktivität, bei denen man eine Verdünnung des Serums vornehmen muß, und aus Seren mit einem merkwürdigen GOT/GPT-Quotienten.

Worauf wird bei der Plausibilitätskontrolle geachtet? Einige Beispiele: Bei Bilirubinwerten über 1, 0 mg/100 ml wird nachgesehen, ob auch die GOT- und GPT-Aktivitäten angestiegen sind; wenn diese nicht erhöht sind, wird geprüft, ob die γGT- oder AP-Aktivität pathologisch ist; wenn diese auch im Normbereich liegen, so wird nach der ChE-Aktivität gesehen. Wenn es sich freilich um freies, nicht glucuronidiertes Bilirubin handelt, so sehen wir nach, ob die LDH-Aktivität erhöht ist. Ein LDH-Aktivitätsanstieg ist beim hämolytischen Ikterus fast obligatorisch. Ebenso wird beim Anstieg der CK-, LDH- und HBDH-Aktivität bzw. bei der Verminderung der ChE-Aktivität nach den GOT- und GPT-Werten gesehen. Selbstverständlich wird auch das Verhältnis GOT und GPT kritisch geprüft.

Bei der Plausibilitätskontrolle werden auch zusätzliche Untersuchungen angefordert. Wir bestimmen die GLDH-Aktivität mangels ausreichender Kapazität nur, wenn die GOT- und/oder GPT-Aktivität pathologisch ist. Aber nachdem die Transaminasen-Ergebnisse vorliegen, verlangen erhöhte DeRITIS-Quotienten bei gleichzeitig normaler CK-Aktivität förmlich nach einer GLDH-Bestimmung. Genauso wird die HBDH-Aktivität - auch wenn sie angefordert war - nur dann bestimmt, wenn die LDH-Aktivität erhöht ist. Früher haben wir die HBDH auch bei normaler LDH-Aktivität bestimmt und es war manchmal ganz reizvoll zu sehen, daß eine LDH-HBDH-Relation von über 1, 8 immer mit pathologischer GOT- und/oder GPT-Aktivität einhergeht. Aber zu solchen Spielereien reicht das Personal leider nicht mehr aus. Dafür wird aber bei einer LDH-Erhöhung über 300 U/1 auch ohne Anforderung der HBDH-Wert mitgeliefert. Ähnlich haben wir von unserem Routineprogramm in der letzten Zeit die LAP gestrichen. Sie wird nur dann bestimmt, wenn die γ-GT und AP-Aktivität eine beträchtliche Diskrepanz zeigen, z. B. γGT über 200 U/l und AP im Normbereich.

Bei der Plausibilitätskontrolle werden 20 - 25 Seren mit einem ungewöhnlichen Enzymmuster oder z. B. mit einer Cholesterinkonzentration von über 300 mg/100 ml bzw. weniger als 100 mg/100 ml ausgesucht. Am nächsten Tag werden in diesen Seren erneut einige Bestandteile bestimmt, und zwar werden diese Seren als reguläre Anforderungen eingeschleust. Wenn man die Werte vergleicht, so ist man manchmal deprimiert. Vielleicht ist der einzige Trost der, daß wir wesentlich schlechter lagen, als wir damit anfingen. Jedenfalls kann man auf Grund der Vergleichswerte immer sagen, wann ein Wechsel am Arbeitsplatz erfolgte, auch dann, wenn im Enzymlabor bereits eingearbeitete Kräfte nach einigen Monaten dort vertreten müssen.

Abschließend noch kurz über unseren Nachtdienst. Selbstverständlich ist es unser Ziel, auch außerhalb der regulären Dienstzeit eine ähnliche Präzision zu haben wie tagsüber. Erreicht wird dies wahrscheinlich nie, höchstens asymptotisch. Auf jeden Fall ist es unsere Pflicht, auch in der Nacht zumindest vergleichbare Werte zu bekommen. Dazu werden z. B. die Flammenphotometer in den verschiedenen Häusern mit dem Technicon-Flammenphotometer abgestimmt.

Auch im Nacht- und Wochenenddienst haben wir versucht, das Analysenprogramm zeitlich zu standardisieren. Am Sonntag versuchen wir, die Proben für die Routineuntersuchungen bis 10 Uhr zu bekommen, um die Analysen in Serie durchführen zu können. Die Nachtdienstler selbst versuchen, es auch zeitlich zu standardisieren, z. B. die Blutzuckerbestimmungen in der Nacht auf 24 Uhr zeitlich zu fixieren und nicht bei einem Patienten um 23 Uhr und bei einem anderen Patienten erst nach Mitternacht die Analyse durchzuführen. Damit ist die Möglichkeit gegeben, daß auch außerhalb der regulären Dienstzeit, zumindest teilweise, dieselben Automaten mit denselben Methoden eingesetzt werden wie tagsüber.

<u>D I S K U S S I O N</u>

BUCHBORN:
Die Ausführungen von Herrn SZASZ haben uns wieder ins Labor zurückge-
führt. Da die beiden Themen klar voneinander zu trennen sind, möchte ich
vorschlagen, zunächst den Vortrag von Herrn KREUTZ zu diskutieren.

LAUE:
Ich möchte eine Beobachtung mitteilen, die zeigt, wie notwendig es ist, auch
die Probenahme in das Kontrollsystem einzubeziehen. Wir beobachteten in
dieser Woche, daß der Mittelwert der im Normbereich liegenden Ergebnisse
von proteingebundenem Jod von Tag zu Tag anstieg, und zwar nur bei denjenigen Patienten, denen in unserem Laboratorium Blut abgenommen worden war. Dieses Mittel liegt zwischen 5, 0 und 5, 5 μg/100 ml und war auf
6, 7 und schließlich 8, 0 μg/100 ml angestiegen. Wir haben den Patienten am
3. Tag des Radio-Jod-Tests erneut Blut abgenommen und die Bestimmung
des proteingebundenen Jods wiederholt. Die Werte zeigten eine starke Streuung gegenüber der ersten Untersuchung und das Mittel der im Normbereich
liegenden Werte war weiterhin deutlich erhöht. Im Gegensatz dazu zeigten
die Proben, die andernorts abgenommen und mit der Post geschickt waren,
ein unverändertes Verteilungsmuster. Nach eingehender Fehlersuche konnten wir feststellen, daß eine Charge der verwendeten Einmal-Flügelkanülen
mit Jod kontaminiert war. Wir haben daraufhin ein Programm ausgearbeitet,
mit dem jetzt alle Lieferungen von Flügelkanülen auf Jodkontamination geprüft werden.

KREUTZ:
Bei uns geht das Entnahmematerial tatsächlich zunächst durch eine Labor-
kontrolle, ehe wir eine neue Charge von Röhrchen für die Stationen ausgeben.
Wir haben bei den Firmen auch reklamiert, wenn wir eine Kontamination
fanden, z. B. Röhrchen mit Eisengehalt. Es kam vor, daß uns die Firmen
sagten: Ja, das haben wir auch gesehen, wir haben es nur nicht gesagt, es
geht ja meistens gut, da niemand reklamiert.

BUCHBORN:
Herr KREUTZ, können Sie nochmals präzisieren, für welche Werte das

störend wäre? Es wurde proteingebundenes Jod erwähnt und Sie sprachen
von Eisen.

KREUTZ:
Wir haben Störungen beim Eisen und beim Phosphat erlebt. Beim Phosphat
muß man darauf achten bei den Glasgefäßen, die noch gespült werden, weil
in den meisten Spülmitteln Phosphat in sehr hohen Konzentrationen enthalten ist.

MAURER:
Man müßte auch die Einmalreagensgefäße der Kontrolle unterziehen. Wir
hatten in vergangener Zeit den Fall, daß das Ammoniumheparinat mit
Calcium verunreinigt war, und bei den Eppendorf-Gefäßen eine Verunreini-
gung mit Eisen, aber so, daß sich rote Schwaden von der Wand lösten.

SCRIBA:
Es ist schon ein Fortschritt von den Glasgefäßen zu den Plastik-Einmalge-
fäßen bezüglich der Zahl der Verunreinigungen. Was ich bisher nicht gefunden habe, ist ein Gefäß, das auf Einmalbasis für den 24-Stunden-Urin zu
verwenden wäre. Hat jemand eine Information?

RICK:
Zum Beispiel liefert Firma Sarstedt solche Sammelgefäße von 2 l Inhalt.

BÜTTNER:
Wir verwenden 2 Liter-Flaschen mit Schraubdeckel (Firma Grimm und
Triepel). Diese sind sogar schwarz eingefärbt lieferbar, so daß beispiels-
weise Urin für Porphyrinbestimmungen gesammelt werden kann.

SCRIBA:
Leider ist der Preis noch zu hoch, um eine einmalige Verwendung zu ermöglichen.

BÜTTNER:
Herr KREUTZ hat den Vorteil der standardisierten Probenahme gegenüber
der nicht standardisierten so schön dargestellt, daß wir doch vielleicht hier
überlegen könnten, ob man nicht in irgendeiner Weise zu einer Empfehlung
für eine standardisierte Probenahme kommt. Denn es ist eigentlich offen-
kundig, was man jetzt tun müßte, und die Frage ist, wie man es machen
kann. Ich weiß, es sind im allgemeinen Organisationsschwierigkeiten in der
Klinik, die dagegen stehen, aber wäre nicht zum Beispiel die Frage, ob
unter standardisierten Bedingungen, d. h. liegender oder stehender Patient
usw., abgenommen werden soll, etwas, was man überlegen sollte? Denn wir
bemühen uns um die Verbesserung der Präzision unserer Methoden, wenn
aber ein so großer Probenahmefehler in der Präzision enthalten ist, werden
diese Bemühungen mehr oder weniger wertlos.

KREUTZ:
Diese Frage wird natürlich dadurch kolossal schwierig, daß wir sie für

jeden einzelnen Blutbestandteil separat diskutieren müßten. Wo wir hohe
biologische Streuungen haben, können wir uns natürlich vorläufig jedenfalls
noch mit einem höheren gesamten methodischen Fehler zufrieden geben.
Das Beispiel Hämoglobin, das ich gebracht habe, ist insofern noch gar nicht
das schlimmste; denken Sie an Dinge wie Chlorid, Natrium oder Calcium,
die eine sehr viel engere biologische Streubreite haben. Der Kliniker sollte
jedenfalls um diese Probenahmefehler wissen, um sie wenigstens in den
Fällen, in denen es ihm auf besonders genaue Resultate ankommt, klein halten zu können.

STAMM:
Es gibt statistische Modelle, um das durchzurechnen.

BUCHBORN:
Es wäre besonders wichtig, daß zumindest intraindividuell konstante Bedingungen eingehalten werden, damit man den Verlauf optimal beurteilen könnte.

RÓKA:
Findet man diese Unterschiede zwischen Liegen und Stehen auch im Capillarblut oder werden sie dort durch die größere Streuung überdeckt? Die Erklärung von Herrn KREUTZ, warum Capillarblutentnahme zu einer soviel
schlechteren Präzision führen muß, leuchtet mir nicht ganz ein; Sie punktie-
ren ja nicht eine Capillare, sondern Sie eröffnen eine statistisch so große
Zahl, daß die Differenzen eigentlich wieder ausgeglichen sein müßten.

KREUTZ:
Ich muß gestehen, daß ich diese Ergebnisse auch nicht erwartet hatte, und
erst auf Grund von Diskrepanzen, die reklamiert wurden, darauf gestoßen
bin und dann erstaunt war, wie groß der Fehler bei capillarer Probenahme
ist. Ich muß noch dazu sagen, daß diese hohen Streuungen - reine Probe-
nahmestreuung - von mehr als 3 % an Patienten zustandegekommen sind,
die schon ausgesucht worden waren, weil sie besonders leicht capillar bluteten. Ich glaube, daß diese Streuung noch viel höher wird, wenn man bei eng-
gestellter Peripherie, bei schlecht durchbluteten Extremitäten arbeiten muß.

SCHMIDT:
Die Einhaltung intraindividueller konstanter Bedingungen für die Probenahme
setzt einen standardisierbaren Patienten voraus. Der unter diesem Aspekt
wünschenswerte Ideal-Patient müßte 24 Stunden ruhig im Bett liegen, den
Mund nur zum Essen aufmachen und gleiche Mengen berechneter Kost in
regelmäßigen Abständen zu sich nehmen. Da es diesen Patienten nicht gibt
und schon dieser Wunschtraum in soziologischer Sicht zumindest als inhuman
bezeichnet werden muß, ist dieser Störungsfehler der Probenahme nicht zu
beseitigen. Man sollte ihn jedoch in Relation zur Gesamtfehlerbreite betrachten.

Frau WITT:
Ich möchte gegen ein Vorurteil sprechen: Man meint, die Pädiater sollten
darauf aus sein, capillare Blutentnahmen einzuführen. Wenn man hier über-

haupt eine Standardisierung anstrebt und bemüht ist, auch die Pädiatrie einzubeziehen, sollte man doch dazu übergehen, auch der Pädiatrie saubere
venöse Abnahmen zu empfehlen im Gegensatz zu den qualvollen und zu erheblich falschen Ergebnissen führenden Capillarentnahmen. Ich könnte sehr
viele Beispiele anführen. Das Hindernis liegt meistens darin, daß die "Er-
wachsenen-Mediziner" bei Neugeborenen und Säuglingen keine venösen Blutentnahmen durchführen können. Aber das sollte eigentlich nicht dazu führen,
in der Pädiatrie jetzt ausschließlich capillare Entnahmen einzuführen.

BÜTTNER:
Wir haben bei uns im Kontakt mit den Kinderklinikern Wert darauf gelegt,
daß wir nahezu alles im Venenblut untersuchen und die Capillarblutunter-
suchung praktisch nur den Ausnahmefall darstellt, wenn es wirklich nicht
anders geht.

ZÖLLNER:
Vom Standpunkt der Poliklinik aus - und das ist ja die Situation bei Ihren
Kollegen, die draußen Fachpraxen haben - hat mich Ihre Äußerung, Herr
KREUTZ, sehr beunruhigt, daß Leute, die gehen - also nicht nur ruhig da-
stehen - andere Werte haben als Patienten, die längere Zeit liegen. Den
Beweis - abgesehen von der hübschen Abbildung von BÖHME, die ich gern
dazugelernt habe - sind Sie mir schuldig geblieben, denn es ist natürlich
immer der übliche Vergleich Orthostase gegen horizontale Körperlage. Dieser Versuch müßte dringend noch einmal gemacht werden, weil es bedeuten
würde, daß wir in der Poliklinik andere Normalwerte haben. Mir hat schon
früher jemand gesagt, wir würden Hypoproteinämien übersehen. Was mir
auffällt, ist, daß wir in der Poliklinik eine relativ hohe Inzidenz von Hyper-
calcämien haben, die wir bei sorgfältigem Studium nicht klären können.
Das würde in die Richtung Ihrer Angaben deuten, aber selbst wenn Sie grundsätzlich Recht haben, wäre immer noch klarzustellen, ob der Effekt auch
in dem von Ihnen angegebenen großen Ausmaß vorhanden ist. Früher fiel
mir auf, daß ein gut Teil der Flüssigkeit, die ins Extracelluläre hinaus-
strömt, wodurch die Konzentrationen der nicht diffusiblen Substanzen zunehmen, zurückkommt, wenn man vom ruhigen Stehen auf dem Kipptisch
zu mäßigem Gehen übergeht.
Der andere Punkt, der zur Debatte steht, ist die Kritik am Capillarblut, die
Sie selbst dadurch unterlaufen haben, daß es für bestimmte Parameter - sei
es beim Diabetes - repräsentativer ist als das Venenblut. Das Venenblut ist
besser zu standardisieren und manchen Fehler, den Sie dem Capillarblut an-
gelastet haben, bekommen Sie im Venenblut nicht. Andererseits ist Arterien-
blut für die meisten Metaboliten "mixed venous blood" und für die gesamt-
metabolische Situation des Körpers sehr viel repräsentativer als das, was
Sie aus einer beliebigen Gefäßprovinz herausbekommen. Wenn Sie diese Überlegung akzeptieren, dann müssen Sie entscheiden, ob Sie nicht - um den Fehler des venösen Blutes auszuschalten - für bestimmte Analysen eher den
Fehler im Capillarblut akzeptieren wollen. Das Vernünftigste wäre es, in
die nächste erreichbare Arterie zu gehen. Dann sind Sie das Problem los.

KREUTZ:
Zu der Frage, ob sich diese rund 10 % Blutvolumen- und Proteinverände-

rungen über den ganzen Tag halten, gibt es Arbeiten, aus denen hervorgeht,
daß doch ein ganz deutlicher circadianer Rhythmus vorliegt mit der hohen
Blutkonzentration über Tag und der niedrigen Blutkonzentration, sobald der
Mensch in die Horizontale kommt (PERERA, G.A. and BERLINER, R.W.:
J. clin. Invest. 22, 25 (1943); STENGLE, J.M.: Brit. J. Hematol. 3, 117
(1957)). Das ist durch viele Untersuchungen gesichert.
Bei der Blutzuckerentnahme möchten wir natürlich aus organisatorischen
Gründen gern von der Capillarblutentnahme wegkommen. Ich verkenne nicht,
daß die Capillarblutentnahme, bei der man quasi arterielles Blut entnimmt
und nicht die unterschiedliche Ausnutzung der Glucose durch das Gewebe in
Rechnung zu stellen hat, für das Sonderbeispiel Glucose vielleicht gar nicht
so schlecht ist.

MATTENHEIMER:
Die Frage über die Genauigkeit und Reproduzierbarkeit von Bestimmungen
in Capillarblut ist ja vor einigen Jahren auf dem Internationalen Kongreß für
Klinische Chemie in München eingehend diskutiert worden, nämlich in dem
Symposium über Mikrolitermethoden. Herr GLADTKE brachte sehr gute
Ergebnisse vor, wurde dann aber sehr angegriffen. Ich freue mich, daß die
Sache jetzt zu einer Klärung zu kommen scheint, denn es wird von Kinder-
klinikern - jedenfalls mir ist das bekannt - sehr häufig noch die Blutentnahme aus dem Capillarblut vorgenommen und einige Bücher über Mikro-
methodik schlagen das auch speziell vor.

KREUTZ:
Ich habe gerade darüber mit Herrn GLADTKE oft diskutiert. Ich glaube, es
ist ein Unterschied, ob man sich in einem Team, das sich speziell mit solchen Fragen beschäftigt, der Capillarblutentnahme besonders liebevoll wid-
met oder ob sie in der täglichen Routine vorgenommen wird.

STAMM:
Herr MATTENHEIMER, die Analysen für Herrn GLADTKE haben wir seinerzeit gemacht und die Probenahmen hat Herr GLADTKE selbst durchgeführt.
Er hat große Erfahrung darin und diese Situation darf nicht verallgemeinert
werden.

MATTENHEIMER:
Aber man könnte offenbar eine gute Präzision und Richtigkeit erreichen.

STAMM:
Es ist erreichbar, was er gefunden hat, aber es ist nicht zu verallgemeinern.

APPEL:
Ich bin froh über diese Diskussion. Wir haben Fälle, wo wir nicht wegkommen vom Capillarblut, beispielsweise in der Säuglings- und Wochenstation,
Notfallambulanz, chirurgischen Wachstation mit den Blutgasbestimmungen
oder die Tagesprofile bei Blutzucker und der Glucose-Toleranztest. Drei-
mal Venenpunktion - das geht nicht. Meine Frage: Herr RICK, hatten Sie
nicht in Ihrem Buch beim ASTRUP ein arterialisiertes Capillarblut, 2 - 3

Minuten hyperämisiert, empfohlen? Wie ist da die Meinung im Augenblick?

RICK:
Das ist die Vorschrift von ASTRUP. Bei den Patienten auf der Intensivstation
ist allerdings Capillarblut für die Untersuchung des Säure-Basen-Haushalts
häufig nicht zu gebrauchen, da die Peripherie kaum durchblutet ist; dann muß
arterielles Blut entnommen werden. Aber allgemein ist doch das Entscheidende bei der Capillarblutentnahme: Bekomme ich wirklich Blut oder ein wie
hoher Anteil an interstitieller Flüssigkeit ist in der Probe enthalten? Das
spielt eben hauptsächlich eine Rolle für alle hämatologischen Parameter und
für alle nicht ultrafiltrierbaren Substanzen. Die Medikamente, die Herr
GLADTKE größtenteils untersucht hat, sind ja wahrscheinlich in der Extra-
cellularflüssigkeit in gleichen Konzentrationen enthalten wie im Blut; auch
bei den übrigen diffusiblen Substanzen wie z. B. Natrium, Kalium, Chlorid
u. a. spielt eine Beimengung von interstitieller Flüssigkeit keine Rolle. Das
muß man genau voneinander trennen. Die technische Frage ist dann, wieweit
kann jemand reproduzierbar Blut entnehmen, ohne dabei durch Anwendung
von Druck eine Verdünnung des Blutes zu bewirken.

MAURER:
Die Probenahme ist wirklich schwer zu standardisieren. Bei hämatologischen
Untersuchungen ist das venöse Blut auch nicht gegen alle genannten Störungen
gefeit. Wenn man die Proben genau untersucht, findet man häufig eine partielle Gerinnung. Das kommt durch die Übung, das Blut nicht in die Gefäße
mit den gerinnungshemmenden Zusätzen abtropfen zu lassen, sondern erst
in eine Spritze zu aspirieren und nach einiger Zeit in die verschiedenen
Röhrchen zu verteilen. Dann ist die Gerinnung bereits angelaufen. Wir haben
bei venösen Blutentnahmen zeitweise genauso hohe Streuungen wie bei Capillarblut.

ZÖLLNER:
Heute früh im Vortrag von Herrn RICK waren die vielen Orte aufgezeichnet,
wo etwas falsch gehen kann, und da stand dann ganz gewöhnlich "Analytik".
Es war also unterstellt, daß von der Probenahme bis zu dem Moment, wo
die Probe ins Labor kommt, viel schiefgehen kann. Und im Labor sollte dann
nichts mehr schiefgehen können. Das ist doch nicht wahr. Was kann man
unternehmen, um von dem Moment an, wo die Schwester die Probe der ersten
annehmenden med. -techn. Assistentin in die Hand drückt, bis zu dem Moment,
wo das Ergebnis ausgedruckt hinausgeht, um diese Gesamtspanne, die Sie mit
Testseren und ähnlichem nicht fassen können, zu kontrollieren? Ich darf gerne
bekennen, daß wir einen Trick anwenden. Wir schicken das gleiche Blut unter
zwei Namen ins Labor und bekommen damit einen recht guten Überblick über
den Gesamtfehler. Wenn ich dann moniere, sagt das Labor: "Ich habe aber
ein Testserum mitlaufen lassen, es ist alles in bester Ordnung." Meine Antwort ist: "Fein, aber nur im Apparat."
Von Ihnen, Herr SZASZ, möchte ich dann gern wissen, was unternehmen Sie,
um in Ihrem System diesen Teil des Laborbetriebs regelmäßig zu kontrollieren?

RICK:
Im Rahmen der gegebenen Zeit war es natürlich nicht möglich, alle Fehler-
ursachen innerhalb des Labors aufzuzählen, aber eine Reihe von Fehlermöglichkeiten in diesem Bereich, die mir wichtig schienen, hatte ich ja mit
Beispielen illustriert, wie die Fehler durch Verschleppung von Proben-
material in mechanischen Analysengeräten, Fehler durch unterschiedliche
Meßgeräte u. a. Eine "Selbstkontrolle des Apparats" ist ja bisher nicht zu
realisieren; umso wichtiger ist es, die Fehlerquellen möglichst vollständig
zu ermitteln. Dies kann - wie bereits erwähnt - häufig nur durch Doppelanalysen erreicht werden. Auch bei den manuellen Verfahren wird die Fehlerbreite durch Doppelbestimmungen - wie sie in der Analytischen Chemie,
in der Immunhämatologie u. a. selbstverständlich sind - wesentlich vermindert.

SZASZ:
Wir machen im Prinzip dasselbe wie Herr ZÖLLNER. Wir schleusen täglich 20 - 25 Seren vom Vortag unter einer anderen Tagesnummer in das
Labor ein. Bei täglich etwa 300 Proben bleibt die Anonymität dieser Wiederholung gewahrt.
Eine andere Frage ist, was man tut, wenn eine Laborkraft dabei ertappt
wird, einen mehr oder weniger groben Fehler bei der Annahme oder an einem
Arbeitsplatz begangen zu haben. Bei der jetzigen Personalknappheit kann man
nur gut zureden. Es ist nicht ganz einfach, den ganzen Tag in einem fenster-
losen Raum zu sitzen, mehrere hundert Röhrchen abzuzentrifugieren und das
Serum auf die Arbeitsplätze zu verteilen. Dabei kann schon einmal eine Verwechslung vorkommen. Wenn der Verdacht einer Verwechslung im Labor
selbst aufkommt, greifen wir auf die Blutröhrchen zurück. Häufig ist vom
Blutkuchen noch etwas Serum zu entnehmen und die Bestimmung kann wiederholt werden. Wir heben immer nicht nur das Serum, sondern auch die
Blutröhrchen bis zum nächsten Mittag auf. Bei Reklamationen am nächsten
Tag ist eine erneute Bestimmung von Kalium oder einigen Enzymen freilich
nicht mehr statthaft. Übrigens kommen nach meinen Erfahrungen Verwechslungen im Labor und auf den Stationen etwa gleich häufig vor.

BÜTTNER:
Zu der Frage, was man tun kann, um das Gesamtsystem zu kontrollieren:
Wir haben gerade diese Schwierigkeiten in unserem neuen Klinikum ganz
immens. Wir haben eine Qualitätskontrolle - ich nenne sie totale Qualitätskontrolle - zusätzlich eingeführt, die in einer Art "Geheimsystem" besteht.
Auf den Stationen wird Material eingeschleust und dabei genau die Absende-
zeit gestoppt. Es wird dann der erhaltene Analysenwert überprüft, aber auch
der Zeitpunkt, an dem der Befund wieder auf der Station ankommt. Es ist
wirklich erschreckend, was bei dieser Kontrolle an Fehlern und Pannen auftaucht, aber nur so bekommt man das Gesamtsystem vom Patienten bis wieder hin zur Stationsschwester oder zum Doktor auf der Station in den Griff.
In einer kleineren Klinik, wo sich das Labor in der Klinik befindet, läßt sich
das viel leichter erreichen als in einem Zentrallabor.

STAMM:
Herr ZÖLLNER, mit Ihrem Vorgehen erfassen Sie grobe Fehler. Wir haben

die Streuung der Probenahme einmal unter optimalen Bedingungen ermittelt
(BÜTTNER, H. und STAMM, D.: Z. klin. Chem. $\underline{4}$, 303 (1966)) und gefunden, daß sie im günstigsten Fall doppelt so groß ist wie die Streuung der
Analytik von Tag zu Tag, die aus der statistischen Qualitätskontrolle ermittelt wurde.

KREUTZ:
Alle diese Dinge kann man noch in die Hand bekommen. Was uns Klinische
Chemiker aber furchtbar plagt und ewig wie ein Damoklesschwert über uns
hängt, sind doch die groben Fehler, die Pannen durch Verwechslung oder
ähnliches, und dagegen gibt es kein Kontrollsystem. Ich glaube, daß man
durch die Laicororganisation einiges dazu beitragen kann. Wir verwenden
einen Trick, um eine möglichst hohe Sicherheit der Probenidentifizierung
bis zum Arbeitsplatz zu haben. Wir könnten zwar aus einem Röhrchen Blut
alle Untersuchungen machen. Wir lassen uns aber trotzdem mehrere Röhrchen Blut schicken, und zwar für jedes Labor eins: eines für das Enzymlabor, eines für die Lipide, eines für den AutoAnalyzer usw., so daß also
die med.-techn. Assistentin stets die auf der Station markierte, mit dem
Namen des Patienten versehene Probe vor sich hat. Dadurch haben wir weniger Verteilungsfehler als bei einer zentralen Verteilung aus einem Röhrchen
in 5 oder 10 Subröhrchen. Ich weiß, daß meine Kollegen zum Teil anders
darüber denken. Dieses Primitivsystem der Probenverteilung bietet bisher
die größte Sicherheit, da in jedem Labor die Originalprobe zur Hand ist.

RICK:
Herr KREUTZ hat ein System geschildert, das auch wir - historisch bedingt - anwenden. Wir haben einmal überlegt, ob wir uns auf das Ein-Röhr-
chen-Verfahren umstellen sollen, haben es aber dann nicht getan, um die
Gefahr von Verwechslungen zu vermindern.
Ich habe vorhin ein Bild gezeigt, auf dem das Original-beschriftete Röhrchen am Arbeitsplatz zu einer Kontrolluntersuchung diente. Dies entspricht
auch dem Vorgehen von Herrn KATTERMANN, der ja Gruppen von Analysen
zusammengefaßt hat, die praktisch am gleichen Gerät oder im gleichen Raum
ablaufen. Wenn alle Proberöhrchen mit dem Formular in das Labor gebracht
werden, wenn die Beschriftung der Röhrchen mit den Angaben auf dem Formular verglichen wird, wenn alle die gleiche Tagesnummer bekommen, dann
kann eigentlich gar nicht mehr so viel passieren. Allerdings wird bei uns
auf allen Arbeitslisten - und die Rationalisierungsspezialisten werden mir
gleich widersprechen - der Name des Patienten und die Tagesnummer mit-
geführt. Das hat unserer Meinung nach auch einen sehr wichtigen psycholo-
gischen Effekt: Sie haben doch immer nur eine begrenzte Zahl hoch pathologischer Befunde; die zugehörigen Namen kann man sich praktisch noch ein-
prägen: Dies ist der Infarkt auf der Intensivstation, das ist der Patient, der
immer hämodialysiert wird usw. Durch diesen Bezug zum Patienten wird
das Interesse der Assistentinnen an ihrer Arbeit natürlich außerordentlich
stimuliert. Grobe Fehler, wie z. B. Verwechslung von Proben, können so
leichter erkannt werden. Außerdem wenden wir ein Kontrollverfahren an,
das dem von Herrn SZASZ beschriebenen ähnelt und das ja auf ASTRUP zu-
rückgeht, eine Qualitätskontrolle, die gar nichts kostet: Jede Probe einer

Serie kann ja bei diesem System am nächsten Tag wieder Qualitätskontroll-
probe sein. Das führt dazu, daß die Assistentinnen sich gleichmäßig viel
Mühe geben, daß der berühmte Ermüdungseffekt gegen Ende einer Serie und
der "four o' clock-effect", wie er in England beschrieben wurde, geringer
werden. Das sind ganz einfache organisatorische Mechanismen, die andere
Fehlerquellen erfassen als die üblichen Systeme mit Verwendung von Kontrollseren.

HILLMANN:
Herr ZÖLLNER hat einen wunden Punkt angeschnitten. Wir beherrschen mit
der Qualitätskontrolle zwar die großen Serien einigermaßen, aber nicht Einzeluntersuchungen, obwohl diese fast immer einen dringenden klinischen
Fall betreffen. Eine Qualitätskontrolle bei Einzeluntersuchungen beinhaltet
letztlich eine Beseitigung des Personalfehlers. Hierfür gibt es kein Rezept.
Ich habe selbst vor kurzem eine echte Fehlleistung einer technischen Assistentin mit langer Berufserfahrung in unmittelbarer Nähe erlebt.

KNEDEL:
Wir haben uns sehr um die Organisation von der Annahme bis zum Apparat
hin bemüht. Wenn man ein bißchen nachdenkt, dann gelingt es schon, hohe
Sicherheiten einzubauen. Man muß grundsätzlich unterbinden, daß in langen
Reihen zur Zentrifuge hin gearbeitet wird, sondern man arbeitet in ganz bestimmten kurzen Blöcken. Das Röhrchen, das zentrifugiert wird, und das
Röhrchen, in das abgegossen wird, müssen durch Numerierungen und les-
bare Codierungen zwangsläufig zugeordnet sein. Wenn man an einem Platz
von einem Hauptgefäß in mehrere andere Gefäße aufteilt, muß das eine Person tun, die immer nur <u>eine</u> Probe vor sich hat und die rechtzeitig abgelöst
wird, um Ermüdungseffekte auszuschließen. Wenn Sie das so organisieren
- ich habe mein Verteilungssystem deswegen eingehend gezeigt - dann können Sie die Verteilungsfehler wesentlich verringern. Die Ketten sind mit
Kontrollseren vorpräpariert und können, wenn sie gefüllt sind, nicht mehr
verändert werden. Die Identifizierungsmerkmale werden automatisch ge-
lesen und die Kontrolle über die EDV gibt jeweils nur 10 Proben frei. Wenn
dann die Qualitätskontrolle in Ordnung ist, bekommen wir hohe Sicherheiten.
Es ist unsere Aufgabe, das irgend nur Mögliche zu tun. Auf dem Weg dahin
ist von Labor zu Labor noch unterschiedlich viel zu tun, aber es lohnt sich,
denn damit gewinnen wir - wenn ich das ketzerisch sagen darf - eine sehr
hohe Sicherheit und eine recht starke Position in unseren Diskussionen.

RÓKA:
Ich glaube, die Referate und Diskussionen haben gezeigt, daß wir auf jeder
Stufe mit menschlichem Versagen rechnen müssen. Es gibt nicht nur den
standardisierten Patienten <u>nicht,</u> sondern es gibt auch die standardisierte
technische Assistentin noch <u>nicht,</u> die wir gerne haben möchten, um diese
Fehlermöglichkeiten auszuschließen. Wir müssen erreichen, daß alle
Schritte von der Probenahme bis zum Einschleusen in ein Analysensystem
nicht mehr so personalabhängig sind wie jetzt. Hier müssen unbedingt
Mechanisierungsschritte eingebaut werden, die solche Fehler nicht mehr
zulassen. Man muß sich wirklich etwas einfallen lassen, um Probenahme

und Verteilung der Proben zu verbessern. Prinzipiell könnten die Proben
wie bei einem Blutbeutel zur Bluttransfusion in einem Schlauch entnommen
werden, der in Abständen vielfach numeriert zugeschweißt wird. Alle Ali-
quote der Proben hängen zusammen und bleiben mit dem Grundsystem verbunden. Eine andere Möglichkeit wäre, daß man vom Probeneingang ins
Labor bis zu den Analysengeräten nicht nur die Wege und die Wartezeiten
verkürzt, sondern auch die erforderlichen Manipulationen wie Zentrifugieren,
Abheben, Verteilen, Umfüllen u. a. reduziert. Die Probe sollte möglichst
unverändert direkt in die Analyse gegeben werden. Ein geeignetes System
dafür sehe ich in der ANDERSON-Zentrifuge. Unser Ziel ist, daß wir einen
von der med. -techn. Assistentin unabhängigen mechanisierten Probenfluß
erreichen. Auch für Notfälle müssen die Bestimmungen kontrolliert ablaufen; wenn eine einzelne Chloridbestimmung gemacht wird, muß die Methode
automatisch geprüft werden, z. B. durch Mitlaufen von Kontrollen, so daß
man eigentlich gar keine primitiven Fehler machen kann. Das ganze Programm der Klinischen Chemie besteht darin, daß nicht nur die eigentliche
Analyse, sondern alles, was davor und danach noch dazugehört, mit derselben Präzision durchgeführt wird wie die Analyse selbst.

DEUTSCH:
Ich hätte gerne noch einmal die Diskussion auf unser Gespräch von heute
vormittag zurückgebracht. Es wurde diskutiert, ob man gezielt untersuchen
soll oder breit mit einem Vielkanal-Analysator. Wenn ein Vielkanal-Analysator verwendet wird, fällt die Verteilung der Proben auf viele Arbeitsplätze
und damit ein sehr arbeitsintensiver Schritt und auch eine Quelle für gefährliche Verwechslungen weg. Sollte man nicht einmal durch eine unabhängige
Betriebsorganisation untersuchen lassen, was billiger ist: die Durchführung
einer gewissen Menge unnötiger Untersuchungen mit einem Vielkanal-Analysator mit wenig Personal und selten durch Verwechslung nötig werdenden
Wiederholungen oder die gezielte Untersuchung mit viel Personal und häufigen Verwechslungen?

KNEDEL:
Wir haben das sehr genau geprüft und auch wirtschaftlich durchkalkuliert.
Es ist aus vielen Gründen nicht möglich, die Laboratoriumsaufträge über
einen Vielkanal-Analysator abzuarbeiten. Ich habe in meinem Referat bewußt gezeigt, daß bei den großen Geräten, wie z. B. dem 40 Kanal-Analysator, methodisch unzulässige Kompromisse geschlossen werden müssen.
Man mußte zwangsläufig von den emissions- oder absorptionsspektrometri-
schen Methoden abgehen, die wir heute für verschiedene Stoffe als optimal
betrachten. Der Analysator mißt zum Beispiel Natrium, Kalium und Calcium
über ionensensitive Elektroden, von denen Fachkollegen, die sich intensiv
damit beschäftigt haben, nachweisen konnten, daß die Zeit dafür noch gar
nicht reif ist. Je mehr Kanäle Sie in einen derartigen Apparat einbauen,
desto mehr methodische und technische Kompromisse müssen Sie schließen
und desto weniger kommen Sie von der chemisch-analytischen Seite zur optimierten Diagnostik. Wenn es nach mir ginge, wären 30 ANDERSON-Zentri-
fugen und ein zentrales Verteilungssystem das Ideale, was man sich vorstellen kann. Das wäre die spezifische Hochleistungs-Einkanal-Einheit.

Herr BÜTTNER, ich weiß nicht, ob Sie mir zustimmen?

BÜTTNER:
Ich stimme Ihnen voll zu, daß wir heute keinesfalls 40 Kanäle, ja nicht 20
Kanäle, ja eigentlich genaugenommen nicht einmal 12 Kanäle methodisch
einwandfrei zur Verfügung haben. Und bis die Zeit hierfür vielleicht reif
ist, hat sich die Technologie geändert. Es zeigt sich, daß ganz andere Entwicklungen kommen.

KNEDEL:
Außerdem ist folgendes zu bedenken: Sie können einen Mehrkanal-Analysator
so groß machen, wie Sie wollen. Die größten Institute, die solche Geräte
brauchen können, werden trotzdem immer 40 - 50 % des Materials auf spezielle Arbeitsplätze verteilen müssen, die entweder nicht mechanisierbar
sind oder die nicht mechanisierwürdig sind; d. h., das Problem der Verteilung werden wir nicht mehr los.

LANG:
Die von Herrn KNEDEL erwähnten, in manchen Geräten vorkommenden Abweichungen von den Standardmethoden führen zu zusätzlichen Schwierigkeiten,
weil z. B. die am Tage mit dem Gerät erhaltenen Ergebnisse nicht mehr
exakt mit den in der Nacht mit manueller Methodik erhaltenen Ergebnissen
vergleichbar sind. Durch die Verwendung von Analysengeräten bringt man
hier neue Fehler in die Analytik, die z. B. gerade die Beurteilung von
Längsprofilen erschweren.

Frau SCHMIDT:
Ich habe das Gefühl, daß in großen Laboratorien das Fehlen einer Beziehung
zwischen der Tätigkeit der dort Arbeitenden und ihrem Zweck und Nutzen
doch als Manko empfunden wird. Sie, Herr RICK, haben es so ausgedrückt,
daß Sie versuchen, immer noch eine gewisse Beziehung zum Patienten herzustellen, Herr KREUTZ und Herr SZASZ meinen mit "gutem Zureden"
sicher etwas Ähnliches, nämlich die Erhaltung eines gewissen Engagements
oder Verantwortungsbewußtseins. Beides ist ja infolge der Anonymität der
"Proben" in Gefahr, verloren zu gehen. Andererseits wird im modernen
Labor versucht, mit dem "subjektiven Faktor" auch den "subjektiven Fehler"
auszuschalten.
Mich würde die Meinung dieses Kreises zu der Frage interessieren, ob das
"altmodische" Labor, in dem - vor allem, wenn es klein ist - der Kontakt
zur Klinik mit Sicherheit enger und deshalb die Wachheit gegenüber merkwürdigen individuellen Befunden größer ist, überhaupt noch Zukunft hat, oder
ob wir doch einer Art Fabrik entgegengehen, die mechanisch Ergebnisse
produziert, in der aber dann natürlich Sicherungen gegen Produktionsaus-
fälle und Produktionsstörungen wegen technischen Versagens eingebaut sein
müßten?

KNEDEL:
In dem System, das wir aufgebaut haben, sind wir für den etwaigen Ausfall
eines Geräts dadurch gesichert, daß wir einfach durch Umschaltung auf ein

anderes Gerät dieselbe Methode durchführen können; Geräteausfall macht
uns also wenig. Schwieriger ist es in einem computergesteuerten Laboratorium, wenn der Rechner ausfällt. Wir haben in dem von uns vorgestellten
System versucht, uns durch dreistufige Sicherung auch gegen den Rechner-
ausfall abzusichern. Wir sind für die Zukunft also gut gerüstet; aber die
Frage, die Sie stellen, muß ja anders beantwortet werden: Wie ist es möglich, die Anforderungen großer Kliniken, die diese Mengen von Untersuchungen mit sich bringen, mit optimalen Methoden abzuarbeiten? Damit das in
ökonomischer Weise möglich ist, brauchen wir neue Technologien.

RÓKA:
Ich glaube, die Zukunft liegt darin, daß wir bestimmte Größen wiederholt
bei einem Patienten messen. Dafür sind natürlich Vielkanal-Analysatoren
nicht geeignet, denn es hat keinen Zweck, jeden Tag ein Spektrum von 20
oder mehr Analysen von einem Patienten zu machen, weil man einen Wert
laufend verfolgen möchte. Wir werden in Zukunft ein Längsprofil von bestimmten Parametern brauchen und die anderen nur einmal, bei der Aufnahme des Patienten, bestimmen.

KATTERMANN:
Ich möchte noch auf ein Problem hinweisen, das Herr KNEDEL schon kurz
angeschnitten hatte, nämlich die Störanfälligkeit von Analysenautomaten im
Routinebetrieb. So ist z. B. bei einem 40 Kanal-Analysator der geschwin-
digkeitsbestimmende Schritt unter Umständen der Kanal Nr. 39, der gerade
ausfällt. Das Gerät wird solange keine brauchbaren Analysen liefern, wie
dieser Kanal Nr. 39 funktionsunfähig ist. Das gleiche Problem tritt auch
bei kleineren Geräten auf: Wenn z. B. beim SMA 6 das Kreatinin nicht funktioniert, dann bekomme ich für längere Zeit keine Elektrolytwerte aus dem
Labor. Das gesamte System steht still, bis der Fehler im Kreatinin-Kanal
behoben ist. Außerdem sind ja mindestens 10 Proben im System drin, die
endgültig verloren sind. Es würde mich sehr interessieren, wie Sie dieses
Problem gelöst haben.

KNEDEL:
Wir haben - abgesehen von dem SMA 4 + 2, mit dem wir routinemäßig
Kreatinin, Harnstoff, Natrium, Kalium, Chlorid und Harnsäure bestimmen -
1- und 2 Kanal-Geräte.

KATTERMANN:
Was geschieht aber zum Beispiel mit den 10 Proben, die bei Funktionsaus-
fall in Ihrem SMA 6 verlorengehen?

KNEDEL:
Die müssen allerdings noch einmal nachgearbeitet werden.

MAURER:
Der zeitliche Gewinn wird zum Teil dadurch aufgehoben, daß wir den Klini-
kern gesagt haben: "Wir haben einen SMA 6/60, jetzt läuft das alles mit und
Sie können auch am Abend noch Gesamteiweißbestimmungen usw. haben."

Dann fällt ein Kanal aus. Die Stationen haben sich aber mit der Zeit daran
gewöhnt, alle 6 Bestimmungen anzustreichen und wir sind gezwungen, Bestimmungen zu wiederholen, die an sich gar nicht notwendig sind.

KNEDEL:
Ich habe ja bei meinem Vortrag gesagt: Auch bei einem Mehrkanal-Analysa-
tor-System wird nur das, was unbedingt benötigt wird, angefordert. Wir
haben nur zwei Analysatoren, bei denen zwangsläufig alles herauskommt.
Das ist der Coulter-Counter S und das ist der SMA 4 + 2. Für diese beiden
Geräte wird das wirklich Notwendige angestrichen. Bei Ausfall dieser Geräte weiß ich, was ich auf dem Ersatzgerät tatsächlich nachholen muß.

RÓKA:
Ich danke vielmals für die rege Diskussion des heutigen Nachmittags. Die
Kollegen, die sich einen 40 Kanal-Analysator anschaffen möchten, sollten
sich beim Abendessen an den gleichen Tisch setzen (Heiterkeit).

<u>GRUNDLAGEN ZUR VERBESSERUNG</u>

<u>DER INTERPRETATION VON ANALYSENERGEBNISSEN</u>

Moderatoren: H. BREUER, E. DEUTSCH

Spezifität von Analysenmethoden

D. STAMM

1. Einleitung

Erlauben Sie mir, mit einer Frage zu beginnen: Sind wir uns eigentlich immer, wenn wir ein Analysenergebnis beurteilen, bewußt, welche Komponenten darin enthalten sein können und welchen Anteil sie daran haben?

In den Meßwerten von Standards, Patientenproben und Kontrollproben können die folgenden Komponenten enthalten sein (Abb. 1):

	Standard S	Patienten-Probe P	Kontrollprobe X oder Y
1.	"wahrer Wert"	"wahrer Wert"	"wahrer Wert"
2.		+ unspezifischer Anteil	+ unspezifischer Anteil
3.		± Anteil aus Verfahrensmängeln	± Anteil aus Verfahrensmängeln
4.		± Störeinflüsse in der Probe (z.B. Arzneimittel)	
Analysen-ergebnis	s_i	p_i	x_i oder y_i

Abb. 1. Komponenten klinisch-chemischer Analysenergebnisse.

Die Komponenten können von Probe zu Probe eine beträchtliche Variabilität
zeigen. Die Frage, ob und in welchem Umfange andere Bestandteile der
Probe das Analysenergebnis beeinflussen, ist die Frage nach der Spezifität
der Methode.

Hier sei vorweggenommen, daß Analysenmethoden (1) benutzt und mit
Emphase verteidigt werden, bei denen die mitbestimmten unspezifischen Anteile schon bei Gesunden bis zu 50 Prozent des wahren Gehalts ausmachen.
Der störende Einfluß von Arzneimitteln auf Analysenergebnisse kann noch
wesentlich größer sein. Das gleiche gilt aber auch für pathologisch erhöhte
Probenbestandteile und die bei bestimmten Erkrankungen zusätzlich auftretenden Metaboliten.

Die Spezifität ist eines der vier Zuverlässigkeitskriterien der Analytik (2).
Wie bei allen diesen Kriterien muß man auch hier erörtern:

   1. Wie prüft man die Spezifität?
   2. Welche Spezifität hat die benutzte Methode?
   3. Welche Spezifität ist für eine optimale Diagnostik erforderlich?

Die Spezifität ist ein bisher wenig beachtetes und geprüftes Zuverlässigkeitskriterium. Erst unter dem Eindruck der Arzneimittelstörungen der Analytik
(3) ist ihr größere Aufmerksamkeit geschenkt worden. Für viele Methoden
stehen wirksame Spezifitätsprüfungen noch aus.

Bei diesem Stand unseres Wissens kann ich im Rahmen meines Vortrages
folgendes behandeln:

   1. Die bisher üblichen Prüfverfahren der Spezifität und deren Wirksam-
      keit.
   2. Die Vorstellung eines neuen wirksamen Prüfverfahrens der Spezifität.
   3. Die Wirksamkeit der herkömmlichen Verfahren und des neuen Prüf-
      verfahrens der Spezifität sollen am Beispiel der Cortisolbestimmung
      im Plasma veranschaulicht und verglichen werden.
   4. Zum Schluß sollen noch einige Vorschläge gemacht werden, in welcher
      Weise man die Spezifität der benutzten Analysenmethoden prüfen und
      berücksichtigen muß, wenn man die Zuverlässigkeit und Aussagekraft
      klinisch-chemischer Befunde verbessern will.

2. Übliche Verfahren zur Prüfung der Spezifität von Routinemethoden

Die Prüfung der Spezifität von Analysenmethoden ist sowohl an einzelnen
Proben als auch an Kollektiven von Proben vorgenommen worden.

2.1 Spezifitätsprüfung an Einzelproben

Zur Spezifitätsprüfung hat man häufig einzelne Proben benutzt. Zu diesen
hat man nach einer ersten Analyse diejenigen biologischen Substanzen, von
denen man Störeinflüsse erwartet, bis zu den maximal beobachteten Konzentrationen zugesetzt und deren Einfluß auf das Meßergebnis festgestellt (4).

Für den Plasmaexpander Rheomacrodex hat das Herr APPEL ganz ausführlich geprüft (5). Das Verfahren hat den Nachteil, daß man die unspezifischen Komponenten kennen und in einer aufstockbaren Form zur Verfügung haben muß. Bei Arzneimitteln kommt erschwerend hinzu, daß die unspezifischen Komponenten häufig nicht nur die Medikamente selbst, sondern auch deren Metabolite sein können.

2.2 Spezifitätsprüfung an Probenkollektiven

Da die Art und die Konzentration der die Analytik störenden Bestandteile eine beträchtliche biologische Variation zeigen können, sollte man die Spezifität einer Methode nur an einem Probenkollektiv von verschiedenen Probanden prüfen; dabei sind die mit der zu prüfenden Methode erzielten Analysenergebnisse bei jeder Probe mit denen der Referenzmethode zu vergleichen. Man benötigt also neben der zu prüfenden Routinemethode eine Referenzmethode und ein Probenkollektiv.

Unter einer Referenzmethode wird hier eine Methode verstanden, deren Spezifität bewiesen ist. Das geschieht im allgemeinen durch fortschreitende Isolierung des zu messenden Bestandteils und anschließende Endpunktbestimmung. Für die Referenzmethode muß die Abwesenheit systematischer Fehler bewiesen werden. Die Analytik mit beiden Methoden muß unter statistischer Qualitätskontrolle erfolgen.

Das Probenkollektiv muß repräsentativ für das Kollektiv derjenigen Personen, also Gesunde und Kranke, sein, die man mit der Routinemethode untersuchen will. Es sollte aus später noch darzulegenden Gründen einen möglichst weiten Konzentrationsbereich umfassen.

Für die statistische Auswertung dieser Art des Methodenvergleichs ist bisher fast ausschließlich ein Verfahren benutzt worden.

2.2.1 Regressionsgerade und Korrelationskoeffizient

Ein Probenkollektiv wird mit einer Referenzmethode (r) und der zu prüfenden Methode (i) analysiert. Für jede Probe j erhält man einen Wert $x_j^{(r)}$ und $x_j^{(i)}$. Die Wertepaare kann man in ein Koordinatensystem eintragen (Abb. 2) und für sie den Korrelationskoeffizienten und die Regressionsgerade berechnen. Ist bei der Regressionsgeraden der Ordinatenabschnitt signifikant von 0 verschieden und/oder ist das Steigungsmaß signifikant von 1 verschieden, so beweist dies mangelnde Spezifität der zu charakterisierenden Methode.

Der übliche Korrelationskoeffizient ist nur ein Linearitätsmaß. Herr HANSERT hat folgendes festgestellt (6, 7): Eine gute lineare Abhängigkeit zwischen beiden Methoden ist nur dann mit Sicherheit aus dem r-Wert ablesbar, wenn dieser mindestens 0,95 beträgt. r-Werte zwischen 0,80 und 0,95 können sowohl aus einer guten, aber nicht linearen Beziehung resultieren wie aus einer linearen Beziehung bei großer Streuung der Meßwerte um die Regressionsgerade. Ein schlechter r-Wert (< 0,80) kann auch auf eine gute, aber nicht lineare Beziehung zurückzuführen sein. In manchen Fällen gibt es bei nicht linearen Beziehungen einen guten r-Wert (0,80 bis 0,95), obwohl die Funktionalität schlecht ist.

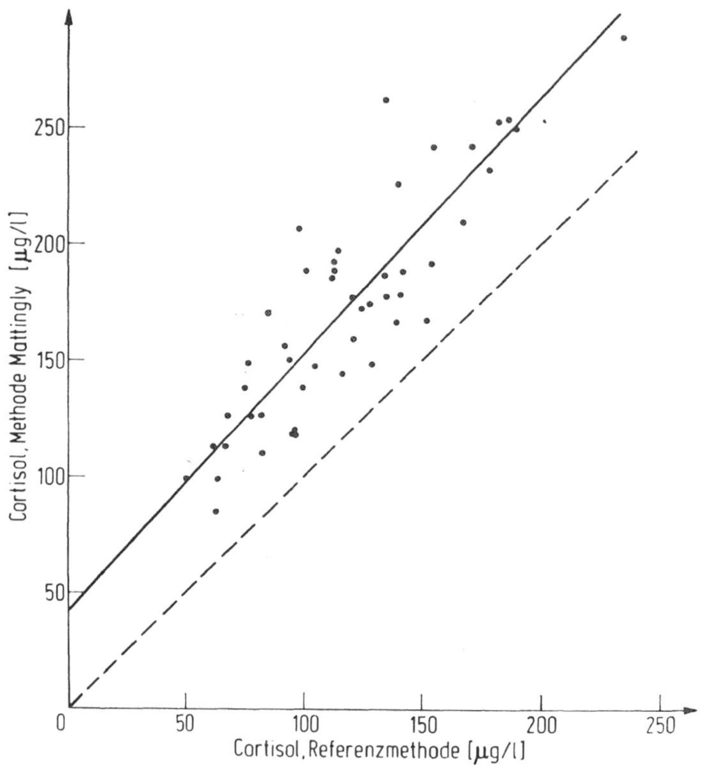

Abb. 2. Methodenvergleich an einem Probenkollektiv unter
Verwendung der Regressionsgeraden und des Korrelations-
koeffizienten (8).
Abszisse: Meßwerte der Referenzmethode
Ordinate: Meßwerte der geprüften Methode, hier Methode
nach MATTINGLY (1)

Dieses bisher übliche Verfahren zur Spezifitätsprüfung ist wegen der geschilderten Einschränkungen für den Spezifitätsvergleich einer Methode mit
einer Referenzmethode nur beschränkt geeignet.

3. Neues Verfahren zur Prüfung der Spezifität von Routine-
methoden, die Ähnlichkeitskenngröße

Als Ergebnis gemeinsamer Diskussionen hat der Leiter unserer Abteilung
für Biostatistik, Herr Dr. E. HANSERT, ein statistisches Modell entwickelt,
das auf Grund einer statistischen Kenngröße einen zuverlässigen Spezifitätsvergleich ermöglicht (7).

Dem Modell liegen folgende Überlegungen zugrunde:

Fall 1

a. Spezifität der Referenzmethode (r) und der zu prüfenden Methode (i)
    ist gleich.

b. Die Messungen mit beiden Methoden sind nicht mit zufälligen
    Fehlern belastet.

$$x_j^{(r)} = x_j^{(i)}$$

Man erhält mit beiden Methoden identische Werte.

Abb. 3. Ähnlichkeitskenngröße, Fall 1

Haben die zu prüfende Methode (i) und die Referenzmethode (r) gleiche Spezifität und sind die Messungen mit beiden Methoden mit keiner Streuung belastet, so erhält man mit beiden Methoden identische Werte.

$$x_j^{(r)} = x_j^{(i)}$$

Fall 2

a. Spezifität der Referenzmethode (r) und der zu prüfenden Methode (i)
   ist gleich.

b. Die Messungen mit beiden Methoden sind mit zufälligen Fehlern
   belastet.

Man erhält Differenzen zwischen den mit beiden Methoden gewonnenen
Meßergebnissen

$$x_j^{(i)} - x_j^{(r)} = \Delta\, x_j^{(i)}$$

Die Streuung dieser Differenzen $\tilde{S}$ ist ebenso groß wie die aus der
Statistischen Qualitätskontrolle ermittelte mittlere Streuung der
Methoden $\sqrt{S_2}$

Streuung der Differenzen
$$\tilde{S} = \sqrt{\frac{1}{n} \sum \frac{(x_j^{(i)} - x_j^{(r)})^2}{2}}$$

Mittlere Streuung der Methoden
$$\sqrt{S_2} = \sqrt{\frac{1}{2}\left(s^2(e^{(i)}) + s^2(e^{(r)})\right)}$$

Abb. 4. Ähnlichkeitskenngröße, Fall 2

Haben die zu prüfende Methode und die Referenzmethode zwar gleiche Spezifität, sind jedoch die Messungen mit zufälligen Fehlern belastet, so beobachtet man mehr oder minder große Differenzen zwischen den mit beiden Methoden ermittelten Meßwerten. Die Streuung dieser Differenzen[+] ($\tilde{S}$) ist ebenso groß wie die aus der statistischen Qualitätskontrolle ermittelte mittlere Streuung $\sqrt{S_2}$ beider Methoden.

Fall 3

$\tilde{S} > \sqrt{S_2}$ Beide Methoden haben <u>nicht</u> die gleiche Spezifität

$\tilde{S}^2 =$ Unspezifität + Varianz der Methoden

$\tilde{S}^2 =$ Lagekriterium + Biologische Varianz + Varianz der Methoden
             Unspezifität

$\tilde{S}^2 = L_1 + S_1 + S_2$ oder $\tilde{S} = \sqrt{L_1 + S_1 + S_2}$

Varianz der Differenzen   Streuung der Differenzen

Spezifitätsklassen

$L_1 + S_1 \ll S_2$ sehr gute Spezifität

$L_1 + S_1 \leqq S_2$ gute bis ausreichende Spezifität

$L_1 + S_1 > S_2$ ungenügende Spezifität

Abb. 5. Ähnlichkeitskenngröße, Fall 3

Ist jedoch die Streuung der Differenzen $\tilde{S}$ größer als die aus der statistischen Qualitätskontrolle ermittelte mittlere Streuung der beiden Methoden $\sqrt{S_2}$, so muß man daraus schließen, daß die beiden Methoden nicht die gleiche Spezifität haben. Die Varianz der Differenzen $\tilde{S}^2$ setzt sich dann aus zwei Komponenten zusammen:

    a) der Varianz der Methoden
    b) den Anteilen der Unspezifität an den Meßergebnissen

Die unspezifischen Anteile an den Meßergebnissen können bewirken, daß alle Meßwerte der zu prüfenden Methode z. B. höher sind als die der Referenzmethode. Dieses Lagephänomen wird durch L_1 symbolisiert. Die unspezifischen Anteile können zusätzlich noch eine beträchtliche biologische Varianz zeigen; dieses Phänomen wird durch die Komponente S_1 symbolisiert.

[+] besser: das zugehörige Streuungsmaß, die Streuung für Zweifachbestimmungen, S

Die Spezifität einer Methode wird nun in der folgenden Weise geprüft: Man untersucht ein Probenkollektiv mit einer Referenzmethode (r) und der zu prüfenden Methode (i). Die Varianz der Differenzen $\tilde{S}^2$ der mit beiden Methoden gewonnenen Werte wird ermittelt und mit der aus der statistischen Qualitätskontrolle ermittelten mittleren Varianz der Methoden S_2 verglichen. Ist die Varianz der Differenzen größer als die mittlere Varianz der Methoden, so hat die zu prüfende Methode eine geringere Spezifität als die Referenzmethode. In diesem Falle muß die unspezifische Komponente der Varianz der Differenzen ermittelt werden:

1. Ist die unspezifische Komponente ($L_1 + S_1$) wesentlich kleiner als die mittlere Varianz der Methoden S_2, so ist die Spezifität sehr gut.

2. Ist die unspezifische Komponente ($L_1 + S_1$) kleiner als die Varianz der Methoden oder gleich groß, so wird die Spezifität der Methode als gut bis ausreichend beurteilt.

3. Ist die unspezifische Komponente größer als die Varianz der Methoden, so ist die Spezifität ungenügend.

4. Beispiel für den Spezifitätsvergleich verschiedener Methoden mit einer Referenzmethode

Nach diesen theoretischen Überlegungen sollen die beiden Verfahren zur Spezifitätsprüfung an Probenkollektiven auf Methoden zur Cortisolbestimmung im Plasma angewandt und miteinander verglichen werden. Den Untersuchungen liegt ein sehr umfangreiches experimentelles Material zugrunde, das von Herrn Dr. PIRKE im Verlauf von 2 Jahren erarbeitet wurde (8, 9).

4.1 Analysenverfahren

Zur Bestimmung des Cortisols im Plasma sind 3 Analysenprinzipien angewandt worden:

a) Photometrie

   "PORTER-SILBER-Reaktion", Derivatbildung von
   17, 21-Dihydroxy-20-oxosteroiden mit Phenylhydrazin.

b) Fluorometrie

   Zur Endpunktbestimmung wird die Fluorescenz in
   konzentrierter Schwefelsäure gemessen.

c) Proteinbindungsmethoden

Wir haben aus allen drei Gruppen typische Routineverfahren ausgewählt, um sie mit der später zu beschreibenden Referenzmethode zu vergleichen (Abb. 6).

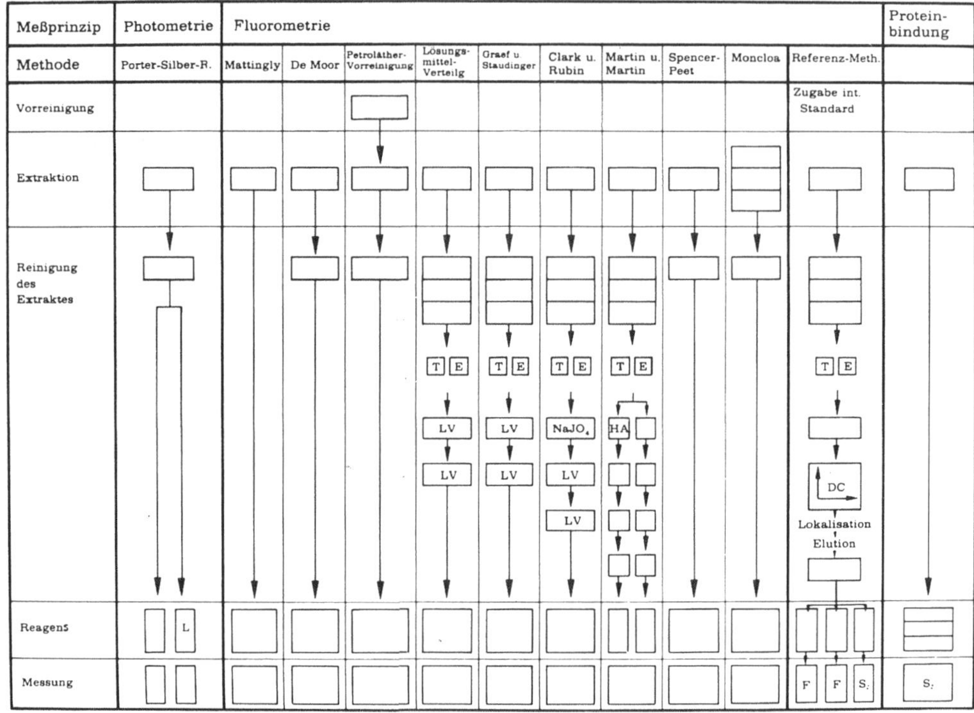

Abb. 6. Schematische Darstellung der geprüften Analysenmethoden und der Referenzmethode.

4.1.1 Routineverfahren

a) Photometrie, PORTER-SILBER-Reaktion

Bei der PORTER-SILBER-Reaktion werden Dihydroxyacetone mit Phenylhydrazin zu Hydrazonen umgesetzt und deren Absorption photometrisch bestimmt. Die Spezifität der PORTER-SILBER-Reaktion ist begrenzt. Andere
C_{21}-Steroide, wie Tetrahydrocortisol, Tetrahydrocortison und 11-Desoxy-
cortisol, bilden auch ein Derivat mit Phenylhydrazin; sie interferieren
wegen ihrer geringen Plasmakonzentration aber nicht nennenswert. Jedoch
geben Medikamente und Plasmabestandteile auch die Farbreaktion.
Wir benutzten die Modifikation von PETERSON.

b) Fluorometrie

Cortisol bildet in konzentrierter Schwefelsäure einen Fluorophor, dessen
Anregungsmaximum bei 475 nm und dessen Emissionsmaximum bei 526 nm
liegt.

Wir haben neun fluorometrische Methoden verglichen, die nach folgendem
gemeinsamen Schema durchgeführt werden:

1. Extraktion des Cortisol aus dem Plasma mit Dichlormethan.
2. Ausschütteln des Extraktes mit Schwefelsäure/Alkohol- bzw. Schwefel-
   säure/Wasser-Mischungen.
3. Messung der Fluorescenz.

Wir wählten aus der Vielzahl der beschriebenen Varianten die Methoden mit
verschiedenen Vorschlägen zur Elimination der unspezifischen Fluorogene
aus.

c) Proteinbindungsmethode

Den Proteinbindungsmethoden liegt folgendes Prinzip zugrunde: Bindungsproteine zeichnen sich durch Spezifität und hohe Affinität zu einer niedermolekularen Verbindung aus. Solche Bindungsproteine können zur quantitativen Bestimmung dieser niedermolekularen Verbindung nach dem Prinzip
der kompetitiven Verdrängung eingesetzt werden.

1. Das Bindungsprotein wird mit der radioaktiv markierten niedermolekularen Verbindung gesättigt.
2. Nach Zusatz von nicht markiertem Ligand stellt sich ein neues Gleichgewicht ein. Je mehr unmarkierten Ligand man zugibt, umso weniger
   markierter Ligand findet sich am Bindungsprotein. Aus dieser Abhängigkeit kann man eine Eichkurve aufstellen.

4.1.2 Referenzmethode

Die von uns benutzte Referenzmethode unterscheidet sich von den geprüften
Routinemethoden durch die Einführung weiterer Trenn- und Reinigungs-
operationen vor der Endpunktbestimmung. Die Spezifität dieser Referenzmethode wurde durch die Einführung weiterer chromatographischer Trenn-
schritte überprüft. Die Verluste wurden in jedem Fall durch die Einführung
eines radioaktiv markierten internen Standards korrigiert. Die übrigen Zuverlässigkeitskriterien wurden geprüft. Die Analysen wurden unter statistischer Qualitätskontrolle durchgeführt.

4.2 Probenkollektiv für den Methodenvergleich

Die Proben stammen von 50 gesunden Blutspendern (49 Männer und 1 Frau)
im Alter zwischen 21 und 49 Jahren. Um Proben mit einer möglichst großen
Spannweite der Cortisol-Konzentrationen zu bekommen, haben wir die bekannten Tagesschwankungen des Cortisols ausgenutzt und die Proben zwischen
7.30 und 18.30 Uhr entnommen. Die Proben wurden sofort zentrifugiert und
das Plasma in Aliquoten für die einzelnen Methoden bei $-30\ ^{\circ}C$ eingefroren.
In Übereinstimmung mit der Literatur wurden nach mehrmonatiger Verwah-
rung keine Änderungen der Cortisol-Konzentration beobachtet.

4.3 Ergebnisse der Spezifitätsprüfung

Alle Analysen erfolgten unter statistischer Qualitätskontrolle (10); dadurch
wurden die Präzision und die Trendfreiheit überwacht. Zur Prüfung der
Richtigkeit der Routinemethoden wurden Aufstockversuche vorgenommen.

Bevor wir die Spezifität der verschiedenen Methoden beurteilen, darf ich
Ihre Aufmerksamkeit noch auf die Mittelwerte der Ergebnisse des Proben-
kollektivs bei den verschiedenen Methoden lenken (Abb. 7).

M E T H O D E	$\bar{x}$ (µg/l) n = 50	Proz.Abw. von Ref.- methode	Korre- lations- koeffi- zient(r)	Regressions- gerade y = a + bx a	b
1. Porter-Silber R.	145	+ 26	0,904	23,8	1,05
2. Mattingly	168	+ 46	0,894	40,6	1,11
3. De Moor	166	+ 44	0,870	51,2	1,00
4. Petroläther-Vorrein.	160	+ 39	0,808	56,6	0,90
5. Lösungsm.-Vert.	137	+ 19	0,836	36,6	0,87
6. Graef u. Staudinger	119	+ 3	0,918	3,8	1,00
7. Clark u. Rubin	123	+ 7	0,857	23,7	0,86
8. Martin u.Martin	118	+ 3	0,830	24,7	0,81
9. Spencer u. Peet	129	+ 12	0,865	25,6	0,91
10. Moncloa	136	+ 18	0,820	36,8	0,86
11. Proteinbindung	125	+ 9	0,935	13,6	0,97
Referenzmethode	115	$\pm$ 0	-	-	-

Abb. 7. Ergebnisse des Methodenvergleichs. Abweichungen
vom Mittelwert der Referenzmethode, Korrelationskoeffizienten
und Regressionsgeraden.

Wenn man diese mit dem Mittelwert der Referenzmethode vergleicht, kann
man abschätzen, wie hoch die unspezifischen Anteile an den Analysener-
gebnissen im Mittel etwa sind. Die prozentuale Abweichung von der Referenzmethode ist in der folgenden Spalte angegeben. Diese Abschätzung berücksichtigt nicht die biologische Varianz der unspezifischen Anteile; diese ist
aber bei der Ähnlichkeitskenngröße berücksichtigt.

4.3.1 Regressionsgerade und Korrelationskoeffizient

Es wurden jeweils die Analysenergebnisse der zu prüfenden Methode mit
den Ergebnissen der Referenzmethode verglichen. Dazu berechneten wir die
Korrelationskoeffizienten und die Regressionsgeraden (Abb. 7). Die daraus
gewonnenen Ergebnisse lassen, wie auf Grund der eingangs angestellten
theoretischen Überlegungen auch zu erwarten war, keine hinreichend ver-
läßlichen Schlüsse auf die Spezifität der verschiedenen Methoden zu.

4.3.2 Ähnlichkeitskenngröße

Zur Charakterisierung der Spezifität der Methoden sollen hier die Ähnlichkeitskenngröße und ihre Komponenten herangezogen werden.

M E T H O D E	$\tilde{S}$	$\tilde{S}^2$	$L_1 + S_2$	Vergleich	S_2
1. Porter-Silber R. (Peterson)	2,59	6,71	5,06	>	1,65
2. Mattingly	4,09	16,73	15,63	>	1,13
3. De Moor	3,95	15,60	14,32	>	1,24
4. Petroläther-Vorrein.	3.73	13,91	12,48	>	1,40
5. Lösungsm.-Vert.	2,32	5,38	3,89	>	1,48
6. Graef u. Staudinger	1,29	1,66	0,47	<	1,19
7. Clark u. Rubin	1,68	2,80	0,90	<	1,89
8. Martin u. Martin	1,70	2,89	1,02	<	1,86
9. Spencer u. Peet	1,91	3,65	2,19	>	1,46
10. Moucloa	2,35	5,52	4,22	>	1,30
11. Proteinbindung	1,31	1,72	0,31	<	1,41

Abb. 8. Ähnlichkeitskenngrößen und ihre Komponenten.

Aus Abb. 8 kann man entnehmen, daß das sehr einfache und viel benutzte Verfahren von De MOOR (11) eine schlechte Spezifität besitzt. Demgegenüber besitzen die fluorometrischen Methoden von GRAEF und STAUDINGER (12), von CLARK und RUBIN (13) sowie von MARTIN und MARTIN (14) ebenso wie die Proteinbindungsmethode (9) eine gute Spezifität. Dies ist auch aus den Diagrammen abzulesen, in denen die Analysenergebnisse der jeweiligen geprüften Methode gegen die Ergebnisse der Referenzmethode aufgetragen sind (Abb. 9 - 13). Jeder Punkt entspricht einem Wertepaar. Die ausgezogene Linie ist die errechnete Regressionsgerade, die gestrichelte Linie ist die Idealgerade $x^{(i)} = x^{(r)}$.

Nach diesen Ergebnissen sind auf Grund ihrer Zuverlässigkeitskriterien, insbesondere ihrer Spezifität, die Methode von GRAEF und STAUDINGER, die Methode von CLARK und RUBIN, die Methode von MARTIN und MARTIN sowie die Proteinbindungsmethode als geeignete Verfahren für die Bestimmung des Cortisols im Plasma anzusehen.

Abb. 9.
Meßwerte der
Methode von
De MOOR (11)
verglichen mit
denen der Re-
ferenzmethode
(8).

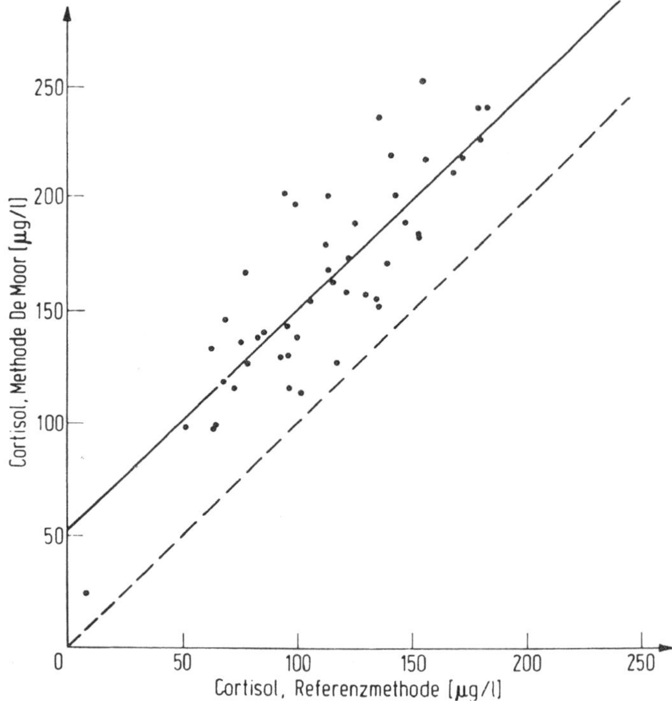

Abb. 10.
Meßwerte der
Methode von
GRAEF und
STAUDINGER
(12) verglichen
mit denen der
Referenz-
methode (8).

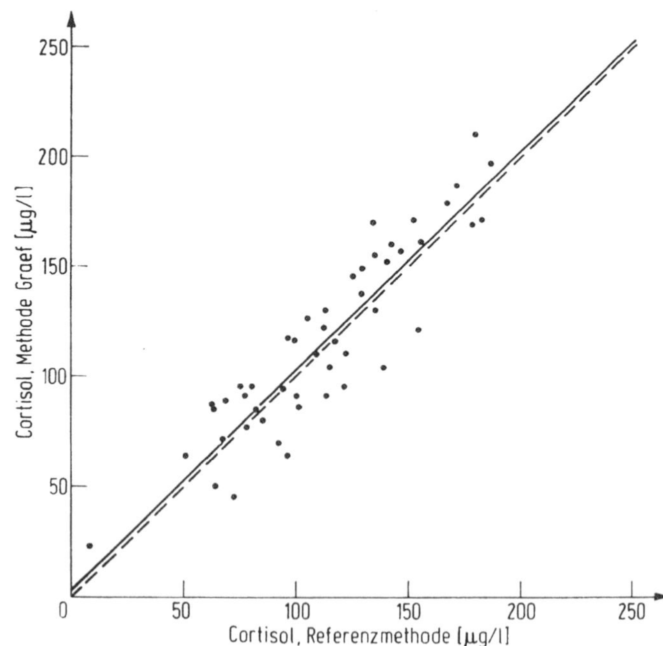

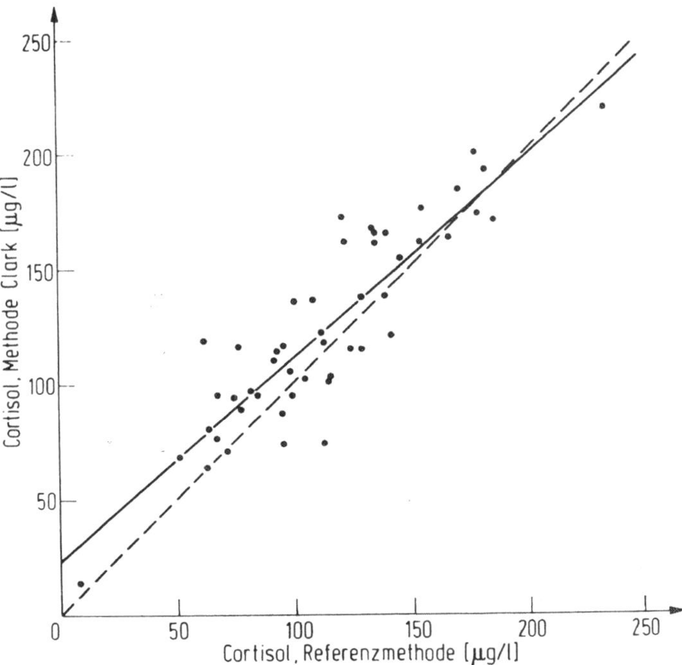

Abb. 11.
Meßwerte der
Methode von
CLARK und
RUBIN (13)
verglichen mit
denen der Re-
ferenzmethode
(8).

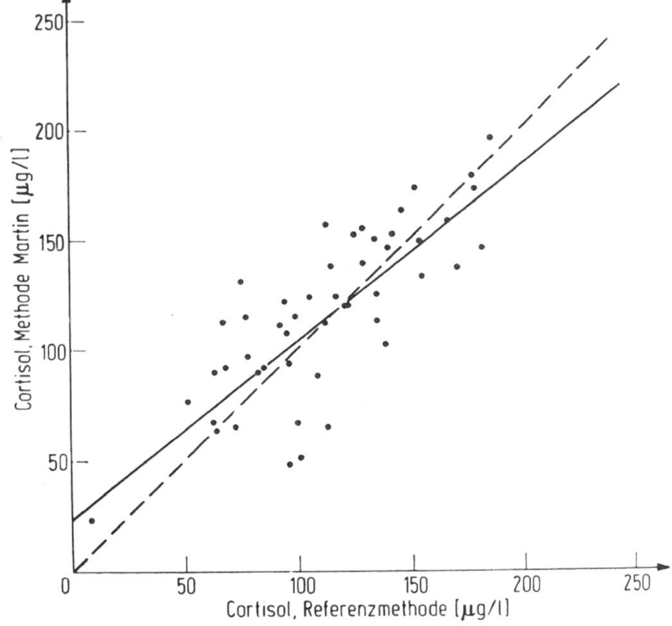

Abb. 12.
Meßwerte der
Methode von
MARTIN und
MARTIN (14)
verglichen mit
denen der Re-
ferenzmethode
(8).

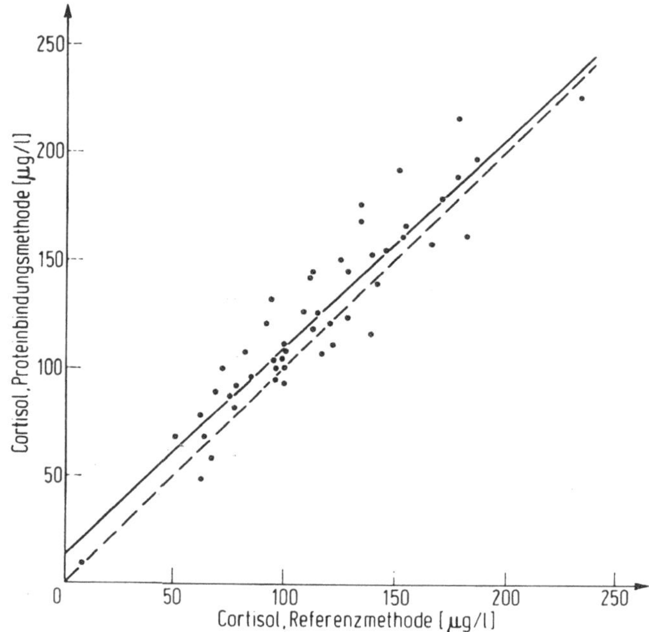

Abb. 13. Meßwerte der Proteinbindungsmethode (9)
verglichen mit denen der Referenzmethode (8).

4.4 Praktikabilität

Die Auswahl der Methoden mit guter Spezifität für die Routineanalytik muß
nun unter dem Gesichtspunkt der Praktikabilität (2) erfolgen. Von den drei
fluorometrischen Verfahren ist die Methode von GRAEF und STAUDINGER
am einfachsten durchzuführen. Sie erfordert keine Derivatbildung und hat
die beste Präzision. Eine ebenso gute Spezifität und Präzision besitzt die
Proteinbindungsmethode.

5. Folgerungen

1. Das Zuverlässigkeitskriterium der Spezifität muß für jede Routinemethode
   geprüft werden. Das Ergebnis der Prüfung muß bei der Beurteilung der
   Analysenergebnisse berücksichtigt werden.

2. Die Spezifitätsprüfung sollte an Probenkollektiven durch Vergleich der Ergebnisse mit denen einer Referenzmethode erfolgen. Das Probenkollektiv
   muß repräsentativ für die zu analysierenden Patientenproben sein. Das
   derzeit wirksamste Prüfkriterium ist die Ähnlichkeitskenngröße.

3. Aussagen über die Spezifität einer Methode haben keine generelle Gültigkeit. Sie gelten vielmehr nur für Patientengruppen, für die das geprüfte Probenkollektiv repräsentativ ist.

4. Wir stehen hier am Beginn einer Bestandsaufnahme, die in ihrer Art und in ihrem Umfang dem Normalwert-Problem analog ist. Die für eine optimale Diagnostik notwendige Spezifität muß noch ermittelt werden. Bei der Auswahl der Routinemethoden ist deren Praktikabilität zu beachten.

Wenn wir den hier vorgezeichneten Weg verfolgen, werden wir einen wesentlichen Beitrag zur Optimierung der Diagnostik leisten können.

Literatur

1. MATTINGLY, D.: J. clin. Path. 15, 374 (1962).

2. BORTH, R.: Ciba Foundation Colloquia on Endocrinology, Vol. II. London: Churchill 1952.

3. YOUNG, D.S. et al.: Clin. Chem. 18, 1041 (1972).

4. KNOLL, E. und STAMM, D.: Z. klin. Chem. klin. Biochem. 8, 582 (1970).

5. APPEL, W. et al.: Anaesthesist 17, 95 (1968).

6. HANSERT, E.: Unveröffentlichte Untersuchungen.

7. HANSERT, E.: Statistischer Vergleich von klinisch-chemischen Analysenmethoden; in Vorbereitung.

8. PIRKE, K.M. und STAMM, D.: Z. klin. Chem. klin. Biochem. 10, 243 (1972).

9. PIRKE, K.M. und STAMM, D.: Z. klin. Chem. klin. Biochem. 10, 254 (1972).

10. BÜTTNER, H., HANSERT, E. und STAMM, D.: Auswertung, Kontrolle und Beurteilung von Meßergebnissen.
In: BERGMEYER, H.U. (Hrsg.), Methoden der enzymatischen Analyse, 2. Aufl., S. 281.
Weinheim: Verlag Chemie 1970.

11. DeMOOR, P. et al.: Acta endocr. Kbh. 33, 297 (1960).

12. GRAEF, V. und STAUDINGER, Hj.: Z. klin. Chem. klin. Biochem. 8, 368 (1970).

13. CLARK, B.R. und RUBIN, R.T.: Analyt. Biochem. 29, 31 (1969).

14. MARTIN, M.M. und MARTIN, A.L.A.: J. clin. Endocr. 28, 137 (1968).

DISKUSSION

SCRIBA:
Herr STAMM, es kommt Ihnen wahrscheinlich mehr darauf an, die allgemeinen Punkte, die Sie gebracht haben, zu diskutieren als auf eine spezielle
Diskussion der Cortisolbestimmung. Ich hatte Schwierigkeiten, der Statistik
zu folgen. Habe ich das richtig verstanden, daß Sie sagen, wenn die Schwankung der Unspezifität größer ist als die Schwankung der Methode selbst, ist
das eine ungenügende Spezifität? Kommen wir da bei der Qualität mancher
Verfahren nicht sehr schnell in die Gefahr, für die diagnostische Praxis
brauchbare Verfahren zu verwerfen?

STAMM:
Herr SCRIBA, wir haben eine Reihe von Beispielen dieser Art untersucht:
Wenn Sie sich die Summe der fluorimetrischen Verfahren beim Cortisol
ansehen, dann ist das Verfahren von GRAEF und STAUDINGER nicht auf-
wendiger als die anderen Verfahren. Hier ist also mit einer bestimmten
Reinigungsprozedur bei gleicher Praktikabilität eine höhere Spezifität erzielt
worden. Wir haben auch die Kreatininbestimmung im Serum durchstudiert
(KNOLL, E. und STAMM, D.: Z. klin. Chem. klin. Biochem. $\underline{8}$, 582 (1970))
und festgestellt, daß die Bestimmung mit der spezifischen Adsorption an
FULLER-Erde genauso praktikabel ist wie die herkömmliche Methode nach
POPPER-MANDEL oder die Enteiweißung mit Trichloressigsäure oder
Natriumwolframat.

SCRIBA:
Ich wollte eigentlich allgemeiner fragen. Würden Sie annehmen, daß die Aussagen, die Sie heute gemacht haben, allgemein als generelles Kriterium
akzeptiert werden?

STAMM:
Ja.

KRÜSKEMPER:
Herr STAMM, ich wollte speziell beim Cortisol nach der Auswahl der Referenzmethode fragen. Vielleicht könnten Sie ein grundsätzliches Wort dazu

sagen, welche Prinzipien man bei der Wahl der Referenzmethoden beachten muß und welche Schritte Sie selbst unternehmen.

STAMM:
Man kann generell sagen, daß man - wie bei jeder Analytik - eine Endpunkt-bestimmung durchführen wird. Man muß solange auftrennen, bis man den spezifischen Anteil zuverlässig abgetrennt hat, und dies muß man beweisen. Weil man bei der Auftrennung Verluste hat, muß man die Verluste über einen zugesetzten radioaktiven inneren Standard korrigieren. Das ist das allge-meine Prinzip, wobei der Beweis der Spezifität, daß man wirklich genügend abgetrennt hat, sehr schwierig sein kann.

RÓKA:
Ich möchte noch etwas zum Probenkollektiv fragen: In Ihrem Fall haben Sie gesunde Blutspender genommen. Was die Störfaktoren anbelangt, ist das vielleicht nicht gerade dasjenige Kollektiv, das mit Patienten verglichen wer-den kann, bei denen man normalerweise Cortisol bestimmt. Sollte man nicht noch ein zweites Kollektiv von Patienten aussuchen, bei denen wirklich Corti-sol bestimmt werden muß? Und müßten dabei nicht zwei Methoden gewählt werden, etwa die fluorimetrische Methode nach GRAEF und STAUDINGER und die Proteinbindungsmethode, die von Störungen völlig verschieden beeinflußt werden können, z. B. von Arzneimitteln?

STAMM:
Ich bin auf die Schwierigkeiten mit den fluorimetrischen Methoden nicht ein-gegangen, da sie wegen der Unspezifität der Endpunktbestimmungen sehr störanfällig sind. Wir würden bei der jetzigen Situation die Proteinbindungs-methoden bevorzugen; für diese sind bisher keine Arzneimittelstörungen be-schrieben worden. Wir würden bei der Prüfung der Spezifität ein Patienten-kollektiv einsetzen. Ich habe am Anfang gesagt, es müssen Gesunde und Kranke im Kollektiv sein.

H. BREUER:
Herr STAMM hat am Schluß ausdrücklich betont, daß seine Spezifitätsprüfung nur für das Kollektiv gilt, das er untersucht hat. Wenn wir zur Cortisolbe-stimmung beispielsweise die Proteinbindungsmethode oder irgendeine der fluorimetrischen Methoden verwenden, erhalten wir beim adrenogenitalen Syndrom oder während der Gravidität unterschiedliche Werte. Was man noch einmal betonen sollte, ist die Tatsache, daß selbst ein Korrelationskoeffi-zient von 1,0 zwischen einer sogenannten Referenzmethode und einer neuen Methode keineswegs die Spezifität der neuen Methode beweist. Wir haben ge-nügend Fälle, wo der Korrelationskoeffizient in der Tat nahe 1,0 ist und man dennoch mit der neuen Methode etwas ganz anderes bestimmt, das sich zu-fällig genauso verhält wie das, was Sie eigentlich bestimmen wollen.

RÓKA:
Die Spezifität der Methode wird - wenn ich das richtig verstanden habe - so geprüft, daß man zunächst feststellt, ob die nachzuweisende Substanz quanti-tativ erfaßt wird. Dann nehmen Sie die zufällige Mischung im Serum oder in

Ihrer Probe und führen eine chemische Trennung durch mit dem Ziel, die nachzuweisende Substanz zu isolieren. Wenn das Isolierungsverfahren gelingt, muß die Methode denselben Wert geben wie bei der Analyse eines Standards.

STAMM:
Nach Korrektur.

RÓKA:
Als nächster Schritt zur Prüfung der Spezifität werden Reinigungsschritte entweder überhaupt nicht durchgeführt oder nur bis zu einem gewissen Grad und dann wird geprüft, ob der Substanznachweis stimmt oder ob zufällige Bestandteile der Probe mit in das Ergebnis eingehen.

STAMM:
Wir machen Unterschiede zwischen dem Ergebnis der Referenzmethode und dem Ergebnis der zu prüfenden Methode. Die Varianz dieser Differenzen prüfen wir.

BÜTTNER:
Wir sind in der paradoxen Situation, daß wir auf dem Spezialgebiet der Steroidanalytik tatsächlich Referenzmethoden haben oder daß sich die Fachleute wenigstens über Referenzmethoden einigen können. Für das Gebiet der übrigen Klinischen Chemie existieren keine Referenzmethoden. Da ist noch ein ungeheuer großes Feld zu bearbeiten. Man kann es sehr schön an einem Beispiel zeigen: Es ist in Amerika nach jahrelanger Arbeit vom NBS unter Einsatz von erheblichen Mitteln eine Referenzmethode für Calcium entwickelt worden. Wenn es bei allen Methoden so geht wie in diesem Falle, dann dauert es noch 10 Jahre, bis wir Referenzmethoden haben.

KREUTZ:
Mir fiel auf, daß in Ihrer Tabelle über die Regressionsgeraden die Größe a für fast alle verglichenen Methoden bis auf eine immer positiv und recht hoch war. Haben Sie vielleicht bei der Referenzmethode so gut gereinigt, daß deren Ergebnisse um den Betrag a zu niedrig liegen? Es ist doch auffällig, daß beim Vergleich von 10 Methoden 9 davon einen Schnittpunkt der Regressionsgeraden im Positiven haben.

STAMM:
Nein, das sind zusätzliche unspezifische Anteile, Herr KREUTZ.

KREUTZ:
Die den anderen Methoden gemeinsam sind gegenüber der Referenzmethode?

STAMM:
Ja.

APPEL:
Glauben Sie, daß es Methoden gibt, die sich den von Ihnen angeführten

Spezifitätskriterien entziehen?

STAMM:
Generell kann ich das nicht beantworten. Ich glaube, man muß jeden konkreten Fall betrachten.

SCRIBA:
Ich möchte die Frage von Herrn BÜTTNER noch einmal aufgreifen. Was
machen Sie, wenn Sie weder einen vernünftigen Standard haben noch eine
Referenzmethode in absehbarer Zeit verfügbar sein wird? Als Beispiel
nenne ich die radioimmunologischen Bestimmungsmethoden. Ich würde als
Kliniker sagen, es gibt noch eine andere Definition der Spezifität: Ob man
das für pathophysiologisch klare Krankheitsbilder zu erwartende Verhalten
der Methode, mit der man arbeitet, findet oder nicht. Haben Sie eine Idee,
wie man das darstellen könnte?

STAMM:
Herr SCRIBA, das hat man im Vorfeld der strengen Prüfungen der Analysenverfahren immer wieder gemacht, das ist einfach die Frage der diagnostischen Signifikanz der Werte. Nur sind Sie da gegen Überraschungen nicht
gefeit.

SCRIBA:
Ich wollte jetzt eigentlich fragen, ob Sie diese Beziehung zwischen der
diagnostischen Spezifität und der methodischen Spezifität mathematisch
formulieren können?

STAMM:
Nein, ich sehe keine Ansatzpunkte.

H. BREUER:
Herr SCRIBA, wir werden ja immer wieder konfrontiert mit der Frage von
Seiten der Klinik: Macht diese Bestimmung, auch wenn sie unspezifisch ist,
aber wir können damit etwas anfangen. Auf diesen Kompromiß sind wir
immer wieder eingegangen, und es hat immer eine bestimmte Zeit lang
funktioniert. Aber heute ist man doch so weit, daß man lieber sagt, wir
können Ihnen keine Werte liefern, bis eine gewisse Spezifität bewiesen ist.
Die sogenannte pragmatisch-klinische Spezifität, die sich dadurch ergibt,
daß man den klinischen Verlauf nachträglich mit dem Analysenergebnis
korreliert, ist heute für die größte Zahl von Bestimmungen abzulehnen.

SCRIBA:
Das kann ich nicht unterschreiben. Wenn für Sie die Notwendigkeit besteht,
irgendeine gewichtigere klinische Störung zu diagnostizieren, können Sie
nicht einfach sagen, die und die Methoden, mit denen wir diagnostisch tatsächlich wesentliche Entscheidungen treffen können, machen wir nicht, weil
sie einen zu hohen Prozentsatz von Unspezifität haben. Wenn es sich um
Methoden handelt, bei denen gar nicht abzusehen ist, daß man in absehbarer
Zeit ein spezifisches Verfahren haben wird wie z. B. bei den radioimmuno-

logischen Bestimmungen für Hypophysenvorderlappen-Hormone, dann ist
diese Haltung unmöglich.

STAMM:
Bei der Radioimmunologie können Sie die Spezifität doch prüfen.

SCRIBA:
Aber nicht mit Referenzmethode und Standard. Die Dinge, die Sie hier
skizziert haben, sind da nicht absehbar.

H. BREUER:
Ich habe mich möglicherweise nicht verständlich genug ausgedrückt. Mein
Einwand gegen die großzügige Interpretation der Spezifität richtet sich in
erster Linie gegen die chemischen und physikalisch-chemischen Methoden,
z. B. bei der Fluorimetrie (Cortisol, Oestrogene) oder Dünnschicht/Gas-
chromatographie (Aldosteron, Testosteron). Was die radioimmunologische
Bestimmung von Proteohormonen angeht, so gibt es auch hier schon Spezifitätskriterien, die zwar nicht absolut sind, aber durch die Wahl geeigneter
Antiseren ein hohes Gewicht haben. Ich wollte eigentlich nur vor dem
amorphen Begriff der diagnostischen Spezifität warnen, unter dessen Alibi-
funktion schon manche falschen Werte in die Literatur eingeschleust worden
sind.

BÜTTNER:
Es besteht schon ein gewisser Zusammenhang zwischen den Begriffen, die
Sie erwähnt haben. Das, was wir als diagnostische Spezifität bezeichnen,
ist im Grunde ein Maß dafür, wieweit sich die Verteilungskurven der Kollektive von Gesunden und Kranken mit der Krankheit, die Sie diagnostizieren
wollen, überlappen. Je größer die Überlappung, desto größer die Wahrscheinlichkeit falsch-positiver und falsch-negativer Resultate und desto geringer
die diagnostische Spezifität. Die Trennschärfe kann besser werden, wenn
wir spezifischere Methoden anwenden, aber das ist natürlich ein langer Weg.
Sie können erst am Ende sagen, ob es wirklich etwas gebracht hat. Zum
Beispiel möchte ich annehmen, daß die Referenzmethode für die Calciumbestimmung die Trennschärfe für die Diagnostik des Hyperparathyreoidismus verbessern kann, aber die Frage ist natürlich, ob der Aufwand gerechtfertigt ist.

SCRIBA:
Das Beispiel mit dem Calcium ist gut. Wir müssen die schlechte Calciumbestimmung solange machen, wie wir keine bessere haben, um den Hyperparathyreoidismus zu diagnostizieren.

DENGLER:
Herr STAMM, ich durchschaue einen Teil der Statistik nicht ganz. Daß das
Steilheitsmaß nicht unbedingt etwas über die Spezifität aussagt, ist logisch.
Sie haben bei Ihrem Verfahren ein Kollektiv und zwei Methoden und kennen
von diesen beiden Methoden die Varianz. Sie stellen dann einen Vergleich
auf. Letzten Endes machen Sie mit dem Korrelationskoeffizienten nichts

anderes. Es ist ja nicht so, als ob dieser nur <u>eine</u> Meßgröße beinhaltet. Ich
gebe zu, Sie müssen letzten Endes noch einen $\overline{\text{Test}}$ auf Linearität machen,
aber es ist mir nicht ganz klar, worin der wesentliche Unterschied besteht.

STAMM:
Der wesentliche Unterschied ist, daß Sie eine klare Aussage aus dem Korrelationskoeffizienten nur kriegen, wenn er zwischen 0,95 und 1,0 liegt. In praxi
liegen unsere Korrelationskoeffizienten häufig zwischen 0,80 und 0,95 und
dem können die unterschiedlichsten Phänomene zugrundeliegen. Es kann sein,
daß Sie eine gute Funktionalität haben, aber keine Linearität.

DENGLER:
Zur Linearität können Sie einen Test machen. Das spricht nicht gegen die
Anwendung der Korrelationsrechnung.

STAMM:
Nein; wenn Sie aber keine lineare Abhängigkeit haben, bekommen Sie einen
Korrelationskoeffizienten - eine geringe Streuung -, der zwischen 0,8 und
0,95 liegen kann.

DENGLER:
Wenn Sie keine lineare Korrelation haben, dürfen Sie ohnehin nicht mit einer
linearen Korrelation rechnen, das ist logisch.

RICK:
Zur Frage von Herrn KREUTZ: Die Cortisolbestimmung ist ja besonders
problematisch, weil man bei den fluorimetrischen Methoden keinen echten
Leerwert machen kann. Das ist das entscheidende Problem.

KREUTZ:
Das wollte ich auch sagen, da steckt noch ein Leerwertproblem drin.

RICK:
Das ist eben bei der Fluorimetrie kaum zu lösen. Sie müßten den zu bestimmenden Bestandteil extrahieren und mit den anderen Substanzen den Leerwert
machen.

STAMM:
Bei der Referenzmethode haben wir die Leerwerte so bestimmt.

Frau SCHMIDT:
Ich bin nicht sicher, ob das immer so geht. Es gibt doch Bestimmungen,
bei denen Gemische - also die Summe der Komponenten eines Gemisches -
gemessen werden. Hier kann sich bei gleichbleibender Endsumme unter
pathologischen Bedingungen die Verteilung der Einzelkomponenten ändern.
Ist es nicht außerordentlich schwierig, in solchen Fällen praktikable Referenzmethoden zu finden?

STAMM:
Wenn Sie solche Gruppentests haben oder Methodengruppen erfassen, sind

Sie in einer sehr großen Schwierigkeit.

H. BREUER:
Dies halte ich für einen extrem wichtigen Punkt. Wir haben versucht, bei
der Aldosteronbestimmung im Urin die Fraktionen soweit zu reinigen, daß
wir glaubten, sie enthielten wirklich nur Aldosteron. Nach vielfacher Dünn-
schichtchromatographie und Derivatbildung haben wir die so gewonnenen
Derivate massenspektrometrisch untersucht. Wir waren erstaunt, daß nicht
nur das jeweilige Aldosteronderivat vorhanden war, sondern noch viele
andere Substanzen. Herr ADLERCREUTZ aus Helsinki hat einmal gesagt,
je genauer ein Aufarbeitungsverfahren ist, je spezifischer man glaubt arbeiten zu können, umso mehr Gipfel findet man bei der Gaschromatographie
oder bei der Massenspektrometrie. Wenn man die Fraktionen von Herrn
STAMM, die er als Cortisol-spezifisch bezeichnet, durch ein Spektrometer
schickt, findet man nebenbei noch andere Substanzen. Man muß einen Kompromiß schließen; wenn der Hauptbestandteil sich massenspektrometrisch
oder mit einer anderen chemischen Methode als die gesuchte Substanz identifizieren läßt, kann man meines Erachtens von einer Referenzmethode sprechen. Ich würde Ihnen aber voll zustimmen, wenn Sie sagen, es wird fast
unmöglich sein, eine vollständige Spezifität bei den komplizierten Methoden
zu beweisen. Ein Beispiel ist die Cholesterinbestimmung; um diese gibt es
ja richtige Kriege.

HILLMANN:
Aus den Ausführungen von Herrn SCRIBA ergeben sich zwei grundsätzlich
verschiedene Ansichten. Nach Auffassung von Herrn SCRIBA entscheidet
über die klinische Brauchbarkeit des methodischen Angebots der Klinischen
Chemie der Kliniker nach eigenen Bewertungskriterien. Darin steckt ein
Apriorismus im Sinne MONODs. Das ist ein klinischer Standpunkt, den ich
durchaus akzeptiere. Ich möchte jedoch darauf aufmerksam machen, daß
dies, streng genommen, keine naturwissenschaftliche Medizin ist. Zu objek-
tiven Parametern führt nur der von Herrn STAMM beschriebene mühsame
Weg.

DENGLER:
Herr HILLMANN, hier scheint mir das Phänomen vorzuliegen, daß man auch
bei Verwendung philosophischer Begriffe letzten Endes auf emotionale Bezüge
kommt. Ich meine, wir brauchen hier weder Naturwissenschaft contra aprio-
ristischen Eigensinn der Internisten anzuführen - viel besser hat es HELL-
PACH ausgedrückt als autistisch-undiszipliniertes Denken -, sondern wir
reden hier über Optimierung und wir sollten das nicht vergessen. Optimierung heißt ja auch, daß uns die Klinische Chemie in die Lage versetzen muß,
operationale Diagnosen zu stellen, operational deswegen, weil wir hinterher
daraus therapeutische Folgerungen ziehen müssen. Ich gebrauche ein Beispiel und ich bin sicher, Herr DEUTSCH wird mir nicht böse sein: Wenn wir
in der Gerinnungslehre gewartet hätten, bis wir wissen, was die Faktoren im
Einzelnen sind, dann könnten wir bis heute wesentliche Erkrankungen auf diesem Gebiet noch nicht behandeln. Hier liegt der operationale Charakter, den
wir von manchen Methoden verlangen müssen, um erst einmal irgendetwas

zu tun, ganz klar auf der Hand. Und ich meine, wir kommen auch hier nicht
weiter, wenn wir jetzt ideologische Gegenüberstellungen zwischen Attitüden
naturwissenschaftlicher und autistisch-medizinischer Art aufstellen, sondern
wir sollten uns wirklich des Problems der Optimierung und der operationalen
Diagnostik annehmen.

DEUTSCH:
Herr DENGLER hat im wesentlichen das gesagt, was ich auch bemerken
wollte. Wir haben gerade jetzt gehört, daß der Klinische Chemiker zum
Schluß auch wieder Kompromisse macht. Wir wissen gar nicht, wie rein das
verwendete Referenzmaterial gewesen wäre, wenn man es mit noch feineren
Methoden untersucht hätte. Also lassen Sie uns bitte jene Methoden, mit
denen wir operationsmäßig etwas erreichen können, führen Sie diese für uns
weiter durch, bis Sie bessere Methoden haben.

SCRIBA:
Es sieht ja ganz so aus, als ob wir eine Konvention brauchen bezüglich der
Referenzmethoden. Ganz praktisch gefragt: Gibt es z. B. bei den Internatio-
nalen Gremien schon Kommissionen, die diese Konventionen ausarbeiten?

BÜTTNER:
Die International Federation of Clinical Chemistry ist dabei, derartige Konventionen zu erarbeiten. Man geht so vor, daß "Expert Panels" aus 3 oder 4
internationalen Fachleuten gebildet werden. Die Arbeit geht natürlich nur
schrittweise voran. Gegenwärtig gibt es "Expert Panels" für Proteine, für
Bilirubin und für Enzyme. Es wird sicherlich Jahre dauern, bis man die
wichtigsten Empfehlungen verabschiedet hat.

SCRIBA:
Lesen kann man aber noch nichts davon.

BÜTTNER:
Ich nehme an, daß im Laufe dieses Jahres das eine oder andere Papier zumindest für die öffentliche Diskussion fertig wird. Aber es wird wohl bis
zum Internationalen Kongreß 1975 in Toronto dauern, bis überhaupt etwas
verabschiedet wird.

H. BREUER:
Meiner Bemerkung lag keineswegs der Zug einer methodischen Missionierung
zugrunde. Wir sollten aber die Möglichkeiten einer Optimalisierung auch bei
operationalen Methoden prüfen.

LANG:
Als Veranstalter möchte ich nur ganz kurz definieren, wie wir den Begriff
"Optimierung" im Titel des Symposiums verstanden haben: als die derzeitig
praktikable Annäherung an das Optimum.

Diagnostische Signifikanz
optimierter Enzymaktivitätsbestimmungen

E. und F. W. SCHMIDT

Wenn wir unser Thema richtig interpretiert haben, erwarten Sie von uns
eine Stellungnahme, ob die Optimierung einer Reihe von Enzymbestimmungen
zur Verbesserung der klinischen Diagnostik beiträgt.
Die Antwort kann sehr kurz sein: wenig.
Einen sichtbaren Fortschritt hat allein die Reaktivierung der CPK gebracht.
Aber der Nutzen der Bestimmung dieses Enzyms ist erst dann voll auszu-
schöpfen, wenn wir zwischen Herzmuskel- und Skelettmuskel-CPK unterscheiden können. Daß mit der Optimierung der Testbedingungen für weitere
Enzyme die Präzision der Bestimmung verbessert wird, ist bekannt. Aber
ob wir Kliniker das - zumindest bei einem guten Labor - überhaupt merken
werden, ist fraglich. Andererseits zahlt die Klinik für diese Verbesserungen
einen hohen Preis: Alle vertrauten Werte ändern sich und durch die zögernde
- oder verzögerte - Einführung der optimierten Tests sind wir nach einer
kurzen Zeitspanne relativer Gemeinsamkeit wieder in neue Verständigungsschwierigkeiten zurückgefallen, analog denen, die entstanden, als die mit
sehr unterschiedlichen Methoden gemessenen Werte der AP im Zuge einer
Modernisierung alle ohne weitere Zusätze in U/l angegeben wurden (Tab. 1).

Diese Zusammenfassung möchten wir weiter begründen und vor allem den
Klinischen Chemikern darstellen, in welchem Maße solche Umstellungen von
eingeführten Methoden die klinische Arbeit belasten und letztlich auch die
Wertschätzung klinisch-chemischer Parameter für die praktische klinische
Arbeit beeinträchtigen.

Bei Erinnerung an die Entwicklung der klinischen Enzymologie neigen wir
zur Feststellung, daß früher nicht alles, aber doch manches besser war.
Als die Enzymbestimmungen für die Klinik noch in Speziallabors durchgeführt wurden, lag die Messung und Interpretation der Werte noch in einer
Hand. Die Fehlerbreite der Bestimmung floß damit automatisch in die Beurteilung ein. Wir wußten zwar noch nicht, daß unsere Kontrollmethoden
später einmal als statistische Qualitätskontrolle, Präzision und Richtigkeit

Tab. 1. Verfahren zur Bestimmung der Aktivität der alkalischen
Phosphatase im Serum.

Methode	Substrat	Normalverteilung umgerechnet in Internationale Einheiten
KING and ARMSTRONG (1934), modifiziert durch KING and WOOTTON (1959)	Phenylphosphat	25 - 92 U/l (37 °C)
SHINOWARA, JONES and REINHART (1942)	ß-Glycerophosphat	15 - 46 U/l (37 °C)
BESSEY, LOWRY and BROCK (1946)	p-Nitrophenyl-phosphat	13 - 38 U/l (37 °C)
KLEIN, READ and BABSON (1960)	Phenolphthalein-phosphat	0,6 - 4,2 U/l (37 °C)
RICK und HAUSAMEN (1965)	p-Nitrophenyl-phosphat	60 - 200 U/l (25 °C)

bezeichnet werden würden, aber eine Kontrolle durch die Plausibilität der
Meßergebnisse haben wir täglich in der Diskussion mit unseren Kollegen
erfahren.

Diese Zeiten sind vorüber. Haben wir uns früher ein wenig als "Missionare"
für eine neue diagnostische Methode gefühlt, so sind wir jetzt eher erschreckt
über das Ausmaß, in dem heute Enzymbestimmungen durchgeführt werden.
Es wird geschätzt - das sind allerdings sehr rohe Zahlen -, daß 1971 etwa
500 Millionen klinisch-chemische Bestimmungen durchgeführt wurden und
daß davon etwa 40 % (200 Millionen) Enzymbestimmungen waren. Wieviele
mögen davon wohl exakt gemessen und - was wir noch mehr bezweifeln -
auch ihrem Informationsgehalt entsprechend interpretiert worden sein? Wie
auch immer, diese Zahlen demonstrieren nachdrücklich den Zwang zur Vergrößerung der Laboratorien, zur Verwendung von mechanisierten Analysengeräten, zur strengen Handhabung von Kontrollmaßnahmen usw. Mit zunehmender Größe der Laboratorien vergrößert sich aber auch die Kluft zwischen
der Klinischen Chemie und der Klinik; aus in die Klinik integrierten Dienstleistungsbetrieben - wie Ekg.-Abteilung, Endoskopie usw. - sind selbstän-
dige Unternehmen geworden, die mit sehr großen Schritten den Nachholbe-
darf an Eigenständigkeit einzuholen trachten. Sehr deutlich zeichnet sich
diese bewußte Emanzipation in der Entwicklung einer neuen Fachsprache ab
und auch in der Energie, mit der jetzt und sofort nach streng wissenschaftlichen Gesichtspunkten mit dem vertrauten Schlendrian der Anwendung von
Größen und Meßbereichen durch die Klinik aufgeräumt wird (1, 2).

Zurück zur Enzymologie und zu den optimierten Tests! Wir alle haben jahre-
lang die Aktivitäten der Transaminasen, der GLDH, der AP usw. unter nicht-
optimalen Testbedingungen gemessen. Das war bekannt, auch wir haben
darüber publiziert (3, 4). Mit viel Mühe und Arbeit sind nun in den letzten
Jahren noch einmal die Testbedingungen überprüft worden. Im Beginn liefen
diese Arbeiten noch unter der Bezeichnung "optimale" Tests, sehr schnell
wurde jedoch bestätigt - aus Serum-spezifischen und auch technischen Gründen -, daß hier höchstens ein Komparativ angebracht war: also "optimierte"
Tests.

Abgesehen von der Aktivierung der CPK wird als wesentlicher Vorteil dieser
Optimierung der Zuwachs an Präzision betrachtet (5).

Tab. 2. Präzision von Enzymaktivitätsbestimmungen im Serum.

	Mittel-wert U/l	An einem Tag		Über 3 Monate	
		A VK %	B VK %	C VK %	D VK %
GOT[+]	19, 5	2, 0	3, 3	3, 6	6, 6
GPT[+]	11, 1	1, 4	2, 6	4, 5	9, 0
GLDH	1, 98	3, 0	4, 0	5, 0	13, 0
LDH	136	1, 9	2, 4	2, 1	5, 4
HBDH	77	1, 6	3, 2	2, 7	6, 7
CPK[+]	124	0, 8	-	1, 4	-
AP	38	1, 7	3, 2	2, 1	7, 1
LAP	21	0, 6	2, 9	1, 8	4, 4
γ-GT[+]	55	1, 4	2, 9	3, 3	4, 2
ChE	1991	1, 9	3, 0	8, 7	11, 2

A = 6fach-Bestimmung durch 1 MTA
B = 5 Doppelbestimmungen durch 5 MTA' s am selben Tag
C = 20 Doppelbestimmungen durch 1 MTA in 3 Monaten
D = 20 mal 5 Doppelbestimmungen durch 5 MTA' s in 3 Monaten

Gepooltes Patientenserum; Photometer Eppendorf; kontinuierliche
Messung bei 25 °C; konfektionierte Testpackungen (+ = Monotest);
Ansatzvolumina: 0, 6 - 1, 0 ml; Serumvolumina: 0, 01 - 0, 25 ml.

Tab. 2 zeigt eigene Untersuchungen zur Kontrolle der Präzision mit nichtoptimierten Tests. Angegeben ist der VK bei unterschiedlicher Versuchsan-
ordnung. Die Werte erschienen uns gar nicht so schlecht. Ein direkter Ver-

gleich der Präzision in der Serie zwischen konventionellen und optimierten Tests zeigte praktisch gleiche Werte für die GOT (2, 04 / 1, 94 %), eine Verbesserung für die GPT von 2, 04 auf 1, 45 % und gleiche Werte - oder eine geringe Verschlechterung (?) - für die GLDH (3, 0 / 4, 52 %).

Die Verbesserung der Präzision betrifft nach unseren Bestimmungen also allein die GPT. Da nach wie vor der grobe Fehler, besonders bei den mit dem Labor wachsenden Schwierigkeiten, die Plausibilität zu beurteilen, schwer zu erfassen ist, muß man die Frage stellen, ob allein dieser geringe Zuwachs an Präzision Grund genug ist, der Klinik die Last neuer Meßwerte aufzubürden.

Wir sind gern bereit zuzugeben, daß es sehr pathetisch klingt, von der "Last neuer Meßwerte" zu sprechen, und uns wurde auch schon bedeutet, daß es für den Kliniker ja völlig genüge, neben der Streubreite der Methode die Grenzen der Norm zu kennen, und diese wenigen Zahlen ließen sich ja leicht neu lernen.

Eine ebenso simple Antwort darauf könnte lauten, daß wir Kliniker Mühe genug haben, unser eigenes Fachgebiet zu übersehen (und schon dem Zwang der Spezialisierung nicht mehr ausweichen können). Die Klinische Chemie möge uns daher, da sie nur einer unter anderen Dienstleistungsbetrieben sei, mit ständigen, mäßig begründbaren Erneuerungen verschonen.

Natürlich liegen die Schwierigkeiten nicht darin, daß wir uns nicht noch ein paar neue Zahlen merken könnten. Was wir jedoch bei jeder Veränderung von Meßwerten neu erwerben müssen, ist die Erfahrung, mit ihnen zu arbeiten, veränderte Relationen erneut beurteilen zu lernen.
Von Extremen abgesehen gewinnt nahezu jeder Befund, der bei einem Patienten erhoben wird, erst durch seine Relation zu anderen Befunden Gewicht. So wird die Kenntnis des Körpergewichts erst nutzbar in der Relation zu Größe und Alter, der Kreatininspiegel in der Relation zu Muskelmasse und Glomerulumfiltrat, der Bilirubinspiegel in seiner Relation z. B. zu den Enzymen usw. Und das gilt ebenso für komplexe Systeme, z. B. für die histologische Beurteilung eines Leberpunktats.
Wenn der Pathologe nur nach seiner histologischen Erfahrung urteilt, allenfalls in Kenntnis der Fragestellung - diese Forderung wurde 1970 auf diesem Symposium vertreten - kann er uns nur eine Reihe von Differentialdiagnosen anbieten:

"Oft genug findet der Pathologe Bilder, bei denen eine Infiltration der portalen Felder und intralobuläre Mesenchymzellansammlungen ganz im Vordergrund stehen, während Leberzellnekrosen kaum nachweisbar sind. Ohne klinische Angaben müßte die Diagnose lauten:
Hepatitis mit vorwiegend portaler und intralobulärer mesenchymaler Reaktion bzw. Infiltration.

Dahinter kann sich verbergen u. a.

a) ein spätes Abheilungsstadium einer Virushepatitis bei üblichem Verlauf,
b) das Abheilungsstadium einer Virushepatitis bei atypi-

schem Verlauf,
c) eine Hepatitis bei infektiöser Mononucleose,
d) eine unspezifische reaktive Hepatitis und
e) eine chronische persistierende Hepatitis. "

(G. KORB, 1972)

Diese Zusammenstellung verdanken wir Herrn KORB, der - wie andere Leber-
pathologen - nachdrücklich darauf hinweist, daß eine gewichtete Antwort vom
Pathologen nur zu erwarten ist, wenn ihm die Punktate nicht kommentarlos
zugesandt werden.

Dieser Zwang zur ständigen Relativierung der Befunde, zur Herstellung von
Bezügen, begründet den Wert der Erfahrung in der Medizin.

Um wieder zu den Enzymen zurückzukehren: Ein Teil dieser Erfahrung ist
auch die Kenntnis des Ausmaßes der Veränderungen von Enzymaktivitäten bei
bestimmten Krankheitsbildern oder die Differentialdiagnose verschiedener
Erkrankungen durch die unterschiedlichen Enzymrelationen oder Enzymmuster.
Diese Erfahrung ist die Resultante eines Lernprozesses, der schon im Studium im Vergleich zu anderen Hilfswissenschaften wenig gepflegt wird. Der
obligate klinisch-chemische Kurs ist kurz, nur wenige Veranstalter sind mit
ihm zufrieden und er verliert völlig seinen Sinn, wenn in ihm vorwiegend nur
Methoden gelehrt werden. Der Trost, daß man die praktische Anwendung
schon später in der Klinik lernen wird, stimmt häufig leider nicht.
Wen nimmt es denn wunder, daß periodisch eine Rückbesinnung auf die klinischen Wurzeln der Medizin ausbricht und die alten Künste des Hörens, Füh-
lens, Sehens, Riechens als die wesentlichen Kardinaltugenden gepriesen und
in einen Gegensatz zu den klinisch-chemischen Befunden gebracht werden?

Darüber hinaus kann eine solche Besinnung immer mit Beifall rechnen, da
nach wie vor vielen unserer Kollegen die klinische Enzymologie eher unheim-
lich als vertraut ist. Welche Mühe es offenbar kostet, sich in die klinische
Enzymologie einzuarbeiten, zeigt sich daran, daß, obwohl die Mehrzahl der
Anforderer nur drei Verhaltensweisen der Transaminasen kennt, nämlich
"normal", "erhöht" oder "sehr hoch", immer beide Transaminasen angefordert werden. Warum wohl, wenn beide Transaminasen als Einheit betrachtet
werden? Wir hoffen, daß es vage Erinnerungen an den DeRITIS-Quotienten
sind. Aber wahrscheinlich ist das zu kühn. Denn das Denken in Relationen,
das wir täglich in der Klinik üben, wird nur sehr zögernd auf Enzymwerte
angewandt, obwohl es hier ebenso notwendig ist.

Abb. 1 soll das noch einmal demonstrieren. Ein Anstieg der Aktivität der
GOT auf 50 U/l zeigt nur das Vorliegen einer Störung. Erst durch zusätzliche Bestimmungen - durch die Relation zu anderen Parametern, die natürlich auch aus anderen Bereichen stammen können - gewinnt sie diagnostischen
Wert.

DeRITIS (6), SZASZ (7), FILIPPA (8), wir (9) und andere haben versucht,
diese Relationsbetrachtung durch die Angabe von Quotienten zu vereinfachen.

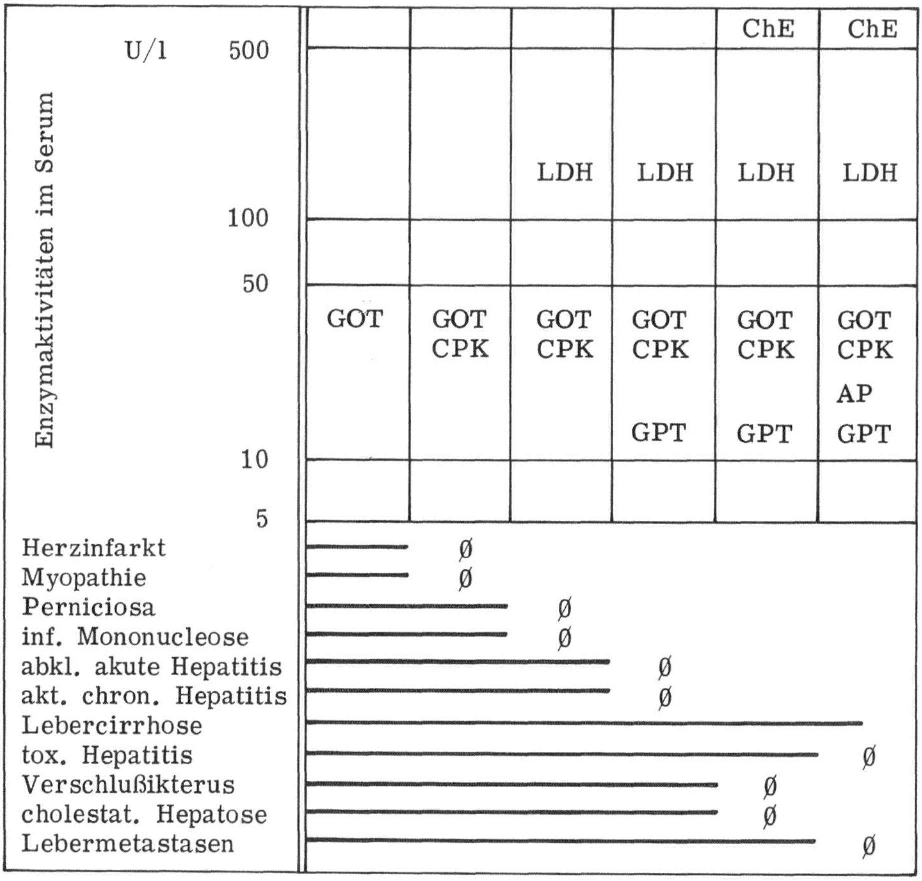

Enzymaktivitäten im Serum — U/l

	GOT-Bereich				ChE	ChE
500						
			LDH	LDH	LDH	LDH
100						
50						
	GOT	GOT CPK	GOT CPK	GOT CPK	GOT CPK	GOT CPK AP
				GPT	GPT	GPT
10						
5						
Herzinfarkt	——— ∅					
Myopathie	——— ∅					
Perniciosa	————— ∅					
inf. Mononucleose	————— ∅					
abkl. akute Hepatitis	——————— ∅					
akt. chron. Hepatitis	——————— ∅					
Lebercirrhose						
tox. Hepatitis	———————————————— ∅					
Verschlußikterus	————————————— ∅					
cholestat. Hepatose	————————————— ∅					
Lebermetastasen	———————————————— ∅					

Abb. 1

Aber, obwohl die Relevanz dieser Angaben vielfach bestätigt wurde, finden
sie nur sehr zögernd Eintritt in die Klinik. Trotz - zumindest bei sorgfältiger Arbeit - vertretbarer Bestimmungsmethoden und zufriedenstellender
Erfahrung in der Interpretation setzt sich eine wertgerechte Nutzung der
ungeheuren Zahlen von Enzymbestimmungen nur sehr langsam durch. Daß
dieser Lernprozeß durch die Einführung neuer Methoden nicht beschleunigt
wird, liegt auf der Hand. Jede Veränderung von Testmethoden sollte nicht
an theoretisch-wissenschaftlichen Aspekten gemessen, sondern danach beurteilt werden, ob sie wirklich soviel zusätzliche Informationen oder Zuwachs an Meßgenauigkeit erbringt, um die unausbleibbaren Nachteile für den
Verbraucher aufzuwiegen.

Selbstverständlich muß, und deswegen möchten wir noch einmal die CPK bemühen, wenn die Vorteile überwiegen, die neue, bessere Methode eingeführt

werden.
Abb. 2 zeigt den Verlauf bei einem Infarkt; es besteht gar kein Zweifel, daß
der Vorteil, den Schaden besser und länger beurteilen zu können, weit über-
wiegt.

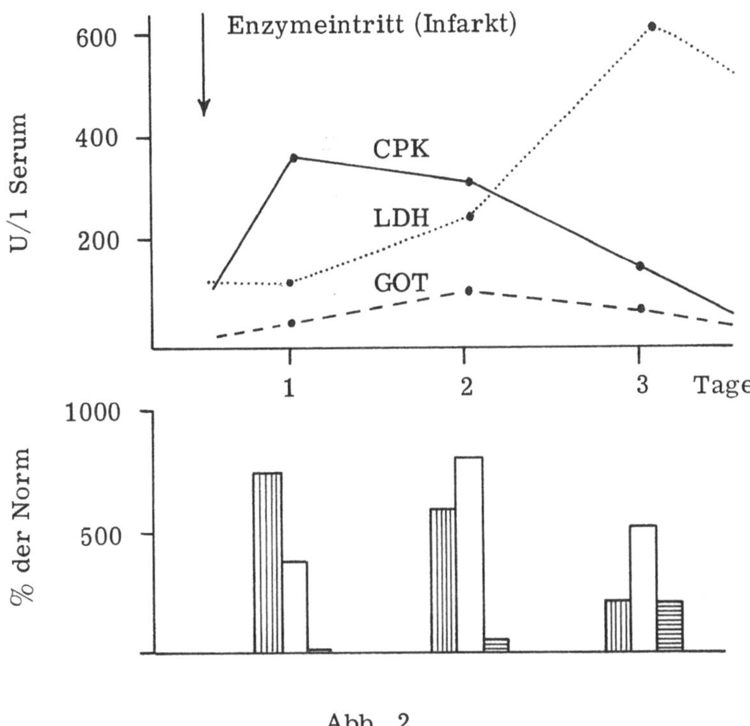

Abb. 2

Ein weiteres Beispiel (Abb. 3): Anstiegshöhe und Relation der Enzyme zeigen, daß es sich hier nicht um einen Infarkt handelt. Die Relation CPK/GOT
– der SZASZ'sche Quotient (7) – zeigt die Herkunft der CPK aus der Muskulatur: Hier lag eine akute toxische Myopathie vor.

Nach Einführung einer besseren sollte jedoch die alte, obsolete Methode
auch allgemein verworfen und auch aus den Angeboten der Hersteller von
Testpackungen gestrichen werden. Leider ist das bisher nicht der Fall. Damit vermehrt sich der methodische Wirrwarr.

Eine Lösung für die aufgezeigten Probleme, die zugleich der Klinischen
Chemie einen größeren Spielraum böte, wäre die, nicht mehr die realen
Meßwerte aus dem Labor zu geben, sondern die Ergebnisse als Vielfaches
der Norm auszudrücken. Sie haben 1970 schon über Vor- und Nachteile dieser Überlegungen gesprochen. Schon im Hinblick auf die noch große Unstim-
migkeit über den Begriff der Norm scheint uns eine solche Lösung noch nicht
diskutabel.

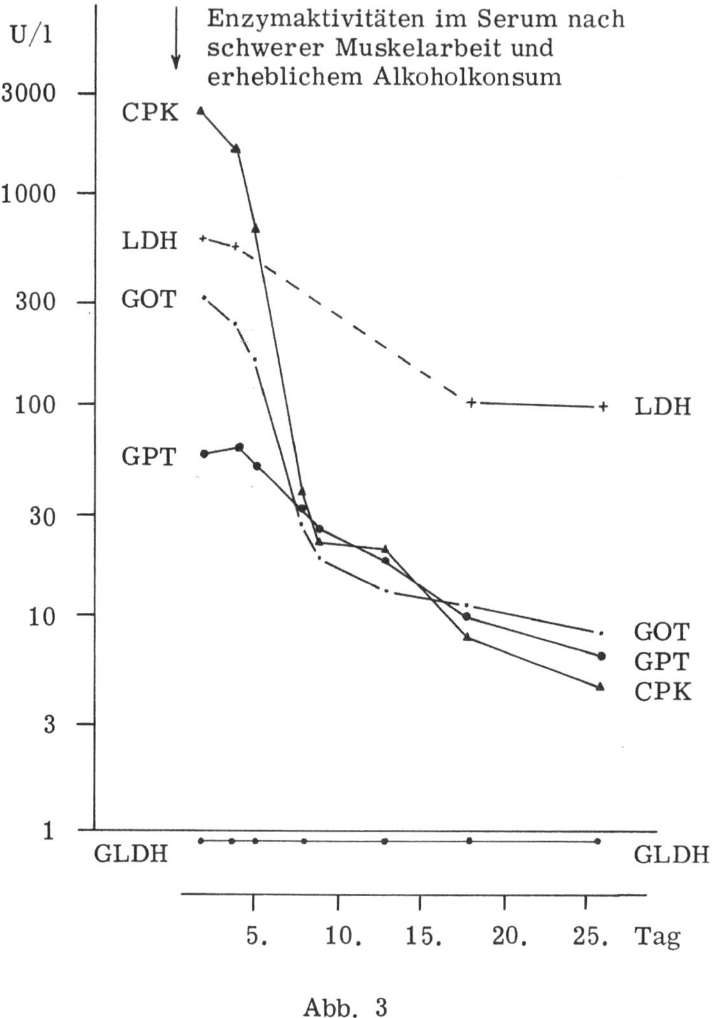

Abb. 3

Sie sehen, wir sind der Meinung, daß die praktische Medizin für die Optimierung einen relativ hohen Preis zahlt. Unter der Vorstellung, daß dies gerechtfertigt ist, wenn wir damit eine unbedingt notwendige Standardisierung erreichen, haben wir die Empfehlungen der Enzymkommission der Deutschen Gesellschaft für Klinische Chemie unterschrieben. Dem Ziel entsprechend empfehlen wir auch, nicht von "optimierten", sondern von "standardisierten" Tests zu sprechen.

Schlimmer noch als die Mühe, erneut Erfahrungen sammeln zu müssen, sind die Verständigungsschwierigkeiten durch die unterschiedlichen Bestimmungsmethoden. Abb. 4, die einer sehr sorgfältigen Studie von GIUSTI et al. (10) entstammt, zeigt, daß je nach der verwandten Methode nicht nur die absoluten Aktivitäten bis zum Faktor 2 schwanken, sondern daß darüber hinaus auch die unterschiedlichen Relationen den Vergleich erschweren.

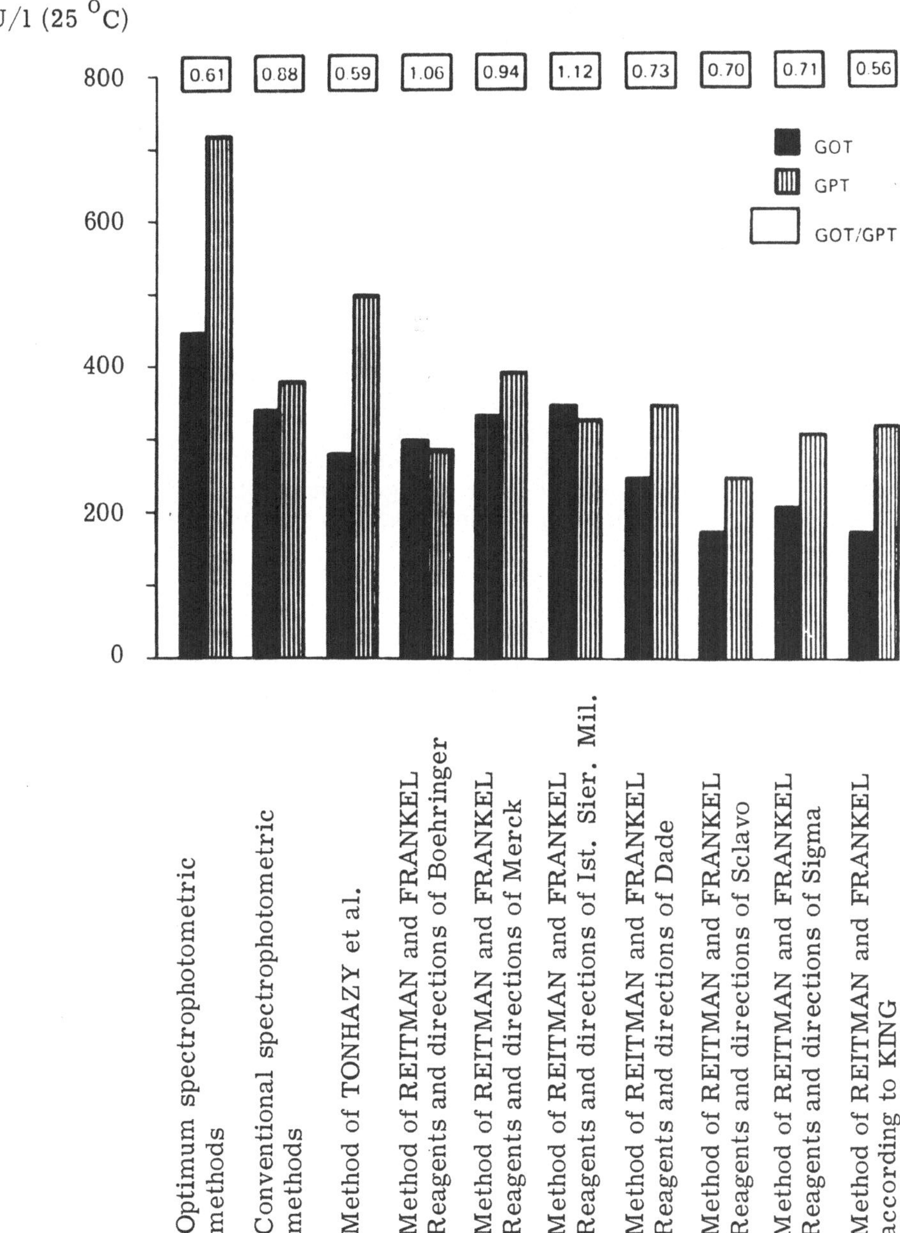

Abb. 4. Durchschnittswerte der Aktivitäten der GOT und GPT im Serum sowie Quotienten GOT/GPT bei 18 Patienten mit Virushepatitis, Abhängigkeit der Ergebnisse von der angewandten Methodik (nach GIUSTI, RUGGIERO und CACCIATORE (1969)).

Der De RITIS-Quotient streut zwischen 0, 56 und 1, 12. Daß damit kein Konsens über den diagnostischen Wert dieses Quotienten aufkommen kann, ist verständlich.

Die Standardisierung ist ein Ziel, um das man sich, auch wenn es ein Umlernen erfordert, bemühen sollte. In den Empfehlungen der Enzymkommission sehen wir einen ersten Schritt dazu. Aber diese Empfehlungen reichen nicht aus. Sie sind nicht genau genug. Zwar sind die Substrat- und Pufferkonzentrationen und auch der pH angegeben, aber nur eine Mindestaktivität für die Hilfsenzyme. Damit ist den Herstellern von Testpackungen - und sie sind ja entscheidende Regulatoren - noch ein erheblicher Spielraum gelassen.

Dies hat sich bereits in der Zusammensetzung des GLDH-Tests ausgewirkt, und schon haben wir wieder zwei verschiedene Normalbereiche!
Weiterhin fehlen genormte Arbeitsvorschriften. Damit steht die Tür offen für unzulässige Vereinfachungen und Modifikationen. Ein Beispiel ist der Vorschlag, den Blindwert bei der GLDH-Bestimmung zu vernachlässigen. Wir haben den dadurch möglichen Fehler nachgerechnet. Tab. 3 zeigt, daß nahezu 2/3 der Ergebnisse zu hoch werden, und das besonders in den kritischen Grenzbereichen.

Tab. 3. Bestimmung der GLDH-Aktivität (aktiviert) im Serum.
Ungenauigkeit bei Nichtberücksichtigung des Blindwertes in
300 aufeinanderfolgenden normalen und pathologischen Seren.

Ergebnis korrekt (Blindwert = 0)	38 % der Seren
Ergebnis weniger als 10 % zu hoch	30 % der Seren
Ergebnis 11 - 20 % zu hoch	16 % der Seren
Ergebnis 21 - 30 % zu hoch	7 % der Seren
Ergebnis mehr als 30 % zu hoch (31 - 100 %)	9 % der Seren

Da ein beträchtlicher Teil der Enzymbestimmungen mit Testpackungen durchgeführt wird, könnte man auf die Vorschriften der Hersteller hoffen. Aber sie enthalten zum Teil unvollständige und vor allem unterschiedliche Angaben.

Es ist denkbar, daß eine Präzisierung der "Empfehlungen" und auch eine Ausarbeitung genormter Arbeitsvorschriften zu erreichen ist. Skeptischer beurteilen wir den Erfolg der Bemühungen um eine europäische oder gar weltweite Standardisierung. Die Argumentation und auch die Motivation der einzelnen Länder ist so unterschiedlich, daß eine Einigung nur durch einen Kompromiß auf niedrigstem Niveau zu erzielen wäre - und das hieße ja nichts anderes, als eine neue Verunsicherung des Klinikers, und das bis zum nächsten Mal!

Da hier nach den Wünschen der Klinik gefragt wird, möchten wir uns wünschen, daß nach dem Preis, den die Klinik für die notwendige Standardisierung bezahlt, jetzt eine längere ruhige Phase der Konsolidierung folgen möge.

Literatur

1. Schweizerische Gesellschaft für Klinische Chemie: Neue Größen und Maßeinheiten in der Klinischen Chemie und Hämatologie. 1972.

2. DYBKAER, R. and JØRGENSEN, K.: Quantities and Units in Clinical Chemistry.
Kopenhagen: Munksgaard 1967.

3. SCHMIDT, E. und SCHMIDT, F.W.: Enzymol. biol. clin. 2, 201 (1962/63).

4. SCHMIDT, E. und SCHMIDT, F.W.: Z. anal. Chem. 243, 398 (1968).

5. RICK, W., FRITSCH, W.-P. und SZASZ, G.: Dtsch. med. Wschr. 97, 1828 (1972).

6. DeRITIS, F., COLTORTI, M. und GIUSTI, G.: Minerva med. 47, 167 (1956).

7. SZASZ, G. und BUSCH, E.-W.: Organspezifizierung einer erhöhten Kreatinkinase-Aktivität im Serum.
In: KAISER, E. (Hrsg.), Fortschritte der Klinischen Chemie. Enzyme und Hormone.
Wien: Verlag der Wiener Med. Akademie 1972.

8. FILIPPA, G.: Enzymol. biol. clin. 3, 97 (1963).

9. SCHMIDT, E. und SCHMIDT, F.W.: Klin. Wschr. 40, 962 (1962).

10. GIUSTI, G., RUGGIERO, G. and CACCIATORE, L.: Enzymol. biol. clin. 10, 17 (1969).

DISKUSSION

BREUER:
Herr SCHMIDT, ich bin sicher, daß wir nach Ihrem anregenden Vortrag eine
lebhafte Diskussion haben werden. Ihre Ausführungen kumulierten in dem
Wunsch: Geben Sie uns jetzt bitte eine Ruhepause, nachdem Sie sich immer
wieder etwas Neues ausgedacht haben. Ich glaube, wir sollten nun besonders
diejenigen hören, die Ihnen diese Ruhepause nicht in der gewünschten Form
geben können oder wollen.

LANG:
Herr SCHMIDT, wenn wir die Begriffe "Standardisierung" und "Stabilisie-
rung" als Einheit verstehen, ist das - so glaube ich - eine Basis, auf der
wir uns einigen können. Niemand in diesem Saal wird dagegen sein, wenn
wir wünschen, daß sich in den nächsten 5 bis 10 Jahren an den Methoden zur
Bestimmung von Enzymaktivitäten nichts mehr ändert. Den heutigen Stand
der Methoden und deren Empfehlung in drei Publikationen der Gesellschaft
haben Sie gemeinsam mit uns erarbeitet. Davon können und wollen wir uns
nicht mehr zurückziehen. Sie haben die heute gezogene Bilanz damals bei
der gemeinsamen Arbeit anders vorausgesehen. Die Gesellschaft muß den
Mut haben, tatsächlich weitere Veränderungen für die nächsten Jahre - und
seien sie in noch so fulminanten Publikationen angepriesen - zu verhindern.
Wir müssen es erreichen, neue Erkenntnisse in die Schublade zu legen, sie
nach einer angemessenen Zeitspanne gemeinsam zu prüfen und dann zu beurteilen, ob etwas dabei ist, was eine erneute Veränderung wert ist. Dabei
muß uns gegenwärtig sein, was Herr SCHMIDT heute gesagt hat. Daß wir
den Begriff "optimiert" verwenden, haben wir ebenfalls gemeinsam mit Ihnen
beschlossen. Der Ausdruck wurde inzwischen bereits präzisiert; wir sind
heute angehalten, nicht von "optimierten Methoden", sondern von "optimierten Standardmethoden" zu sprechen.

SCHMIDT:
Ihre Worte gefallen mir sehr gut und ich hoffe, daß sie von allen akzeptiert
werden. Sorgen mache ich mir, wenn ich die Literatur lese. Nach wie vor
gibt es Diskussionen; denken Sie allein an die Meßtemperatur. Natürlich ist
es ein erstrebenswertes Ziel, die Empfehlungen der Deutschen Gesellschaft
für Klinische Chemie nicht allein stehen zu lassen, sondern zu einer über-

regionalen Einigung zu kommen. Aber es erscheint mir heute noch phanta-
stisch, von europäischen oder gar weltweit standardisierten klinisch-chemischen Methoden zu träumen. Davor wollte ich warnen, denn die in diesem
Anpassungsprozeß zu erwartenden ständigen weiteren Veränderungen kann
die Klinik nicht tolerieren.

BÜTTNER:
Herr SCHMIDT, ich war eigentlich etwas erstaunt, daß Sie die goldenen alten
Zeiten so in den Vordergrund stellten, denn im Grunde haben Sie ja selbst die
Geister gerufen, die Sie jetzt nicht loswerden; gerade im Falle der standardisierten Enzymaktivitätsbestimmungen. Ich hatte eigentlich gehofft, daß Sie
sich intensiver hinter diese Bemühungen stellen würden. Um die bisherige
Entwicklung noch einmal kurz zu skizzieren: Wir hatten in Deutschland eine
recht uneinheitliche Anwendung verschiedener Methoden - im Ausland war
es noch sehr viel schlimmer - und wir haben damals beschlossen, die Enzymaktivitätsbestimmungen zu standardisieren und uns gleichzeitig zu bemühen,
bei diesem Standardisierungsprozeß notwendige methodische Änderungen mit
einzuarbeiten. Das damalige Konzept stammte aus der neuen Definition der
Internationalen Enzymeinheit, bei der die Verwendung optimaler Testbedingungen vorgeschrieben ist. Die Enzymkommission mußte bei ihrer Arbeit
erkennen, daß die Schaffung optimaler Methoden nicht möglich ist. Wir haben
gesehen, daß wir Kompromisse, d. h. Konventionen brauchen. Dies ist das
Konzept der "optimierten Tests", d. h. der praktikablen Annäherung an das
Optimum. Ich fasse das Ergebnis der Arbeit unserer Enzymkommission -
wie Sie es auch angedeutet haben - auf als einen Vorschlag für die Standardisierung der Enzymaktivitätsbestimmungen mit diesen optimierten Methoden
und ich bin ganz Ihrer Meinung, daß wir jetzt eine Ruhepause brauchen. Aber
dann sollten wir die Einführung dieser Tests auch wirklich unterstützen. Das
ist im Augenblick nicht der Fall. Sie selbst haben eben viele Zweifel ange-
meldet. Man konnte aus Ihren Ausführungen heraushören, daß Sie die alten
Methoden insoweit noch propagieren, als Sie sich nicht mit Nachdruck hinter
die neuen stellen. Und genau das ist jetzt verkehrt. Wenn wir zu der Einheitlichkeit kommen wollen, die Sie wünschen und die wirklich notwendig ist,
dann doch nur, indem wir uns alle hinter die Empfehlungen unserer Gesellschaft stellen. Noch etwas anderes dazu: Die internationale Einigung auf diesem Gebiet ist eine ganz schwierige Angelegenheit, die ungelöste Tempera-
turfrage hat uns praktisch einen Strich durch die Rechnung gemacht. Ich
selbst habe relativ wenig Hoffnung, daß es in absehbarer Zeit möglich sein
wird, zu einer internationalen Einigung zu kommen. Umso mehr brauchen
wir Ruhe im eigenen Lande, umso mehr müssen wir uns geschlossen für die
Standardisierung einsetzen. Diese Zusammenarbeit darf nicht dadurch durch-
brochen werden, daß jemand sagt: Vielleicht war das Alte doch gar nicht so
schlecht; wir haben mehr Erfahrung mit den alten Werten, bleiben wir doch
bei den alten Methoden. Wenn wir es so machen, werden die Wünsche der
Klinik wohl am allerwenigsten erfüllt.

SCHMIDT:
Ich glaube, ich bin von Ihnen nicht richtig verstanden worden. Ich habe von
den alten Zeiten geträumt, da die wenigen Enzymbestimmungen damals von
Kollegen durchgeführt wurden, die ihre Ergebnisse auch selbst zu interpre-

tieren verstanden. Jetzt sind wir bei 200 Millionen Enzymbestimmungen im
Jahr angelangt, und ganz sicher wird nur ein kleiner Teil davon ihrer Aussagekraft entsprechend verwertet. Das ist der eine Punkt. Der andere ist,
daß die Optimierung - denn eine Optimalisierung ist ja nicht zu erreichen -
nur dann sinnvoll ist, wenn sie mit einer Standardisierung verbunden ist.
Wie es darum steht, wissen Sie. Die Gesellschaft für Klinische Chemie
sollte sich nachdrücklich bemühen, die Standardisierung durchzusetzen.

BÜTTNER:
Also stehen Sie doch voll hinter den standardisierten Methoden.

SCHMIDT:
Selbstverständlich. Ich habe nur noch einmal darauf hinweisen wollen, welchen Preis die Klinik für die notwendige Standardisierung zahlt, welche Auswirkungen wissenschaftlich durchaus begründbare Überlegungen für den Verbraucher haben.

HILLMANN:
Wir sind Herrn SCHMIDT für seine offene Stellungnahme dankbar. Die vor
uns liegenden Aufgaben sind durchaus mit denen einer Gebietsreform vergleichbar. Man muß dabei aber eine Reihe von Fakten berücksichtigen. Es
gibt eine Konkurrenzsituation bei der Herstellung kommerzieller Testpackungen, die wir nicht aus der Welt schaffen können. Wir müssen leider zugeben,
daß wir den Klinikern mit unseren Normierungsbemühungen Mühe und Ärger
machen. Eine Optimierung ist jedoch nur über diesen in der Sache liegenden
legitimen Ärger erreichbar. Wir haben es mit einem langsam verlaufenden
Entwicklungsprozeß zu tun und können Herrn LANG für seinen konsequenten
Einsatz ausgesprochen dankbar sein.

KNEDEL:
Wenn man diese Diskussion hört und dieser Tagung die ihr zukommende Bedeutung beimessen will - und das wollen wir, denn wir wollen uns verstän-
digen und Fortschritte erreichen -, dann glaube ich, ist jetzt der Zeitpunkt
gekommen, sich zu bekennen. Wir dürfen hier nicht auseinandergehen, ohne
zu sagen, wozu wir in Zukunft bereit sind. Das ist meine persönliche Meinung. Herr SCHMIDT, wir waren uns bei unserem Gespräch in Hannover
einig, daß die Einführung der optimierten Methoden richtig ist. Sie ist auch
schon weiter fortgeschritten, Herr DENGLER, als viele hier wissen, weil
die Voraussetzungen dazu von der Gesellschaft klar begründet sind. Noch
etwas anderes: Da ich meine, daß dies ein Gebiet ist, wo unsere Klinische
Medizin und Klinische Chemie eine gewichtige Stimme in der internationalen
Medizin haben, da wir schon sehr frühzeitig gute Methoden für die Bestimmung von Enzymaktivitäten hatten, sollten wir diesen Schritt gemeinsam
und ohne Bedingungen tun. Hierbei sollten uns auch diejenigen unterstützen,
die, wie Herr SCHMIDT, ihr altes Material jetzt zum Teil als nicht mehr
optimal auswertbar ansehen. Herr ZÖLLNER, Sie sind als Kliniker über die
Münchner Maßnahmen, die wir eingeleitet haben, vielleicht nicht im Einzelnen orientiert; wir wollen nach sehr guter Vorbereitung nicht punktuell anfangen, sondern in die Umstellung auch alle Praktiker und Internisten mit
einbeziehen. Hierzu gehören eine massive Information unserer Kollegen und

die Übergabe von Arbeitsunterlagen, die ihnen die Arbeit erleichtern sollen.
Sie wissen, Herr LANG, daß wir solche Vordrucke für die Tasche der Kollegen vorbereitet haben, damit sie sich in der Übergangszeit jederzeit infor-
mieren können. Ich bin nicht bereit, noch lange hin und her zu diskutieren
und zu warten, ob sich morgen vielleicht wieder jemand überlegt, doch noch
einmal warten zu wollen.

H. BREUER:
Ich glaube, Herr KNEDEL, von allen Seiten ist hier "sich bekannt" worden,
wenn ich das so ausdrücken darf.

DENGLER:
Herr KNEDEL, jetzt fangen wir an, etwas aneinander vorbeizureden. Und
zwar aus folgendem Grunde: Ich meine, wenn man die Prämisse, die Herr
LANG gemacht hat, in etwa anerkennt, daß man jetzt noch eine vernünftig
erscheinende Umstellung macht mit dem Vorsatz, eine gewisse Ruhe ein-
treten zu lassen und das Ganze logisch begründet, dann sind wir sicher die
Letzten, die nicht mitmachen. Wir wären allerdings sehr dankbar, wenn
jetzt eine gewisse Ruhe einträte.

RICK:
Im Hinblick auf methodische Fragen muß man feststellen, daß viele Probleme sich leichter lösen lassen würden, wenn der manchmal kritisierende
Kliniker und der Klinische Chemiker gemeinsam experimentieren, z. B.
am Photometer messen würden. Das ist der Ausgangspunkt zur Beurteilung
der Bemühungen um eine Standardisierung.
Wenn in Ihrer Tabelle, Herr SCHMIDT, eine relative Standardabweichung
(ein Variationskoeffizient) von 2 % vorkommt, dann möchte ich als Nicht-
Statistiker doch davor warnen zu glauben, man könne eine Transaminase
von 10, 0 U/l von einer solchen von 10, 2 U/l unterscheiden oder auch nur
von 10, 4 oder 10, 6 U/l. Diese Variationskoeffizienten haben tatsächlich
den Nachteil, daß sie uns nicht über die wirkliche Fehlerbreite der Messung
unterrichten. Wenn wir von der üblichen Methodik beim UV-Test (BERG-
MEYER, H. U.: Methoden der enzymatischen Analyse, 2. Aufl.; Weinheim:
Verlag Chemie 1970) ausgehen, dann können wir zwischen 10 und 11 U/l
nicht unterscheiden, wie aus folgendem Beispiel einer Mehrfachbestimmung
der Transaminasenaktivität im Serum - das in der Praxis täglich vorkommt -
deutlich wird:

Extinktionsdifferenz/Minute

0, 004	0, 004	0, 005
0, 004	0, 005	0, 005
0, 005	0, 005	0, 005
9, 7 U/l	10, 5 U/l	11, 2 U/l

Es ist bekannt, daß mit den heute verfügbaren Photometern zwischen Extinktionsdifferenzen von 0, 004 und 0, 005 pro Minute nicht unterschieden wer-

den kann. Natürlich kann man mit einem Winkelmesser arbeiten, aber man erzielt damit nur eine scheinbar größere Präzision, da die Genauigkeit der Messung durch das Auswertungsverfahren nicht gesteigert werden kann: Eine Messung wird durch eine Rechnung nie genauer!
Gestern abend habe ich postuliert, daß man ein Photometer haben müßte, das tatsächlich die Extinktion digital auf 4 Nachkommastellen reproduzierbar anzeigt. Das würde ganz neue methodische Möglichkeiten eröffnen.

Bei der alten GPT-Methode liegt die obere Grenze des Normbereichs bei 12 U/l; mit der Standardmethode werden doppelt so hohe Aktivitäten gemessen. Der Fehler bei der Bestimmung der Extinktionsdifferenzen wird also bei der Standardmethode - prozentual gesehen - nur zu einem halb so großen Fehler der ermittelten Aktivität führen wie bei dem ursprünglichen Verfahren.
Bezüglich der GPT ist zu fragen, ob die neue Methode nicht tatsächlich - z. B. bei Patienten mit Fettleber - eine bessere diagnostische Wertigkeit hat.
Bei der GLDH sind die Probleme noch wesentlich größer, da die Aktivitäten beim Gesunden außerordentlich niedrig liegen. Man kann versuchen, die photometrische Messung dadurch zu verbessern, daß man den NADH-Verbrauch 5 Minuten lang mißt; dann entspricht z. B. nach einer Vorschrift eine Extinktionsdifferenz von 0, 005 pro 5 Minuten einer Aktivität von 0, 9 U/l. Da die Gerätehersteller aber nur eine Konstanz der Extinktion von 0, 010 pro Stunde garantieren, sind die Messungen mit einer Unsicherheit von 0, 001 pro 5 Minuten belastet; nach unseren Ergebnissen bei Kontrollmessungen gegen eine Küvette mit verdünnter Pikrinsäurelösung kommen Schwankungen in dieser Größenordnung tatsächlich nicht selten vor. Berücksichtigt man diese Problematik bei der Messung, so ist einzusehen, daß es keinen Sinn hat, die GLDH-Aktivität (wie auch die Aktivität der Transaminasen) mit Nachkommastellen anzugeben.
Die unspezifische Extinktionsabnahme, die man bei der GLDH findet, ist auch bei den Transaminasen vorhanden, die Ansätze ähneln sich ja sehr. Wenn die GLDH-Werte falsch werden, dann werden die Transaminasenwerte auch falsch.

Frau SCHMIDT:
Ich möchte zur Bestimmung der Transaminasen etwas sagen. Wir haben von jeher betont, daß man den - vor allem durch die GLDH-Aktivität bedingten - Schleich abziehen müßte und haben das, ehe wir konfektionierte Tests benutzten, auch immer getan. Mit der Aminosäure im Puffer und erst recht im Monotest geht das nicht mehr. Es ist also ein Konfektionierungsproblem. Andererseits liegen die Normbereiche der Transaminasen um eine Größenordnung höher als die der GLDH. Die Fälle, in denen die Transaminasen im Normbereich oder knapp darüber liegen und gleichzeitig die GLDH so erhöht ist, daß der Fehler, der durch Vernachlässigung des Schleichs entsteht, 10 % überschreitet, sind extrem selten, während der Fehler bei GLDH-Aktivitäten im Grenzbereich der Norm in einem Drittel 10 % und in 9 % der Fälle 30 % überschreitet. Das ist doch ein praktisch wichtiger Unterschied.

RICK:
Trotzdem sind die Transaminasen falsch, wenn wir diesen "Schleich" nicht
abziehen, sofern es um die Richtigkeit der Methode geht.
Ein weiterer wichtiger Punkt bei den Transaminasen ist, daß die Farbtests
überhaupt nicht mehr angewandt werden sollten. In der Literatur finden sich
zahlreiche Arbeiten und Leserbriefe über Störungen dieser Farbtests durch
Ketosäuren, durch Acetessigsäure und durch die verschiedensten inter-
ferierenden Medikamente; dann wird mit großer Mühe recherchiert, wie
hoch die Aktivitäten im UV-Test sind. Wir sind dadurch in einer sehr guten
Position, daß wir - jedenfalls in den Kliniken und in größeren Praxen - nur
UV-Tests benutzen.
Nun zur Umstellung der Methoden: Es wäre natürlich günstiger gewesen,
wenn man aus den Diskussionen beim Enzymsymposium in Heidelberg im
Februar 1967 sofort den Schluß gezogen hätte, daß die Meßmethodik verbessert und standardisiert werden muß. Damals war die Situation ja folgende:
Eine große Zahl von Laboratorien hat die Aktivitäten nach WROBLEWSKI-
Einheiten angegeben, eine große Zahl hat Internationale Einheiten errechnet,
aber mit WROBLEWSKI-Normbereichen interpretiert, und damals begannen
die von SCHMIDT und SCHMIDT erarbeiteten Normbereiche sich durchzusetzen. Wenn man damals diese Optimierung vorgenommen hätte, dann hätte
man sich viele Umstellungen in der gedanklichen Bewertung ersparen können.

DENGLER:
Herr SCHMIDT hat die Verhältnisse in einem verhältnismäßig günstigen Rahmen dargestellt, nämlich in dem einer Klinik. Einmal im Monat kommen die
niedergelassenen Ärzte zur Fortbildung in unsere Klinik. Herr SZASZ hat
die Diskussionen miterlebt, bei denen echte Probleme deutlich werden: Man
muß heute in Arztbriefen z. B. bei den Phosphatasen angeben, wo die Ergebnisse ermittelt wurden. Universitätskliniken, Krankenhäuser und nieder-
gelassene Laborärzte verwenden zum Teil unterschiedliche Methoden, so
daß es für die Kollegen nicht mehr möglich ist zu wissen, welche Normbereiche für die einzelnen Methoden gelten. Sie können sagen, man muß den
Normbereich dahinter schreiben. Wer das Problem der Schreibkräfte in der
Klinik kennt, weiß, daß dies nicht praktikabel ist. Das gleiche gilt für
QUICK-, Thrombo- und Normotest. Ich meine, man muß in diesem Zusammenhang berücksichtigen, daß es auch außerhalb der Kliniken praktisch
tätige Kollegen gibt.

KATTERMANN:
Das Beispiel der alkalischen Phosphatase war vielleicht nicht das glücklich-
ste, denn da war ja gerade die Verwirrung und die Differenz der Methoden
die allergrößte. Ich glaube, gerade bei der alkalischen Phosphatase haben
die Klinischen Chemiker die größte Berechtigung, auf einen gewissen Fortschritt hinzuweisen.

DENGLER:
Ich wollte nicht speziell auf die Phosphatase hinweisen, sondern auf die
Schwierigkeiten des Praktikers, sich zu viele Zahlen merken zu müssen.

ZÖLLNER:
Änderungen durch neue Konventionen, die ja auch, wie wir vorher gehört
haben, bei den Enzymen im Grunde keine endgültigen Präzisierungen, sondern nur andere Konventionen sind, erfordern einen längerdauernden Lernprozeß. Alle anwesenden Kliniker werden mir beipflichten, daß z. B. allein
bei der Verbesserung der Blutzuckerbestimmung durch Übergang von HAGE-
DORN-JENSEN auf die enzymatische Methode oder die o-Toluidin-Methode
der Lernprozeß einige Jahre gedauert hat. Das sind die Latenzen, mit denen
Sie rechnen müssen; wenn Sie raschere Änderungen vorschlagen, haben wir
in der Belehrung der Ärzte, die ja zu unserem Handwerk gehört, zusätzliche
Schwierigkeiten.

DENGLER:
Die neuen Normbereiche sind nur ein Teil der Bewertung, man muß ja noch
weitergehen. Wir brauchen z. B. das Verhältnis der Transaminasen zur
alkalischen Phosphatase bei der Differentialdiagnose Hepatitis und Verschluß-
ikterus. Das hat - jedenfalls bei mir - einer erheblichen Umstellung bedurft.

LAUE:
Im Grunde erwartet der Kliniker vom Laboratorium nicht eine Zahl mit
Dimensionsangabe, sondern er will wissen, ob dieser oder jener Parameter
signifikant von einem Referenzkollektiv abweicht oder nicht. Dank der Möglichkeiten, die uns die elektronische Datenverarbeitung heute bietet, und
dank der Information, die wir aus der ständigen Qualitätskontrolle gewinnen,
sind wir in der Lage, die Dignität eines jeden Wertes, der unser Labor ver-
läßt, anzugeben und zwar einschließlich des sogenannten Normalbereichs.
Es fällt uns auch nicht schwer, Produkte und Quotienten aus verschiedenen
Ergebnissen zu bilden, und wir können den Befund mit einem umfangreichen
Kommentar ausstatten. Die Gefahr liegt aber darin, daß bei diesem Über-
angebot an Information der Arzt die für ihn entscheidenden Kriterien nicht
erfaßt. Ich sehe eine sehr große Aufgabe für den Klinischen Chemiker darin,
dem Arzt die Information, die er benötigt, in einer optimalen Form anzubieten. Nicht umsonst sind Analogdarstellungen in der Medizin sehr geschätzt, z. B. EKG, Fieberkurve usw., weil diese Darstellungsart das
rasche Erkennen von Verläufen und Zusammenhängen gestattet. Es wird
unsere Aufgabe sein, den Computerausdruck so zu gestalten, daß der Arzt
die wesentliche Information leicht erfassen und verarbeiten kann.

Frau SCHMIDT:
Ich möchte etwas zur Diskussionsbemerkung von Herrn LAUE sagen. Es
heißt immer, es sei wichtig, einen pathologischen Meßwert von den Meßwerten eines Referenz-Normkollektivs unterscheiden zu können. Das ist
aber doch das Allermindeste! Die Feststellung, daß ein pathologischer Befund vorliegt, ist doch nur der erste diagnostische Schritt. Die nächste
Frage ist: Wie pathologisch, und das nicht nur in bezug auf die Schwere,
sondern auch auf die Art der pathologischen Veränderung? Letzteres ist nur
durch die Einordnung der einzelnen Befunde in das Gesamtbild zu erkennen.
Und hier beginnen in der Praxis erst die wirklichen Schwierigkeiten bei der
Einführung neuer Maßsysteme oder neuer Methoden. Die Erfahrung in der

Zuordnung von Funktionsmustern zu bestimmten pathologischen Zuständen,
die auf den früheren Zahlenrelationen basiert, kann nicht mehr genutzt werden. Die Vorstellungskraft versagt zunächst angesichts der Fülle der Daten,
die nun in anderen Relationen zueinander stehen. Erst in einem neuen Lernprozeß kann langsam die alte Sicherheit wiedergewonnen werden. Das ist
das wirkliche Problem für den Arzt bei jeder Umstellung von Labormethoden
oder Maßsystemen, und es wird nicht durch die Neufestsetzung von Normbereichen gelöst.

ZÖLLNER:
Man muß sich darüber im klaren sein, daß die Standardisierung einer Enzym-
aktivitätsbestimmung innerhalb eines konventionellen cm-g-sec-System ab-
läuft, und wenn der Urmeter verloren ginge und ein neuer Urmeter mit 1,05
m aus dem Gedächtnis rekonstruiert würde, dann bestünde überhaupt keine
Basis mehr für den Vergleich der Werte. Wenn Sie aber Mengen vergleichen
- ich darf an die Mengenlehre von der Volksschule erinnern - dann ist es
völlig gleichgültig, welche Maße Sie nehmen, weil der Maßstab dann in den
Vergleich eingeht. Ich habe das Problem aufgebracht, weil die Klinischen
Chemiker jetzt die Dimension mmol/l einführen wollen. Das ist etwas - ich
muß Herrn SCHMIDT nochmals sekundieren - wo Sie an uns Klinikern vor-
beibeschlossen haben. Es gibt ganze Teile der Klinischen Chemie, wo wir
im Interesse der Verständlichkeit um konventionelle Mengenangaben nicht
herumkommen; ich denke z. B. an die Diabetes-Therapie. Wenn Sie den
Blutzucker in Zukunft in mmol/l angeben, was machen Sie dann mit der Ausscheidung? Wie wollen Sie die Ausscheidung in mmol/die auf die Calorien
und auf die Zufuhr in der Diät beziehen?

DENGLER:
Bisher sprachen wir über die Umstellung auf standardisierte Methoden zur
Bestimmung von Enzymaktivitäten. Die Umstellung der Blutzuckerwerte auf
mmol/l hat für mich nichts damit zu tun, diese neuen Einheiten gelten ja
nur für den Geschäftsverkehr. Wir wollen von der Klinik her sagen, daß wir
an der Standardisierung der Methodik, an einer Einheitlichkeit und an einer
- soweit das möglich ist - Dauerhaftigkeit interessiert sind. Wir sind mäßig
bis nicht interessiert an Änderungen, die ich als modisch und etwas zu fort-
schrittlich gedacht empfinde und deren Notwendigkeit ich noch nicht einsehe.

BÜTTNER:
Herr ZÖLLNER, Sie sind nicht richtig informiert, wenn Sie meinen, das sei
eine boshafte Aktion der Klinischen Chemiker. Das ist keinesfalls so. Das
Problem der Maßeinheiten ist - ähnlich wie wir es hier zwischen Klinik und
Klinischer Chemie haben - ein Problem zwischen den Nationen. Sie wissen,
daß das cm-g-sec-System kurze Zeit nach der Französischen Revolution
festgelegt worden ist, daß es aber heute noch Länder gibt, die in Zoll und
Inch messen. Vor einigen Jahren hat man sich nun international auf ein neues
Maßsystem, das SI-System, geeinigt; die meisten Regierungen haben dieses
System offiziell angenommen. Das ist eine Tatsache und daher rührt die
Änderung des Maßsystems, die wir jetzt eingeführt haben. Es ist nach dem
neuen SI-System notwendig, beispielsweise die Minute durch die Sekunde zu

ersetzen. Es ist auch notwendig, daß beispielsweise beim Blutdruck die
Druckeinheit mm Quecksilbersäule durch Kilo-Pascal ersetzt wird. Alle
diese Änderungen werden Sie in der klinischen Arbeit noch viel mehr beeinträchtigen. An der Übernahme des SI-Systems führt auf lange Sicht kein Weg
vorbei, das darf ich einmal ganz offen sagen. Daraufhin haben wir uns in
der Klinischen Chemie entschlossen, die Bereinigung, die sein muß und die
uns von außen her aufgezwungen worden ist, nun auf einmal durchzuführen
und mit einem konsequenten Maßsystem neu anzufangen. Wir tun das nicht
etwa, weil wir glauben, daß diese oder jene Maßeinheit hübscher wäre oder
weil wir glauben, eine puristische Vorstellung verfolgen zu müssen, sondern
es sind zwangsläufige Auswirkungen der internationalen Einigung über das
Maßeinheitensystem.

DENGLER:
Sie haben ein sehr gutes Beispiel gebracht, ein Beispiel, das zeigt, daß man
sich wehren kann. Wir haben erreicht, daß wir den Blutdruck nicht in Kilo-
Pascal messen.

BÜTTNER:
Sie haben das nicht erreicht.

DENGLER:
Doch, wir haben es erreicht.

BÜTTNER:
Die klinischen Physiologen haben eine Resolution, aber diese Resolution
wird die Änderung nicht aufhalten können. Wir werden in Zukunft Kilowatt
statt PS beim Auto und Kilo-Pascal beim Druck (Luftdruck, Blutdruck) verwenden müssen.

DENGLER:
In den letzten 14 Tagen sieht es so aus, als ob die Resolution angenommen
wird. Aber Sie werden mit Sicherheit nicht erreichen, daß Sie beim Bäcker
Zucker in mmol einkaufen können.

LANG:
Die Herren SCHMIDT und HILLMANN haben die Industrie angesprochen. Es
läßt sich nicht leugnen, daß es hier zur Zeit verschiedene Meinungen über
den günstigsten Zeitpunkt der Umstellung auf die optimierten Methoden gibt.
Ebenso gibt es auch in einzelnen technischen Fragen noch Differenzen. Diese
Meinungsverschiedenheiten sind ebenso unvermeidbar und legitim wie unter-
schiedliche Meinungen zwischen Arbeitsgruppen in Kliniken und Instituten.
Zur Klärung der technischen Fragen haben sich die in Frage kommenden
Firmen bereits zusammengesetzt. Wir haben begonnen, durch gemeinsame
Versuche die von Ihnen beklagten Differenzen bei der GLDH beizulegen. Im
Rahmen der Enzymkommission werden wir zu einer vernünftigen Lösung
kommen.
Ich muß Sie noch einmal daran erinnern, Herr SCHMIDT, daß Sie in der
Enzymkommission auf den raschest möglichen Abschluß der Empfehlungen

drängten. Wenn Sie nun eine nicht ausreichende Standardisierung und die
fehlende Einheitlichkeit feststellen, sollten Sie mithelfen, die Arbeit an diesen Problemen in der Enzymkommission zu beschleunigen. Ganz unabhängig
davon bereitet ein so komplexes Unternehmen, wie die Umstellung auf die
optimierten Methoden, Anfangsschwierigkeiten und Sie können nicht erwarten, daß diese innerhalb von 6 Monaten in allen Einzelheiten gelöst sind.

SCHMIDT:
Natürlich bedeutet die Umstellung Schwierigkeiten; Schwierigkeiten, die in
Kauf genommen werden müssen, um zu einer größeren Verständigung miteinander zu kommen. Man sollte jedoch - und das war mein Anliegen - die
Auswirkungen dieser Veränderungen nicht unterschätzen. Änderungen, die
von einer relativ kleinen Gruppe von Klinikern und Klinischen Chemikern
beschlossen werden, führen zu neuen Lernprozessen bei vielen tausend
praktisch tätigen Ärzten und verschlechtern vorübergehend auch den Nutz-
effekt der in den Laboratorien geleisteten Arbeit.

Präzisierung von Normalwertbereichen

H. BÜTTNER

Die Bearbeitung und Lösung des Normalwertproblems ist eine der vordring-
lichen Aufgaben der heutigen Klinischen Chemie. Wir alle benutzen täglich
sogenannte Normalwerte, um Resultate unserer Laboruntersuchungen zu
interpretieren. Doch wie zuverlässig ist diese Interpretation, die als Transversalbeurteilung bezeichnet wird, mit den gegenwärtig verfügbaren "Normalwerten"? Die in der Literatur angegebenen Werte können keinesfalls als
"harte Daten" angesehen werden (vgl. Beispiel in Abb. 1) und die in vielen

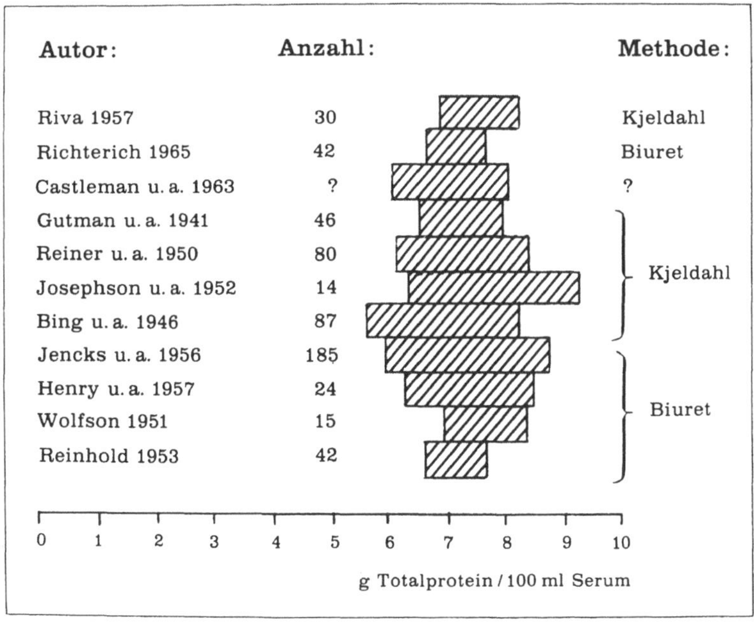

Abb. 1. Proteinnormalwerte aus der Literatur.

Laboratorien gebräuchlichen "hauseigenen" Normalwerte sind meist nicht
viel besser. Für eine Optimierung der Diagnostik ist es aber notwendig, die
Zuverlässigkeit der Transversalbeurteilung zu gewährleisten. Dies kann nur
erreicht werden, wenn der einzelne Analysenwert ebenso wie der Normalwertbereich so exakt wie möglich ermittelt wird.

Definition

Unter Normalwertbereich verstehen wir in der Klinischen Chemie in erster
Annäherung den Konzentrationsbereich, in dem die Analysenergebnisse gesunder, "normaler" Personen zu erwarten sind. Da aber immer nur eine begrenzte Anzahl gesunder Personen untersucht werden kann, ist die Definition
eines Normalwertbereichs notwendigerweise ein statistisches Problem. Hierfür muß ein geeignetes Modell gefunden werden, etwa durch folgende Festlegung: Der Normalwertbereich ist ein Bereich von Werten, die bei gesunden
Personen vorkommen können und dem eine vorgegebene Wahrscheinlichkeit
zukommt. Eine praktische und in den letzten Jahren allgemein übliche Festlegung besagt, daß 95 % der möglichen Werte innerhalb des definierten Bereichs liegen.

Die Ermittlung des Normalwertbereichs bereitet keine Schwierigkeiten, wenn
die zugrundeliegende Häufigkeitsverteilung eine Normalverteilung ist. Es genügen in diesem Falle bekanntlich zwei Parameter zur Beschreibung: Lage-
und Streuungsparameter. Bei vielen Blutbestandteilen liegen jedoch kompliziertere Verteilungstypen vor (Tab. 1), so daß die Berechnung der Normalwertbereiche nur nach Transformation (log-normale Verteilung) oder mittels
parameterfreier Methoden (etwa Percentile) erfolgen kann.

Tab. 1. Verteilungstypen bei Laboranalysen (STAMM (2)).

Serum-bestandteil	Verteilungstyp		
	WOOTTON	ROBERTS	STAMM
Gesamteiweiß	normal	normal	normal
Natrium	normal	normal	normal
Kalium	log-normal	normal	normal
Calcium	normal	normal	normal
Chlorid	normal	normal	—
Phosphor, anorg.	normal	normal	—
Harnstoff-N	—	log-normal	normal
Kreatinin	—	log-normal	normal
Harnsäure	—	normal	2 Kollektive
Bilirubin	log-normal	log-normal	—
Amylase	log-normal	normal	—
alkal. Phosphatase	log-normal	log-normal	2 Kollektive
saure Phosphatase	log-normal	—	—

Zuverlässigkeit von Normalwertbereichen

Die Zuverlässigkeit eines ermittelten Normalwertbereichs ist in sehr komplexer Weise von einer Reihe von Faktoren abhängig, deren Berücksichtigung gegenwärtig noch nicht immer möglich ist. Immerhin kann man als Voraussetzungen für die zuverlässige Ermittlung von Normalwertbereichen hervorheben:

1. Verwendung eines geeigneten statistischen Modells
2. Repräsentative Stichprobe
3. Standardisierung der "Randbedingungen"
4. Bekannte und ausreichende Zuverlässigkeit der Analyse.

Große praktische Schwierigkeiten, auf die hier nicht eingegangen werden soll, bereitet die Auswahl der Stichprobe. Medizinstudenten, medizinisch-technische Assistentinnen, Schwestern oder Blutspender sind zwar leicht erreichbar, aber sicher nicht repräsentativ für die gesunde Bevölkerung. Die Standardisierung der Randbedingungen ist in der gestrigen Nachmittagssitzung ausführlich behandelt worden.

Im folgenden soll nun der Einfluß der Zuverlässigkeit der Analyse auf den Normalwertbereich eingehender betrachtet werden.

Zuverlässigkeit der Analyse und Normalwertbereich

Jedem Analytiker ist geläufig, daß Analysenergebnisse mit einem Beobachtungs- oder Analysenfehler behaftet sind. Umso erstaunlicher ist es darum, daß der Einfluß des Analysenfehlers auf den Normalwertbereich bis vor wenigen Jahren unberücksichtigt geblieben ist. Erst 1963 hat der Kanadier TONKS nachdrücklich auf diesen Zusammenhang aufmerksam gemacht. Die mangelnde Zuverlässigkeit einer Analyse hat in zweierlei Weise Einfluß auf den Normalwertbereich:

1. Auf den Streuungsparameter, d. h. die "Breite" des Normalwertbereichs,
2. auf den Lageparameter, d. h. die Lage des Normalwertbereichs auf der Konzentrationsskala.

Die beiden Einflüsse sollen im folgenden getrennt behandelt werden.

Analysenpräzision und Streuungsparameter des Normalwertbereichs

Am Zustandekommen eines Normalwertes ist eine Vielzahl von Einflüssen beteiligt, die im einzelnen nicht zu identifizieren sind. Wir können versuchen, aus theoretischen Erwägungen heraus bestimmte Einflußgrößen zu untersuchen. So wird man annehmen können, daß beim Normalwert der intraindividuelle Einfluß von einer interindividuellen Einflußgröße überlagert wird. Hinzu kommt der Einfluß der Analytik. Zur quantitativen Behandlung ist ein wahrscheinlichkeitstheoretisches Modell erforderlich, welches etwa in der Vorstellung bestehen könnte, daß sich alle Einflußgrößen additiv überlagern und stochastisch voneinander unabhängig sind (Abb. 2).

Normalwert: Additives Modell

Normalwert =

Einfluß 1   +   Einfluß 2   +   Einfluß 3 .... +   Resteinflüsse

Intraindividuell   Interindividuell   Analytik

$$\sigma^2(X) = \sigma_1^2 + \sigma_2^2 + \sigma_3^2 + \ldots\ldots + \sigma^2(R)$$

Abb. 2. Normalwert: additives Modell.

Durch Varianzanalyse der Ergebnisse geeignet angelegter Untersuchungen lassen sich die einzelnen Streuungskomponenten isolieren. Seit kurzem sind wir dank umfangreicher Untersuchungen des Arbeitskreises von COTLOVE am NIH in Bethesda in der glücklichen Lage, einige Beispiele quantitativ behandeln zu können. In Abb. 3 ist aus dem Material von COTLOVE und Mitarbeitern am Beispiel der Chloridbestimmung im Serum dargestellt, aus welchen Streuungskomponenten der Normalwertbereich zusammengesetzt ist.

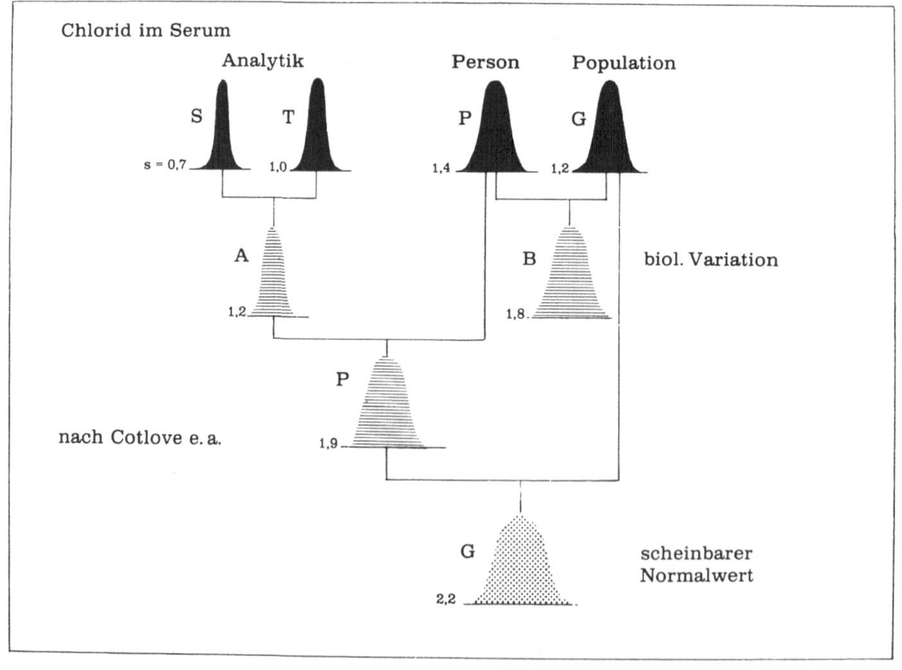

Abb. 3. Streuungskomponenten Normalwertbereich.

In Ergänzung dazu gibt Tab. 2 die Definition der einzelnen Streuungsgrößen.
Wir sehen an diesem Beispiel, daß die uns interessierende "biologische
Variation", d. h. die "Breite" des wahren Normalwertbereichs, nur wenig
größer ist als die unvermeidliche analytische Variation.

Tab. 2. Komponenten der beobachteten Variation.

1. Analytische Variation

$$S_A^2 = S_S^2 + S_T^2$$

S_S in der Serie

S_T Langzeit

2. Intraindividuelle Variation (Person)

$$S_P^2 = S_{P'}^2 - S_A^2$$

$S_{P'}$ beobachtete Variation

3. Interindividuelle Variation (Gruppe)

$$S_G^2 = S_{G'}^2 - S_{P'}^2$$

$S_{G'}$ beobachtete Variation

Wenn wir nun fragen, um wieviel der Normalwertbereich durch eine gegebene Analysenpräzision "aufgeweitet" wird, so läßt sich dies unter Be-
nutzung eines ähnlichen Modells leicht berechnen (Tab. 3). HANSERT hat
kürzlich eine genauere Berechnung unter der Annahme durchgeführt, daß
neben dem Einfluß der Analytik noch unidentifizierte Einflüsse auf den Normalwert bestehen (2).

Die genauere Untersuchung des Problems Analysenpräzision und Normalwertbereich wirft eine Reihe von Fragen auf, die derzeit noch nicht alle zu
lösen sind. Es ist bereits darauf hingewiesen worden, daß die am Beispiel
der Chloridwerte gezeigte Berechnung voraussetzt, daß die einzelnen Streuungskomponenten normal verteilt und stochastisch unabhängig sein müssen.
Gegenwärtig wissen wir noch wenig Genaues über die Verteilungstypen bei
Analysenfehlern, besonders bei Verwendung von mechanisierten Geräten.

Eine besondere Schwierigkeit ergibt sich bei dem Versuch, die Langzeitkomponente der Präzision zu ermitteln. Zwar können wir durch Mehrfach-
analyse leicht die Präzision in der Serie bestimmen, Rückschlüsse auf die
Langzeitkomponente sind hingegen nur auf dem Umweg über Daten aus der
statistischen Qualitätskontrolle erhältlich. Die bisher vorliegenden Informationen zeigen, daß die Langzeitkomponente bei fast jeder untersuchten klinisch-chemischen Methode wesentlich größer ist als die Präzision in der
Serie. Die Langzeitkomponente wird damit für die Interpretation von Laborbefunden wichtiger als die Präzision in der Serie (Beispiele in Tab. 4).

Tab. 3. Fehler des scheinbaren Normalwertbereichs.

S_A	= Analytische Variation		
S_B	= Biologische Variation		
$S_{G'}$	= Beobachtete Variation = $S_B^2 + S_A^2$		

$$S_{G'}^2 = S_B^2 + (X \cdot S_B)^2 \qquad \text{wobei} \quad \frac{S_A}{S_B} = X$$

$\dfrac{S_A}{S_B}$	$\dfrac{S_A}{\text{Normalwertbereich}}$	% Fehler	Mindest-forderung
$\dfrac{1}{5}$	$\dfrac{1}{20}$	2, 0	
$\dfrac{1}{4}$	$\dfrac{1}{16}$	3, 1	SELIGSON, CAP
$\dfrac{1}{3}$	$\dfrac{1}{12}$	5, 3	
$\dfrac{1}{2}$	$\dfrac{1}{8}$	11, 8	TONKS, COTLOVE
$\dfrac{1}{1}$	$\dfrac{1}{4}$	41, 4	

Tab. 4. Anteil Variation "in der Serie" (S) und "Langzeit" (T) an der analytischen Variation (HARRIS a. o. 1970).

Analyse	VK_T	VK_S	$\dfrac{VK_T}{VK_S}$
Na	1, 0	0, 6	1, 67
K	1, 4	1, 7	0, 82
Cl	1, 0	0, 7	1, 43
Ca	2, 7	1, 7	1, 59
Mg	4, 4	2, 7	2, 63
P	4, 9	4, 0	1, 23
Protein	3, 0	1, 6	1, 88
Harnsäure	3, 5	3, 3	1, 06
Harnstoff-N	7, 4	4, 3	1, 72
Glucose	2, 5	2, 7	0, 93
Cholesterin	3, 9	3, 0	1, 30

Besonderes Augenmerk muß der unteren Grenze eines Normalwertbereichs geschenkt werden, wenn diese in der Nähe der Nachweisgrenze gelegen ist. Ein derartiger Fall war beispielsweise bei den nichtoptimierten Tests für GPT und GOT sowie bei dem nichtaktivierten CK-Test gegeben. In Abb. 4 ist eine der gebräuchlichen Definitionen für die Nachweisgrenze angegeben.

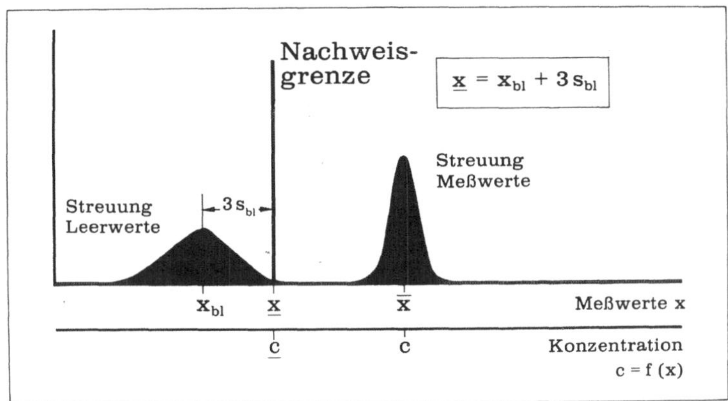

Abb. 4. Definition der Nachweisgrenze.

Schließlich sei in diesem Zusammenhang darauf hingewiesen, daß wir gegenwärtig noch keine Möglichkeit besitzen, die bei Probenahme und Probentransport auftretenden Fehler zu quantifizieren. In dem vorhin behandelten statistischen Modell für den Normalwert verbergen sich derartige Fehler unter "Resteinflüssen" und wir können gegenwärtig nicht einmal abschätzen, wie groß diese Einflüsse sind.

Richtigkeit der Analyse und Lageparameter des Normalwertbereichs

Normalwerte werden nicht nur durch die Präzision der verwendeten Analysenmethode, sondern ganz erheblich auch durch die Richtigkeit der Analysenmethode beeinflußt. Hinter der geläufigen Bezeichnung "methodenabhängige Normalwerte" verbirgt sich die bekannte Tatsache, daß etwa der Normalwertbereich für die Blutglucosekonzentration bei Verwendung der früher üblichen Reduktionsmethoden erheblich höher liegt als bei Anwendung der enzymatischen Methoden. In diesem Fall ist es die mangelnde Spezifität der erstgenannten Methode, die falsche Normalwertbereiche ergibt. Zu den auch gegenwärtig noch weitverbreiteten Verfahren mit methodenabhängigen Normalwerten gehört beispielsweise die Elektrophorese.

Aber nicht nur vom Prinzip her unterschiedliche Methoden müssen in unserem Zusammenhang betrachtet werden. Auch Fehler und Schwankungen der Richtigkeit ein und derselben Methode wirken sich auf den Lageparameter des Normalwertbereichs aus. Wenn beispielsweise ein Laboratorium mit mangelnder Richtigkeit, d. h. mit einem systematischen Fehler, arbeitet, dann darf auch der für die betreffende Methode ermittelte Normalwertbereich nicht verwendet werden, eine Forderung, die gegenwärtig nur in wenigen Laboratorien Beachtung findet.

Die moderne Klinische Chemie sieht in der Verbesserung der Richtigkeit eines der zentralen Probleme. Ein Fortschritt kann hier nur erwartet werden, wenn die in der Routine benutzten Methoden durch sogenannte Referenzmethoden überprüft werden, wenn zur Eichung einwandfreie Standardmaterialien verwendet werden und wenn innerhalb der Qualitätskontrollsysteme der Laboratorien nicht nur die Kontrolle der Präzision, sondern vordringlich auch die Kontrolle der Richtigkeit durchgeführt wird. Besondere Probleme ergeben sich durch allmähliche Veränderungen der Richtigkeit (etwa im Sinne eines Trends), die oft nur schwer zu erkennen sind.

Wie erreichen wir präzisere Normalwertbereiche?

Aus den vorangehenden Ausführungen ergibt sich, daß wir - auch vom Standpunkt der klinisch-chemischen Analytik gesehen - in der Erfassung der Probleme des Normalwertbereichs noch am Anfang stehen. Dennoch lassen sich einige Forderungen herausstellen, die erfüllt werden müssen, wenn wir zu präziseren Normalwertbereichen kommen wollen:

1. Ermittlung von Normalwertbereichen nur unter umfassender Qualitätskontrolle,

2. Verbesserung der Langzeit-Präzision der Methoden,

3. Verbesserung der Richtigkeit, insbesondere über Langzeitperioden (Ziel: absolute Werte, keine Trends),

4. Erarbeitung von "minimum requirements" für Präzision und Richtigkeit.

In meinen Ausführungen mußte ich notgedrungen eine Fülle von Schwierigkeiten und Problemen behandeln, mit denen wir gegenwärtig zu kämpfen haben. Es sei mir deshalb gestattet, abschließend einige Ziele zu formulieren, die wir anstreben sollten:

1. Kennzeichnung der "analytischen Dignität" eines jeden Analysenresultats,

2. Verwendung der isolierten biologischen Streuung als Normalwertbereich,

3. Ermittlung individueller Normalwertbereiche für Einzelpersonen.

<u>Literatur</u>

1. BÜTTNER, H.: Scand. J. clin. Lab. Invest. <u>29</u>, Suppl. 126, 19. 5 (1972).

2. BÜTTNER, H., HANSERT, E. und STAMM, D.: Auswertung, Kontrolle und Beurteilung von Meßergebnissen.
In: BERGMEYER, H.U. (Hrsg.), Methoden der enzymatischen Analyse, 2. Aufl., S. 281.
Weinheim: Verlag Chemie 1970.

3. COTLOVE, E., HARRIS, E.K. and WILLIAMS, G.Z.: Clin. Chem. <u>16</u>, 1028 (1970).

4. HARRIS, E.K., KANOFSKY, P., SHAKARJI, G. and COTLOVE, E.: Clin. Chem. <u>16</u>, 1022 (1970).

5. KAISER, H.: Z. anal. Chem. <u>209</u>, 1 (1965); <u>216</u>, 80 (1966).

6. TONKS, D.B.: Clin. Chem. <u>9</u>, 217 (1963).

7. WILLIAMS, G.Z., YOUNG, D.S., STEIN, M.R. and COTLOVE, E.: Clin. Chem. <u>16</u>, 1016 (1970).

DISKUSSION

ZÖLLNER:
Sie haben das Problem angeschnitten, das uns Kliniker am meisten plagt,
und Sie sind mit einem Satz über die meines Erachtens größte Schwierigkeit
hinweggegangen. Sie haben nämlich gesagt, daß Normalwerte die Werte sind,
die bei Gesunden gefunden werden können. Sie haben dabei folgende Probleme
völlig umgangen: 1. Was ist überhaupt ein Gesunder? 2. Wie kann man ihn
charakterisieren? Sie können sagen, das wäre nicht Ihres Amtes. Aber teilweise ist es doch Ihres Amtes, weil Sie durch die Mitwirkung bei prospektiven epidemiologischen und soziologischen Studien eine wesentliche Rolle
spielen, speziell bei der nachträglichen Beurteilung von vor Jahren gewonnenen Laborbefunden. Ich hätte doch gewünscht, daß Sie in Ihrem Vortrag
etwas über die Auswertung prospektiver Studien in Bezug auf die Normalwerte gebracht hätten.
Das zweite, was ich ergänzen möchte, ist die Frage, ob es überhaupt theoretisch denkbar ist, daß wir bei einem Normbereich anlangen, ob der Wert
nicht nur - ich erinnere an meine Ausführungen - für eine jeweilige Situation
gilt, die rasch wechseln kann. Bekommen wir nicht auch bei Gesunden unter
Umständen zwei Kollektive, nämlich solche, die später einmal krank werden
und solche, die später nicht krank werden? Das sind Dinge, die meiner Ansicht nach von der Klinischen Chemie mit zu bearbeiten und mit zu beantworten sind. Was mich sehr gefreut hat, ist, daß die isolierte biologische
Streuung vorkam. Das bedeutet doch wohl, daß für jedes Labor die analytischen Streuungen hinzukommen, ehe die für das jeweilige Labor gültigen
Normbereiche hinausgegeben werden.

BÜTTNER:
Es ist völlig richtig, daß die beiden kritischen Punkte: Was ist ein Gesunder,
wie kann man ihn feststellen? von mir weggelassen wurden, aber bei der
Formulierung des Themas, so wie es mit Herrn RÓKA abgesprochen war,
hatte ich die Aufgabe, das Problem vom Standpunkt der Analytik in der Klinischen Chemie darzustellen. Das andere Problem können wir - Kliniker,
Klinische Chemiker und Statistiker - nur gemeinsam bearbeiten. Die Definitionen: Was ist normal? was ist gesund? sind Fragen, die wir wahrscheinlich nur pragmatisch angehen können, sonst würden wir zu Beginn schon
steckenbleiben. Ich bin ganz Ihrer Meinung, daß dies die Kernprobleme über-

haupt sind; aber es wäre weit über den Rahmen dieses Referates hinausgegangen, darüber zu sprechen.

KREUTZ:
Ich möchte zum Problem der Normbereiche zwei Beispiele zeigen. In Abb. 1

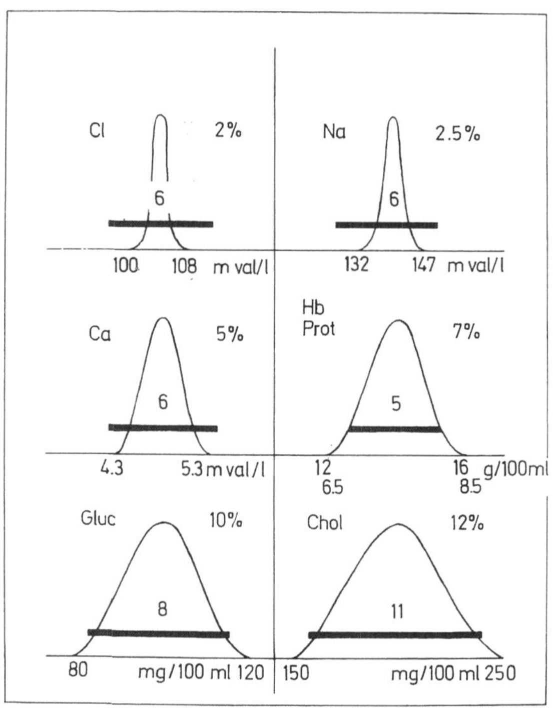

Abb. 1

ist der gegenwärtige Stand der Analytik dargestellt. Die GAUSS-Kurven
sollen das kennzeichnen, was wir bisher gewohnt sind, als Normbereich
für die einzelnen Bestandteile zu akzeptieren. Sie sehen, daß es enge Normbereiche gibt und andere, die sehr weit streuen. Die schwarzen Balken sind
die methodischen Streubereiche ± 2 Standardabweichungen - also die Strecke
von 4 Standardabweichungen - die aus den Ergebnissen eines vorjährigen
Ringversuchs stammen. Sie sehen, daß fast überall die Relation von 1 : 1
zwischen biologischer und methodischer Streuung besteht, wie sie Herr
BÜTTNER in einer Tabelle erwähnt hat. Diese Relation der Standardabweichungen von 1 : 1 bedeutet eine Unsicherheit von etwa 40 % bei der Beurteilung des Normbereichs. Wir müssen also noch eine ganze Menge tun. Wir
dürfen dabei nicht vergessen, daß diese Normbereiche, wie wir sie akzeptieren, alle durch unsere immer noch sehr großen Gesamt-Analysenfehler
künstlich aufgeweitet sind.

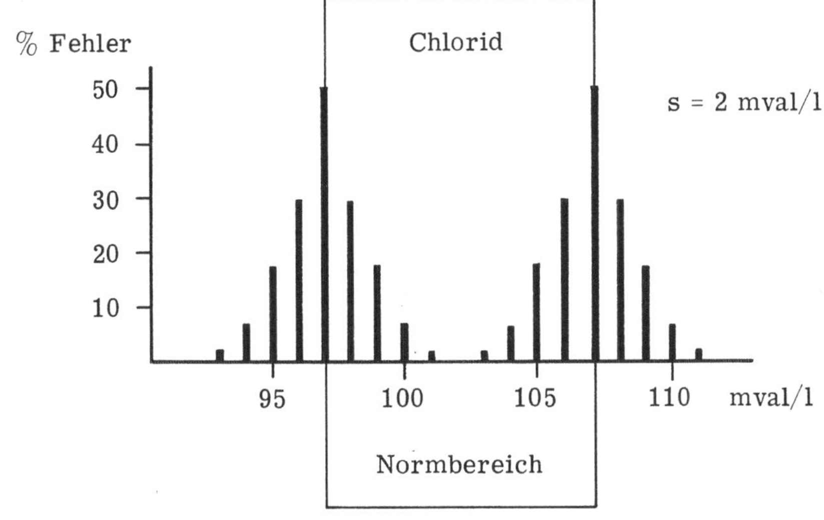

Abb. 2

Abb. 2 zeigt eine andere Darstellungsweise zur Beurteilung des schon von
Herrn BÜTTNER gebrachten Beispiels Chlorid. Wenn wir eine Standardabweichung der Methode von 2 mval/1 annehmen - das sind ungefähr 2 % -
und einen Normbereich von 97 - 107 mval/1, dann ist ein Ergebnis von 95
mval/1 mit einem Unsicherheitsfaktor von 15 % behaftet. Es kann noch normal sein. Umgekehrt kann der Wert von 99 mval/1 mit einem Wahrschein-
lichkeitsgrad von 15 % auch schon pathologisch sein.

APPEL:
Herr BÜTTNER, sprechen Sie von Norm- oder Normalbereich?

BÜTTNER:
Ich benutze den Ausdruck Normalbereich deswegen, weil ich der Meinung
bin, daß man die untere und obere Grenze durch Ziffern angeben soll, nicht
etwa einen Mittelwert ± Standardabweichung o. ä. Einfach deswegen, weil
letzteres ja nur bei einer Normalverteilung zulässig ist; schon bei der
logarithmischen Normalverteilung können wir es nicht mehr so machen.
Wenn Sie die Percentilmethode anwenden, bekommen Sie auch nur Ziffern
für die obere und untere Grenze des Normalbereichs heraus.

APPEL:
Sollte man neben der Spezifität nicht auch die Empfindlichkeit der Methode
steigern? Viele Wünsche der Klinik scheitern vom Labor oder auch von den
Reagentien her an der Empfindlichkeit. Fehlinvestitionen und Fehlarbeit
von uns ließen sich vermeiden, wenn man rechtzeitig daran denkt, ob eine
neu zu entwickelnde Methode brauchbar wird und die Meßwerte sich von den
Leerwerten unterscheiden. Sie haben häufig den Bereich von 3 s benutzt,

ist das nicht ein bißchen weit?

BÜTTNER:
Die Festsetzung der Nachweisgrenze mit 3 s ist zwar etwas pragmatisch,
aber man kommt mit einer engeren Grenze praktisch nicht zurecht. Schon
die simple Überlegung, die Herr RICK vorhin angestellt hat, wie exakt die
3. Stelle der Extinktionswerte eigentlich ist, sagt einem etwas darüber.
Aber wir sollten systematisch beginnen, Material zu sammeln, um Nachweis-
grenzen exakt zu berechnen. Dieses und die Probleme, auf die Herr KREUTZ
eben hingewiesen hat, sagen zusammengenommen vielleicht Herrn SCHMIDT
ein bißchen darüber, warum wir versuchen, unsere Methoden immer wieder
zu verändern, d. h. zu verbessern. Wir sind der Meinung, daß das, was wir
jetzt bieten können, noch nicht ausreichend ist. Die Unruhe, die Sie in der
Klinischen Chemie sehen, kommt von dieser Erkenntnis her. Es ist nicht
Purismus, sondern es ist einfach die Notwendigkeit, noch etwas zu tun.

OETTE:
Ihr Meßwertkollektiv für die Nachweisgrenze war symmetrisch gezeichnet.
Nun liegt bei der Präzision ein Unterschied an der Nachweisgrenze vor. Wie
verstehen Sie das?

BÜTTNER:
Wenn Sie genügend Material haben, können Sie das natürlich berechnen. Dieses war nur ein konstruiertes Beispiel, um zu zeigen, wie man die Nachweisgrenze definieren kann. Die Chemiker benutzen diese Definition häufiger. Die
Formel stammt von KAISER; sie wurde seinerzeit für die Spektroskopie angegeben. Es gibt - wie ich schon sagte - wenig Material über die Verteilung
von Fehlern, insbesondere an Grenzen. Es gibt eigentlich nur eine russische
Untersuchung, in der einige Zahlen stehen (NALIMOV, V. V.: The Applica-
tion of Mathematical Statistics to Chemical Analysis. Oxford: Pergamon
Press 1963). Ich glaube, für unsere Zwecke genügt es im Grunde, so vorzu-
gehen, wie ich es dargestellt habe.

WOLF:
Es wurde gefordert: keine Trends. Zur Zeit gibt es nur Spekulationen, ob
wir überhaupt mit biologischen Trends bei klinisch-chemischen Untersuchungen konfrontiert sind. Deshalb die Frage: Gibt es darüber schon verwertbare
Unterlagen? Vielleicht kann insbesondere Herr STAMM etwas dazu sagen.

BÜTTNER:
Aus dem Material von COTLOVE kann man entnehmen, daß die Trendfreiheit
der Analytik noch nicht groß genug war. Es ist wohl der Punkt, den wir noch
am wenigsten im Griff haben. Wir können mit einigem Aufwand garantieren,
daß unsere Analysen in der Serie hervorragend sind, wir können garantieren,
daß sie für einen kurzen Zeitraum recht gut sind, aber wir können nicht
garantieren, daß wir eineinhalb Jahre später wirklich noch mit den damaligen
Ergebnissen übereinstimmen.

KELLER:
Ich habe eine Frage an Herrn BÜTTNER, die vielleicht Herr ZÖLLNER mit

beantworten kann: Was ist davon zu halten, wenn von Seiten der Epidemio-
logie jetzt der Begriff des Normbereichs ersetzt werden soll durch die
"wünschbaren Grenzen"? Beispielsweise hat FREDRICKSON vor zwei Jahren
gefordert, Cholesterin dürfte beim Gesunden nicht höher als 240 mg/100 ml
sein. Neuerdings dagegen soll Cholesterin nicht höher als 220 mg/100 ml
sein, zwischen 220 und 240 mg/100 ml sei eine Grauzone und jenseits von
240 mg/100 ml müsse mit einem vermehrten Risiko gerechnet werden. Die
Autoren scheinen die reellen Verteilungen nicht zu berücksichtigen, sondern
allein aus einer prospektiven Betrachtungsweise wünschbare Bereiche zu
postulieren. Ähnliches könnte man sich auch für die Harnsäure vorstellen.
Bei der Blutdruckmessung habe ich vor 25 Jahren gelernt, Lebensalter plus
100 sei ein erlaubter systolischer Blutdruck. Davon ist man heute zweifellos
abgekommen, obwohl in den mir bekannten gängigen Lehrbüchern der Inneren
Medizin Verteilungskurven der Blutdruckwerte in Abhängigkeit vom Alter und
Geschlecht nicht wiedergegeben sind.

BÜTTNER:
Ich meine, daß das eine sehr pragmatische Lösung ist, die eigentlich auch
nur deswegen berechtigt ist, weil man es im Augenblick noch nicht anders
machen kann, aber es ist gefährlich, so zu operieren. Sie sehen das gerade
auch an der von Ihnen erwähnten Blutdruckformel. Diese geistert immer noch
herum, obwohl es längst Normalwertverteilungen aus den Lebensversiche-
rungsstatistiken gibt, die ganz anders aussehen. Aber wir müssen dazu das
Material liefern, d. h. Normalwertbereiche in genau definierten Kollektiven,
und das exsistiert gegenwärtig nicht; daher kann ich verstehen, daß die Kliniker auf solch eine Weise das Problem zu lösen versuchen.

Frau WITT:
Das Problem des Klinischen Chemikers in der Pädiatrie ist, daß das Patien-
tenkollektiv nicht nur aus Erwachsenen besteht, sondern auch aus Kindern.
Die Einführung moderner Methoden ist dadurch behindert, daß wir keine
Normbereiche für Kinder haben. Meine Bitte an die Gesellschaft für Klinische Chemie ist, eine gemeinsame Erarbeitung von Normbereichen bei Kindern anzuregen.

LANG:
Wenn Sie im Tag- und Nachtdienst verschiedene Varianten einer Methode
verwenden, würden Sie dann fordern, verschiedene Normalbereiche für diese
Varianten zu ermitteln und anzuwenden?

BÜTTNER:
Wir versuchen durch ein striktes Kontrollsystem das Notfall-Labor, das ja
heute in allen größeren Laboratorien ein getrenntes Labor darstellt, das
mit besonderen Geräten und zum Teil mit anderen Methoden arbeitet, an das
Hauptlabor genau anzuschließen. Das macht viel Mühe, aber meines Erachtens geht es nicht anders. Die Normalmethoden im Nachtdienst einzusetzen,
verbietet sich meistens schon, weil für diese spezielle Geräte und Verfahren
eingesetzt werden, die besonderer Erfahrung bedürfen.

SCRIBA:
Können Sie bitte noch einmal ganz kurz die Dignitätskriterien klarstellen,
die Sie in den Computer zusammen mit den einzelnen Meßwerten einspeichern
würden, wenn das Material später noch verwendbar sein soll?

BÜTTNER:
Ich habe bewußt offen gelassen, was man für diesen Zweck nehmen sollte, es
gibt hierüber verschiedene Anschauungen, z. B. zwischen Herrn RICK und
mir. Herr RICK benutzt eine Zahl, die er aus den Doppelwerten in der Serie
nimmt und ich benutze eine Zahl, die ich aus der Qualitätskontrolle nehme.
Und zwar deswegen, weil ich die Langzeitkomponente mit hineinbringen
möchte (siehe LANG, H. und RICK, W. (Hrsg.): Auftrag der Klinik an das
klinisch-chemische Laboratorium, S. 43 ff. Stuttgart: Schattauer 1972).
Wie man es auch macht, es soll eine Zahl sein, die man im einfachsten Fall
in Form eines Vertrauensbereiches angibt. Das heißt, daß der Kliniker sehen
kann, in welchem Bereich der Wert mit einer zum Beispiel 95 %igen Wahrscheinlichkeit liegt. Ob man stattdessen Ziffern oder irgendeine Skala benutzen kann, wäre zu diskutieren; probate Vorschläge gibt es dafür im Augenblick noch nicht. Wir haben vor, durch den Computer einen Vertrauensbereich
mit ausdrucken zu lassen, aber auch da sind wir noch im Stadium der Entwicklung und der Planung.

OETTE:
Eine ähnliche Frage: Wenn wir die Trends nicht vermeiden können und trotzdem Bezüge zwischen vergangenen und neuen Werten herstellen müssen, be-
fürworten Sie dann einen Bezug auf eine Abweichung "Null" oder was empfehlen Sie? Das bezieht sich nicht nur auf die Präzision, sondern auch auf die
Richtigkeit. Wenn sich zum Beispiel innerhalb eines halben Jahres ein Trend
darstellt und Sie wollen Werte mit diesem zeitlichen Abstand vergleichen,
sind Sie ein Befürworter einer Transformation oder nicht?

BÜTTNER:
Nein, absolut nicht. Ich bin der Meinung, daß es grundsätzlich Aufgabe der
Klinischen Chemie ist, mit Methoden zu arbeiten, welche die Abweichung
"Null" garantieren, die keine systematischen Fehler haben. Diese Aufgabe
werden wir nur schrittweise und vielleicht nur in Annäherung lösen können.

OETTE:
Wenn wir sie doch haben, was dann?

BÜTTNER:
Wenn wir systematische Abweichungen haben, dann aber nicht umrechnen.
Alle diese Korrekturen - meine ich - sollten wir lassen, sie führen nur zu
noch schlechteren Werten.

Frau SCHMIDT:
Ich möchte noch etwas zu dem bemerken, was Herr BÜTTNER vorhin sagte:
Die Vertrauenswürdigkeit des individuellen Wertes, auf die es ja ausschließ-
lich ankommt, läßt sich doch nur ermitteln, wenn man die statistische Quali-

tätskontrolle mit einer Kontrollmethode kombiniert, wie sie von Herrn RICK
vorgeschlagen wurde: Also die Kontrolle der absoluten Richtigkeit und die
Vermeidung von Trends mit der Prüfung der Schwankungsbreite der individuellen Werte. Diese Schwankungsbreite fällt in den verschiedenen Meßbereichen unter Umständen sehr unterschiedlich ins Gewicht, und es ist in diesem Zusammenhang bedauerlich, daß die Kontrollseren häufig außerhalb des
Normbereichs liegende Konzentrationen der Kontrollsubstanzen enthalten.

BÜTTNER:
Dazu ist zu sagen, daß die Forderung, Qualitätskontrolle in verschiedenen
Konzentrationsbereichen zu machen, auf dem Papier steht, aber bisher eben
nur teilweise realisiert ist. Zum anderen: Wir bemühen uns augenblicklich,
die zugehörige Funktion zu ermitteln, nämlich die Analysenvariation in Abhängigkeit von der Konzentration für die einzelnen Methoden. Diese Funktion
braucht man als Grundlage für die Dignitätsparameter. Sie läßt sich praktisch
nur per Computer ermitteln. Da die Zahlen für die Dignitätsparameter aber
unter Umständen wieder sehr kompliziert sein werden, schwebt mir eigentlich vor, eine Klassifikation vorzunehmen, die der Kliniker leichter über-
setzen und verstehen kann. Wir haben uns das Problem sehr einfach vorgestellt, aber je weiter wir hineinkommen, umso heftiger werden die Diskussionen mit den Statistikern und umso größer werden die Probleme, die dabei
auftreten.

Frau SCHMIDT:
Ich möchte nochmals betonen, daß in praxi nicht nur die statistisch ermittelte
Variationsbreite einer Bestimmung, sondern vor allem die im Einzelfall noch
mögliche maximale Abweichung und deren Bedeutung für die diagnostische
Zuverlässigkeit des Befundes interessiert.

<u>Befundmustererkennung</u> [+]

U. LUDWIG und M. EGGSTEIN

Das Diagnostik-Informations-System der Tübinger Medizinischen Klinik
bildet eine Organisationsform, welche den Informationsfluß zwischen Laboratorium, Computer und Krankenstationen "optimal" gestaltet. Ein weiterer
Aspekt - eine zweite Ebene - gilt einer der Labordatenerstellung parallel-
laufenden Befundmustererkennung zur Unterstützung der Diagnostik. (Diese
Bezeichnung wird hier gemäß der Definition von ROTHSCHUH verstanden.)

Die Präzision klinisch-chemischer Laboratoriumsuntersuchungen, vom Ge-
setzgeber vorgeschrieben, hängt einmal von der Methode, der apparativen
Ausrüstung und den Kontrollverfahren, die im Laboratorium zur Anwendung
kommen, ab. Das heißt, die Präzision der Laboratoriumsergebnisse ist
zunächst ein intralaboratorielles Problem. Präzise Messungen erfahren
jedoch in erheblichem Umfang durch Störungen bei der Informationsweiter-
gabe, durch fehlerhafte Indikation, Probenabnahme und Probenvorverarbei-
tung eine Verfälschung (EGGSTEIN, KENZELMANN).

Während die erste Ausbaustufe des Diagnostik-Informations-Systems auf
eine Minderung und Verhütung der Fehler durch intralaboratorielle Präzi-
sionskontrollen und durch optimierte Informationsregistrierung und -weiter-
gabe abhebt, gilt der zweite Entwicklungsschritt der Erkennung verfälsch-
ter Werte. Das wird durch Plausibilitätsprüfungen mit Hilfe von Befundmustern versucht.

Befundmuster sind Symptom- oder Zeichenkombinationen, die bestimmte
methodische Abhängigkeiten, Krankheiten, Syndrome oder Reaktionsformen
des Organismus charakterisieren. Dabei wird üblicherweise nicht differenziert, ob die das Befundmuster bildenden Einzelbausteine voneinander unabhängig sind oder redundante Größen darstellen. Ohne auf diese Fragen zunächst einzugehen, benützen wir zwei Typen von Befundmustern, die nach

---

[+] Herrn Prof. Dr. med. Dr. h. c. H. E. BOCK zum 70. Geburtstag
gewidmet.

folgenden Prinzipien zusammengestellt sind:

1. Befundmuster, die aus methodischen oder biologischen Gründen unreale oder widersprüchliche Zeichen bzw. Meßpunkte enthalten. Mit Hilfe dieser Muster wird eine Plausibilitätsprüfung durchgeführt.

2. Befundkombinationen, die einem bestimmten, diagnostisch relevanten Muster entsprechen. Diese werden für die diagnostische Interpretation verwandt.

Plausibilitätsprüfung mit Befundmustern

Begonnen wurde mit einem Prüfprogramm, das logisch definierte Befundkombinationen sucht. Die Entscheidungslogik in dem Programm lehnt sich an die Prüfkriterien für die manuelle Befundkontrolle an. Für das Computerprogramm mußten diese Kriterien allerdings präzise formuliert werden. Bei der manuellen Durchsicht der Laboratoriumsbefunde war die Überlegung: Wenn in einer Probe die Größe A im Konzentrationsbereich a bestimmt wird, dann prüfe, ob die Größe B im Konzentrationsbereich b liegt. Zum Beispiel: Wenn im Serum eines Patienten die GPT erhöht ist, dann prüfe, ob die GOT ebenfalls erhöht ist! Für das Computerprogramm lautet die Abfrage: Suche alle Ergebniskombinationen, bei denen die GPT größer als 50 U/l und die GOT kleiner als 20 U/l ist!

Die Anwendung eines solchen Prüfmusters setzt voraus, daß von der gleichen Probe die zu vergleichenden Parameter auch zur Verfügung stehen. Häufig werden schon vom Stationsarzt oder aus Labor-organisatorischen Gründen aus der gleichen Serumprobe mehrere Laboratoriumsuntersuchungen verlangt. Ist dies bei auffälligen Werten nicht der Fall, dann fordert ein erstes Programm zur Befundkomplettierung ergänzende Untersuchungen im entsprechenden Laboratorium an. Zum Beispiel lautet die Anweisung im Prüfprogramm: Wenn die LAP bei einem Patienten größer als 50 U/l ist, dann kontrolliere, ob am gleichen Tag oder am Vortag die Enzyme alkalische Phosphatase, GOT, GPT, GLDH, γ-GT, α-Amylase und außerdem Bilirubin bestimmt worden sind! Fehlt ein Ergebnis dieser Liste oder fehlen mehrere, wird auf der entsprechenden Laborschreibmaschine - für die Enzyme und für Bilirubin an den jeweiligen Laboratoriumsarbeitsplätzen - ausgedruckt: "Bitte bei Patient Nr. 1234 MUELLER HANS GOT und GPT bestimmen."

Diese ergänzenden Untersuchungen werden aus dem Serum des gleichen Tages gemacht. Die Aufenthaltsdauer der Patienten in der Klinik wird durch diese rasche Informationsschleife verkürzt. Der übliche Informationsweg: pathologisches Laboratoriumsergebnis - Mitteilung an den Stationsarzt - Anforderung ergänzender Untersuchungen wird für den Teil der Laboratoriumsuntersuchungen kurzgeschlossen, der zur Bestätigung eines pathologischen bzw. auffälligen Wertes noch nötig ist. Der Stationsarzt erhält die Befunde aus dem Laboratorium schneller und vollständiger. Die Patienten werden durch weniger Blutabnahmen geschont. Das Muster der Befunde ent-

spricht dem gleichen Krankheitsstadium. Dagegen können sich bei später
angeforderten Ergänzungsuntersuchungen das Krankheitsbild und damit die
biochemischen Parameter im Blut bereits geändert haben. Diese komplettier-
ten Befunde werden in einem zweiten Schritt mit Fehlersuchmustern überprüft. Dabei wird unterschieden zwischen der Extremwertkontrolle, der
Methodenkontrolle und der Befundmusterkontrolle.

Die Extremwertkontrolle ist eine einfache Abfrage nach dem Prinzip: Sind
die gewonnenen Werte im Blut, im Urin, d. h. in einem biologischen Unter-
suchungsgut denkbar oder mit dem Leben vereinbar? Auf diese Weise sollen
grobe Fehler eliminiert werden, die durch Schreib-, Ablochfehler oder grobe
Verunreinigungen entstanden sind, und gleichzeitig extreme Werte durch eine
zweite Analyse belegt werden. Beispiele für die Extremwertkontrolle sind:
Kreatininkonzentration im Serum über 20 mg/100 ml oder GOT-Aktivität über
800 U/l.

Die Methodenkontrolle kann angewandt werden, wenn in der gleichen Probe
mit unterschiedlicher Methodik ein und dieselbe Meßgröße bestimmt worden
ist. Das ist der Fall, wenn im Serum mit dem AutoAnalyzer SMA 12 unter
anderem Calcium analysiert und am gleichen Tag die Elektrolyte flammenphotometrisch gemessen wurden, und dabei ebenfalls ein Calciumwert an-
fällt. Diese beiden Calciumergebnisse, colorimetrisch und flammenphotometrisch gemessen, dürfen nach unseren Vergleichsmessungen eine Grenze
von $\pm$ 15 % nicht überschreiten. Diese Maximalabweichung wurde in die Pro-
grammlogik eingebaut.

Bei der Bestimmung der Aktivität von Isoenzymen neben der Gesamtenzym-
aktivität, wie α-HBDH und LDH, muß definitionsgemäß die Aktivität des
Isoenzyms kleiner als die des Gesamtenzyms sein. Höhere Isoenzymaktivi-
täten, wie sie bei geringen Unterschieden zwischen den Aktivitäten von Ge-
samt- und Isoenzym aufgrund der Meßgenauigkeit zufällig vorkommen, ver-
anlassen eine Fehlermeldung.

Die Befundmusterkontrolle geht von redundanten Größen oder voneinander
abhängigen biologischen Parametern aus. Es wird die Redundanz, die positive oder negative Syntropie zunächst empirisch, in Zukunft formalisiert,
dazu genützt, nicht übliche Muster herauszuheben, um sie einer nochmaligen
Kontrolle durch erneute Messung und Überprüfung der Identifizierung zuzu-
führen. Eine erhöhte Kreatininkonzentration im Serum läßt eine ebenfalls
erhöhte Harnstoffkonzentration erwarten usw. Falls ein Laboratoriumsergebnis nicht in ein erwartetes Befundmuster paßt, wird eine Meldung ausgedruckt.

Ein weiterer Versuch gilt der Gewinnung von statistischen Größen, um die
empirisch geschätzten Grenzkriterien zu präzisieren. Die inzwischen ange-
sammelten Daten wurden statistisch untersucht. Bei korrelierenden Laboratoriumsergebnissen wird geprüft, ob sie außerhalb der errechneten 99 %-
Toleranzellipse liegen.

Abb. 1 zeigt einen Vergleich der photometrischen Calciummessung am Auto-
Analyzer SMA 12 (Y-Achse) mit der flammenphotometrischen Calciumbestimmung (X-Achse). Die senkrechten und waagerechten Linien der Warn-

Empirische Warngrenze und 99 %-Toleranzellipse
für die Calciumbestimmung
(flammenphotometrisch und colorimetrisch)

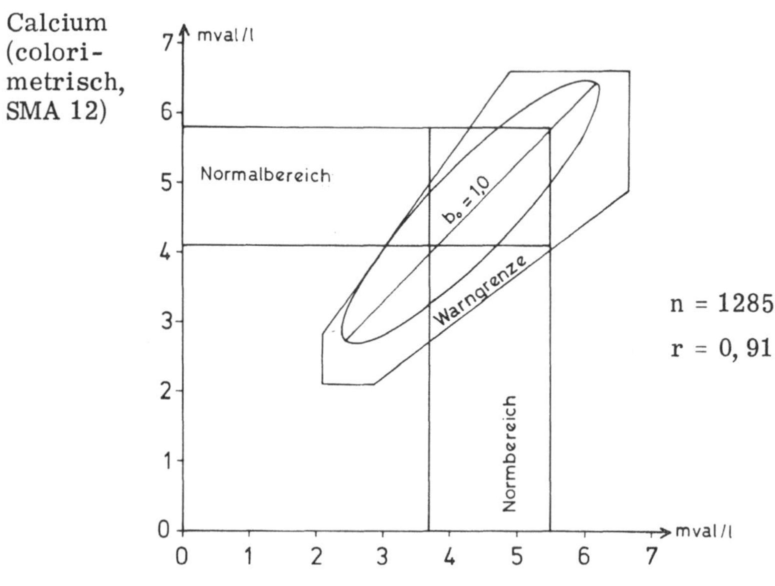

Abb. 1. Empirische und statistische Kontrolle der Calciumergebnisse.

grenze stellen die Grenzen der Extremwertkontrolle dar (2, 1 mval/l bzw.
6, 6 mval/l). Ihre Verbindungslinien sind die Grenzen der Methodenkontrolle (maximale Abweichung ± 15 %). Bei der statistischen Untersuchung
wurde ein Korrelationskoeffizient von 0, 91 errechnet. In die Abbildung
wurde die 99 %-Toleranzellipse eingezeichnet. Sie liegt innerhalb der empirischen Grenzen. Die Prüfung der Laboratoriumsbefunde mit der Toleranzellipse berücksichtigt gleichzeitig die Extremwert- und die Methodenkontrolle.

Welche Ergebnisse bringen diese Methoden für das Laboratorium? Bei
5000 bis 7000 Analysen pro Tag wird man auf 20 bis 30 Patienten mit
einem besonderen Befundmuster aufmerksam gemacht. Etwa 5 - 10 Ergebnisse dieser Patienten werden erneut bestimmt. Dabei werden täglich 1 - 2
echte Fehler entdeckt. Das mag für den einzelnen Tag gering erscheinen,
auf längere Zeit gesehen ist diese Methode eben doch effektiv. Der Program-
mieraufwand für die Plausibilitätskontrolle ist nur einmal erforderlich. Die
Kontrolle selbst erfolgt dann für jedes Meßergebnis "automatisch" mit einer
geringen zeitlichen Rechnerbelastung und ohne weiteren Personalaufwand.

Diagnostische Befundmuster

Der Versuch, die Datenfülle zu komprimieren und zu reduzieren, führt zu
diagnostischen Befundmustern. Das Wissen über Zusammenhänge zwischen
Laboratoriumsbefunden und bestimmten Krankheiten in Verbindung mit dem
aktuellen Befundmuster eines Patienten erhöht die Aussagekraft dieser Befunde. Mit den diagnostischen Befundmustern soll keine Diagnose im üblichen Sinne gestellt werden. Gewichtung, Interpretation und differentialdiagnostische Hinweise sind das Ziel ihrer Anwendung.

Für die diagnostischen Befundmuster könnte die gleiche Logik wie für die
Fehlersuchmuster angewendet werden, also die Prüfung auf eine Kombination von empirischen Grenzen: Verdacht auf Hepatitis, wenn Bilirubin und
Transaminasen deutlich erhöht, LAP und alkalische Phosphatase nur gering
vermehrt sind, oder ähnliche logische Konstellationen.

Für die Computerdiagnostik von Krankheiten mit klinischen Symptomen werden in der Literatur die verschiedensten Methoden mitgeteilt: BOOLE'sches
Verfahren (LEDLEY), Gewichtungsverfahren (CROOKS et al.), Diskriminanzanalyse (HOLLINGSWORTH), Likelihood-Quotient (RUBIN et al.) und
das BAYES'sche Theorem (LIPKIN). Laboratoriumswerte werden bei diesen Diagnose-Programmen analog den klinischen Symptomen wie qualitative
Ergebnisse behandelt. Die Umwandlung einer exakten quantitativen Zahl in
eine qualitative Angabe bewirkt einen erheblichen Informationsverlust. Deshalb haben die Laboratoriumsbefunde in diesen Programmen eine relativ geringe Bedeutung.

Das Auflösungsvermögen kann gesteigert werden, indem möglichst viele Er-
gebnisbereiche gebildet werden. Das heißt, an Stelle von 2 oder 3 qualitativen Alternativen treten 5, 10 oder mehr. Der Speicheraufwand potenziert
sich bei einem solchen Verfahren. Optimal wird der Informationsgehalt einer
quantitativen Größe erhalten, wenn die Verteilungsfunktion bestimmt und
deren Parameter gespeichert werden. Für jeden einzelnen Laboratoriumsbefund kann dann entsprechend seiner Meßgenauigkeit die Wahrscheinlichkeit
einer Krankheit durch die Fläche unter der Verteilungskurve errechnet werden.

Die Lösung dieses Problems ist noch in den Anfängen. Bei einem ersten Versuch mit 16 Krankheiten und 39 Laboratoriumsergebnissen wurden 70 - 90 %
der Patienten einer Krankheitsgruppe richtig reklassifiziert. Berücksichtigt
man die Diagnose, die als nächstwahrscheinliche ausgedruckt wird, dann
steigt die Reklassifizierungsquote bis 98 % an. Schwierigkeiten ergeben sich
bei der Datensammlung. Denn Klinikpatienten haben oft Mehrfachdiagnosen,
Krankheiten beeinflussen sich gegenseitig. Der Schweregrad oder das Krankheitsstadium ist bei den Patienten unterschiedlich.

Zusammenfassung

Mit Hilfe der Befundmustererkennung können wertvolle Informationen aus
den Laboratoriumsdaten gewonnen werden. Durch die Anwendung von Fehlersuchmustern und diagnostischen Befundmustern werden die Befunde aus dem
Laboratorium zuverlässiger und aussagekräftiger.

Literatur

BOCK, H. E. und EGGSTEIN, M.: Diagnostik-Informationssystem. Inte-
grierte elektronische Datenverarbeitung für die ärztliche Diagnostik.
Berlin: Springer 1970.

BOCK, H. E., EGGSTEIN, M., KNODEL, W. und ALLNER, R.: Schweiz.
med. Wschr. 97, 35 (1967).

CROOKS, J., MURRAY, I. P. C. and WAYNE, E. J.: Quart. J. Med. 28,
211 (1959).

HOLLINGSWORTH, T. H.: J. Roy. statist. Soc. 122, 221 (1959).

KENZELMANN, E.: Untersuchungsbericht über den Labor-Station-Istzu-
stand an der Medizinischen Universitätsklinik Tübingen.
IBM 1965.

LEDLEY, R. S.: Use of Computers in Biology and Medicine.
New York: McGraw-Hill 1965.

LIPKIN, M. and WOODBURY, M. A.: Blut 8, Suppl., 449 (1963).

ROTHSCHUH, K. E.: Prinzipien der Medizin.
München: Urban und Schwarzenberg 1965.

RUBIN, L., COLLEN, M. F. and GOLDMANN, G. E.: Frequency decision.
Theoretical approach to automated medical diagnosis.
In: LeCAM, L. M. and NEYMAN, J. (Eds.): Proc. 5th Berkeley Symp.,
Vol. IV, p. 867.
Berkeley and Los Angeles: University of California Press 1967.

Prognostischer Wert von Laboratoriumsmustern

K. ROMMEL

Wir sind überzeugt, daß nicht nur die Frage, ob die vermutete Diagnose
richtig ist oder differenziert werden kann, eine zentrale Frage an das Laboratorium ist, sondern genauso die Frage nach der Prognose einer Erkrankung.

Wachsende Analysengenauigkeit, Mikrotechniken und Vielfachanalysen ermöglichen es, "Muster" für die Diagnosestellung zu erarbeiten. Diese
"Mustererkennung" für die Diagnoseentscheidung soll hier nicht betrachtet
werden, sondern vielmehr die Frage nach der Validität von "Merkmalen"
oder "Merkmalsmustern" für die Prognose.

Unter "Muster" verstehen wir die Stellung bestimmter "Merkmale" - z. B.
Enzyme und Metabolite - im strömenden Blut bzw. im Plasma oder Serum.
Diese "Merkmalsmuster" können eine Organfunktion oder die Funktion
mehrerer Organe oder möglicherweise den Gesamtzustand des Organismus
reflektieren. Die Schlüsse, die hieraus gezogen werden, sind vorwiegend
qualitativer und grob quantitativer Art und sicher häufig subjektiv beeinflußt.

Wir können grundsätzlich zwei Arten von Prognosen unterscheiden:

1. Ereignisprognosen (z. B. Tod, Ausheilung) und
2. Verlaufsprognosen (z. B. Chronifizierung).

Man sollte glauben, daß über das Problem des prognostischen Wertes einiges bekannt ist. Tatsächlich aber wurde hierüber systematisch bisher kaum
gearbeitet. Ein erstes Programm lief und läuft in Kopenhagen im Rahmen
der Copenhagen Study Group of Liver Diseases. Ich will kurz über dieses
Programm referieren, um an einem Beispiel die praktische Bedeutung zu
zeigen.

Da kein Lebertest spezifisch für eine bestimmte Lebererkrankung ist, wurden und werden immer neue Tests für die Funktionsdiagnostik und die Differentialdiagnostik sowie für die Verlaufskontrolle entwickelt. Der Einzel-

test wird gewöhnlich durch die Untersuchung an zwei Diagnosegruppen validiert, eine mit und eine ohne die in Rede stehende Erkrankung. Der Wert einer Kombination von Tests für die Diagnose der Cirrhose wurde mit Hilfe der multivarianten Diskriminanzanalyse untersucht. Die Forschergruppe fand, daß von den Laboratoriumsuntersuchungen γ-Globuline, Bilirubin, Prothrombin, alkalische Phosphatase, Albumin, Galaktoseeliminationsrate, GPT, Bromthalein-Transportmaximum und Bromthalein-Speicherungskapazität die Ermittlung des Bromthalein-Transportmaximums der am meisten effektive Test für die Diskrimination zwischen Lebercirrhosen und gesunden Kontrollpersonen war. Die Kombination von allen Testen zeigte keine bessere Diskrimination als die Kombination der Bestimmung des Bromthalein-Transportmaximums und der γ-Globuline.

Für die prognostische Studie wurden die eben genannten Laborparameter durch die Bestimmung der Thymoltrübung, des Serum-Albumins, des Serum-Cholesterins und der Cholinesterase sowie durch klinische Zeichen und anamnestische Daten ergänzt. Von allen durchgeführten Lebertests hatten die Tests die größte prognostische Information, die die Proteinsynthese in der Leber (Albumin, Prothrombin und Cholinesterase) prüfen, also Tests, die die metabolische Kapazität der Leber reflektieren. Es wurde gezeigt, daß Serum-Albumin und die Galaktose-Eliminationskapazität denselben prognostischen Wert bei der Cirrhose hatten. Die häufig in der Literatur anzutreffende Meinung, daß der Serum-Bilirubinspiegel eine Bedeutung für die Prognose der Lebercirrhose habe, ließ sich dahin einengen, daß ihm zwar eine gewisse prognostische Bedeutung zukommt, daß diese aber ganz klar geringer ist als die prognostische Kapazität der metabolischen Tests. Die prognostisch schlechtesten Zeichen waren Ascites, Erniedrigung des Serum-Albumins und des Prothrombins sowie Spider naevi.

Fasse ich das Ergebnis dieser Studie zusammen, so gilt für die Meßgrößen Prothrombin, Cholinesterase, Albumin, auch in Kombination mit Bilirubin und alkalischer Phosphatase, daß Kombinationen der Tests Gruppen mit geringfügig größeren Unterschieden der Todesraten definieren als es bei einzelnen Tests der Fall ist. Die Verbesserung ist jedoch so gering, daß man begründet annehmen kann, daß jeder der drei Tests, nämlich Albumin, Prothrombin und Cholinesterase, etwa die gleiche prognostische Information enthält.

In der praktischen klinischen Arbeit kann die Situation günstiger sein, wenn man den Verlauf der Krankheit einige Zeit lang verfolgen kann, da hierbei vermutlich sehr viel mehr Information gewonnen werden kann als bei einer zu einem relativ willkürlichen Zeitpunkt durchgeführten Querschnittsbetrachtung der Krankheit, wie es bei dieser Studie der Fall war.

Der offenbare Mangel an prognostischen Untersuchungen führte uns zusammen mit Herrn EGGSTEIN zu einem Vorhaben, das zum Ziel hat, prognostische Muster bei Hepatitis epidemica zu finden. Diese Studie soll die empirische Basis dafür liefern, aus den im anfänglichen Krankheitsverlauf erhobenen Merkmalen mit umschriebener Wahrscheinlichkeit Prognosen für den weiteren Verlauf zu stellen, d. h., aus Befundkonstellationen vorherzusagen, ob die Hepatitis ausheilt oder in eine der beiden chronischen Hepatitisformen übergeht. Kriterien sind:

1. Verlauf der erhobenen Parameter - also der Einzeltests - selbst.
   Außenkriterien sind nicht notwendig. Die Fragestellung ist nicht krank-
   heitsspezifisch, sondern merkmalsspezifisch;

2. bestimmte Ausgänge der Erkrankung: Ausheilung, bestimmte Chronifizierung und Tod. Andere Entwicklungen werden nicht berücksichtigt.
   Außenkriterien sind für den Eintritt dieser Ergebnisse notwendig, z. B.
   histologische Überprüfung.

In die Studie werden alle Hepatitiskranken einbezogen und Subgruppen gebildet für Patienten, die reine Hepatitisfälle sind und solche, die Begleiterkran-
kungen haben, die die Hepatitis beeinflussen können.

In der ersten Phase der Studie werden die zu untersuchenden Merkmale drei-
mal wöchentlich morgens bestimmt. Diese Entscheidung ist willkürlich, da
biologische Zeitintervalle in unserem Falle nicht bekannt sind. Für die spätere statistische Auswertung sind sogenannte "Zeitreihenanalysen" vorge-
sehen. Folgende Parameter werden untersucht: GOT, GPT, alkalische Phosphatase, LAP, GLDH, γ-GT, LDH, Cholinesterase, Serumeisen, Bilirubin
(gesamt und direkt), Gesamteiweiß, Elektrophorese, Thromboplastinzeit,
oraler Galaktosetoleranztest, Bromthaleintest, Australia-Antigen, ferner
Röntgen des Thorax, des Oesophagus und Magens sowie ein i. v. - Cholecysto-
Cholangiogramm.

Fasse ich zusammen, so läßt sich feststellen, daß hinsichtlich des prognostischen Wertes von Einzelparametern oder von Mustern bisher praktisch
keine verwertbaren Kenntnisse vorliegen. Die geschilderten Ergebnisse der
Copenhagen Study Group stellen einen der ersten Versuche in dieser Richtung dar und haben uns ermutigt, das hier grob skizzierte Programm ins
Auge zu fassen.

Der Sinn meiner Ausführungen war nicht der, Ihnen Lösungen vorzustellen,
sondern die Frage des prognostischen Werts von Mustern so zu problema-
tisieren, daß theoretische und praktische Hinweise und Hilfen gegeben werden, um ein zentrales Problem erfolgreich anzugehen. Das Endziel sollte
die kontrollierbare, reproduzierbare, abgewogene prognostische Information sein.

DISKUSSION

BÜTTNER:

Herr LUDWIG, ich frage mich, ob die von Ihnen dargestellte Fehlermuster-
erkennung wirklich sinnvoll ist. Ich habe ein bißchen den Verdacht, daß wir
hier den Fall haben, wo der Computer, weil er alles so schön rechnen kann,
Dinge errechnet, die eigentlich unsinnig sind. Sie vergleichen eine schlechte
Calciummethode - die vom SMA - mit einer mäßigen Calciummethode - der
emissionsflammenphotometrischen Methode - und benutzen den Computer
mit großem Aufwand, um die beiden gegenseitig zu kontrollieren. Das halte
ich für wenig sinnvoll, denselben Arbeitsaufwand hätte man wahrscheinlich
besser in die Verbesserung der Methoden hineingesteckt. Bei Harnstoff und
Kreatinin vergleichen Sie zwei Dinge, die von vornherein gar nicht gleich
sein müssen.

LUDWIG:

Der Vergleich von zwei Größen ist eine so ureigene Eigenschaft eines Computers, daß man einem Rechner auch den von Herrn BÜTTNER zitierten
"unsinnigen" Vergleich anbieten kann, ohne daß man sich den Vorwurf einer
Fehlnutzung machen muß. Der Nutzen der Fehlererkennung wurde von mir
mit Zahlen belegt. Hier geht es nicht um die Frage: Wie genau stimmen
zwei Methoden überein? Ist ihre Korrelation gut oder schlecht? Mit dem
Wissen, wie gut sie übereinstimmen, können zwei Ergebnisse verglichen
und beurteilt werden, ob sie fehlerhaft sind. Als Maß für die Übereinstimmung, als Grenze unseres Kollektivs von richtigen Befundkombinationen
dient die 99 %-Toleranzellipse. Befundkombinationen, die außerhalb dieser
Ellipse liegen, kommen nur bei 1 % der richtigen Ergebnisse vor. Es lohnt
sich deshalb, ihre Richtigkeit zu überprüfen.

BÜTTNER:

Aber die Ausreißerkontrolle - da bin ich ganz mit Herrn RICK einig - ist
doch durch Doppelanalysen viel einfacher und viel sicherer zu gewährleisten
als mit diesem Umweg über den Computer.

LUDWIG:

Der Computer ist an der Labordatenerstellung durch den on-line-Betrieb

unmittelbar beteiligt. Parallel laufende Plausibilitätskontrollen nach unseren
Methoden sind kein Umweg, sondern eine sinnvolle Gerätenutzung.

STAMM:
Ich glaube, daß Sie mit Ihrem Verfahren - im Unterschied zu Herrn RICK -
übliche Ausreißer nicht erwischen, sondern daß Sie nur extreme Ausreißer
erkennen, die quasi skandalös sind.

KELLER:
Ich habe mich zwar nicht gemeldet, aber ich darf etwas zu der Relation
Harnstoff/Kreatinin ausführen: Seit Jahren beobachte ich die Laborwerte
von Patienten mit akuten oder chronischen Nephropathien ohne und mit Dia-
lysebehandlung und/oder Diätbehandlung. Auf Grund dieser Beobachtungen
scheinen folgende Feststellungen erlaubt: Wenn die Harnstoffkonzentration
im Blut vergleichsweise hoch und das Kreatinin vergleichsweise niedrig ist,
dann handelt es sich um den Prototyp des akuten Nierenversagens. Je höher
der Quotient Harnstoff : Kreatinin wird, umso schlechter ist die Prognose.
Wenn umgekehrt eine akute Niereninsuffizienz in ein Stadium übergeht, wo
einem relativ niedrigen Harnstoffwert eine hohe Kreatininkonzentration
gegenübersteht, dann besteht prognostisch die günstigere Situation. Wenn
man bei Patienten mit Niereninsuffizienz Harnstoff gegen Kreatinin aufträgt,
bekommt man eine Punktwolke, in der keine Ordnung zu erkennen ist. Wenn
man aber nur die Patienten mit eindeutig diagnostiziertem akuten Nierenversagen und diejenigen mit eindeutig diagnostizierter chronischer Nephro-
pathie - ohne Dialyse, aber durch Diät halbwegs kompensiert - gegeneinander aufträgt, dann ergeben sich zwei Verteilungskurven, die sich kaum
überlappen. In diesem Zusammenhang darf auch noch darauf hingewiesen
werden, daß bei vielen Patienten mit einer Prostatahypertrophie leicht erhöhte Kreatininwerte bei normaler Serum-Harnstoffkonzentration gefunden
werden.
Schließlich ist auch noch zu berücksichtigen, daß die Harnstoffkonzentration
durch alimentäre Faktoren stark beeinflußt wird und daher kritisch zu beurteilen ist.

MAURER:
Wir haben häufig die umgekehrte Situation: In einem Hämodialysezentrum
sind bei einem Patienten nach Dialyse die Harnstoffwerte normalisiert, während die Kreatininwerte noch hoch sind. Der Computer wird in diesem Fall
gerade immer die Werte als falsch melden, die stimmen, während er umgekehrt Ausreißer, nämlich die falsch-normalen Kreatininwerte, nicht erfassen würde. Und das sind bei uns sehr viele Werte.

LUDWIG:
Es wäre natürlich am günstigsten, wenn man wüßte, daß ein Patient zu einem
bestimmten Krankenkollektiv gehört, etwa zum Kollektiv "akutes Nierenversagen" oder zu einem anderen Kollektiv. Dann könnte man für das jeweilige
Kollektiv die Parameter ausrechnen und prüfen, ob er zu diesem Kollektiv
gehört oder nicht. Aber diese Information steht uns nicht zur Verfügung.
Wir können nur ein Schema anwenden, das auf den vorhandenen Informationen

beruht, um unsere Ergebnisse zu prüfen.

MATTENHEIMER:
Habe ich Sie richtig verstanden, daß Sie bei 6000 - 8000 Bestimmungen pro
Tag nur einen Fehler haben?

LUDWIG:
Man muß dabei berücksichtigen, daß schon vorher auf verschiedenen Arbeits-
stufen Fehler eliminiert werden. Das angegebene Verfahren stellt eine letzte
Schlußprüfung dar, nachdem die am einzelnen Laborarbeitsplatz erkennbaren
Fehler eliminiert sind. Mit diesem Verfahren werden 1 - 2 Fehler und 20 -
30 auffällige Befundkonstellationen herausgestellt und durch eine zweite Analyse belegt.

MATTENHEIMER:
Wenn das also weniger als 0, 2 %o Fehler sind, lohnt sich dann dieser Aufwand? Sie haben eine wunderbare Anlage, um das alles auszuprobieren, aber
ich kann doch für ein normales Labor nicht eine solche Einrichtung erstellen,
um 0, 2 %o Fehler herauszubekommen.

BÜTTNER:
Ich würde eher den Verdacht haben, es bleiben viele Fehler unentdeckt.

MATTENHEIMER:
Ja, mich wunderten diese Zahlen und ich fragte deshalb, ob ich vielleicht
die Daten falsch verstanden hätte.

LUDWIG:
Es gibt wahrscheinlich unentdeckte Fehler, für die wir noch kein Muster
haben, um sie zu entdecken. Ein vollkommenes System wird man wohl nie
erreichen. Unser Vorteil liegt nicht allein in der Erkennung von Fehlern,
sondern zusätzlich darin, daß wir auf bestimmte Patienten aufmerksam werden. Im übrigen brauche ich nicht zu erwähnen, daß unser Rechner alle diese
Fehlersucharbeiten nebenbei erledigt. Der Gesamtzeitaufwand beträgt nur
10 Minuten pro Tag. Ihre Argumentation kann sich also nur gegen den Pro-
grammieraufwand richten. Aber hier gilt wie für den Zeitaufwand für Forschung allgemein, daß der ökonomische Nutzen nicht an erster Stelle steht.

DEUTSCH:
Wahrscheinlich würden Sie bei der visuellen Durchsicht Ihrer Protokolle
dasselbe finden, nur ist es schwierig, 6000 Befunde durchzusehen.

LUDWIG:
Das war unser Problem, am Abend innerhalb kurzer Zeit viele Ergebnisse
durchzusehen. Was der diensthabende Laborarzt in mehreren Stunden gemacht hat, wurde dem Computer übertragen. Er prüft die Ergebnisse innerhalb von 10 Minuten. Deshalb ist der Aufwand für uns nicht so groß.

Frau SCHMIDT:
Selbstverständlich kann man sich vorstellen, daß eine durch einen Computer

erstellte Reihung von Differentialdiagnosen Nutzen bringt. Dies aber doch
nur dann, wenn sie weit über das hinausgeht, was der behandelnde Arzt im
Kopf hat; daß sie z. B. auf feinste Unterschiede hinweist oder an seltene
oder atypische Konstellationen erinnert. Das heißt, daß in die Programmie-
rung eines solchen Computers die geballten Kenntnisse und Erfahrungen
sämtlicher in Frage kommenden Experten, gestützt auf harte Daten, eingehen müßten. Der Weg dahin scheint mir - auch wenn eine große kompetente
Gruppe hart daran arbeitet - noch weit zu sein. Beim augenblicklichen Stand
sehe ich die Gefahr solcher Versuche darin, daß die Medizin dadurch eher
simplifiziert als verbessert wird, und vor allem, daß dem Arzt am Krankenbett das Denken abgenommen und schließlich ganz abgewöhnt werden könnte.

DEUTSCH:
Die Bedenken, die Sie gerade angesprochen haben, betreffen nicht nur den
Versuch der Deutung der Laboratoriumsergebnisse durch den Computer,
sondern überhaupt den Versuch einer Diagnose durch den Computer.

SCHMIDT:
Es ist nicht zu verkennen, daß bald die Zeit gekommen ist, wo dem Kliniker
die Flut von Daten über dem Kopf zusammenschlägt; die Klinische Chemie
ist ja nur einer unter anderen Zulieferanten. Im Hinblick darauf, daß die
hier diskutierten Befunde in der Regel nur relativ zu bewerten sind, also ihr
diagnostisches Gewicht nur auf dem Boden der klinischen Befunde erhalten,
kann die isolierte Auswertung der klinisch-chemischen Muster zu falschen
Schlüssen hinsichtlich ihrer Wertigkeit führen. Hierfür gibt es Beispiele in
der Literatur. Es sollte angestrebt werden, von Anfang an möglichst viele
klinische Daten in die Auswertung einzubeziehen.

KNEDEL:
Man sollte sich darüber klar sein, daß der Computer ein Hilfsmittel für den
Arzt ist, das ihm Arbeit abnimmt, das ihm seine Arbeit erleichtert und das
ihn bei der ärztlichen Diagnosestellung unterstützt. Wenn vom Versuch gesprochen wird, "Computer-Diagnosen" zu erstellen, ist zu betonen, daß
dies keinesfalls die Absicht sein kann. Man sollte aber alle Möglichkeiten
eines Computers nützen, auf gespeicherte Informationen zurückzugreifen,
die nicht jedem und nicht jederzeit zur Verfügung stehen. Zum Beispiel ist
eine der Schwierigkeiten auf den Intensivstationen die genaue Interpretation
der Ergebnisse von Säure-Basen-Untersuchungen. Die Ergebnisse werden
akzeptiert, aber die Konsequenzen sind häufig ziemlich uniform. Wir haben
ein Programm ausgearbeitet, in dem wir die Werte von Natrium, Kalium,
Chlorid und Säure-Basen-Haushalt zur Verfügung stellen und der Kollege
auf der Station im Dialog seine eigenen klinischen Parameter eingibt, ob
z. B. eine Sauerstoffbeatmung stattfindet, wieviel Flüssigkeit substituiert
wurde u. a. Aus der Kombination der chemischen und der klinischen Daten
ergeben sich mit dem eingespeicherten Erfahrungsgut weitere Empfehlungen
zur Therapie. Ich meine, das ist ein Weg interdisziplinärer Zusammenarbeit
zur Optimierung der Diagnostik und der Therapie.

DENGLER:
Der Versuch, den Computer zur Diagnosehilfe zu benutzen und ihn nur mit

Labordaten zu füttern, ist wohl von vornherein nicht praktikabel, nicht sinnvoll und nicht erstrebenswert, denn es ist doch völlig ungerechtfertigt, Daten,
die klinisch genauso hart sind wie die Labordaten, nicht mitzuverarbeiten.
Über den Computer als Diagnosehilfe wird heute kaum noch gesprochen, wenn
man von den seltenen Syndromen absieht, die von LEIBER und OLBRICH zusammengestellt wurden, und gerade dabei ist man besonders auf die Symptome, die man nur durch eine subtile klinische Untersuchung erkennen kann,
angewiesen. Wenn wir hier als Klinische Chemiker und Kliniker diskutieren,
sollten wir uns auf zwei Dinge konzentrieren: Erstens sollten wir vom Computer erwarten, daß wir nach einigen Jahren wirklich einen Katalog von Befundmustern bekommen, aber nicht zur Diagnosehilfe, sondern als Grundlage
für eine Bilanz, welche Untersuchungen eine hohe diskriminatorische Bedeutung haben und welche nicht, welche wir anfordern sollen und welche nicht.
Wir erwarten also von der Auswertung durch den Computer eine Datenreduktion und - wenn ich das etwas überspitzt sagen darf - keine Diagnose. In dieses Problem ist ein zweites, ein taxonomisches Problem eingebaut, das auch
vom Computer sehr viel besser zu lösen ist als die computerunterstützte Diagnose, nämlich die Erarbeitung von Befundmustern innerhalb bisher als einheitlich angesehener Erkrankungen. Das sind multifaktorielle Probleme; vielleicht gibt es zwei Arten von Gallensteinleiden, sicher gibt es viele andere
Fragen, die nicht mehr allein mit klinischen Methoden zu lösen sind. Aber
gerade bei dieser letztgenannten Aufgabe braucht man unbedingt die klinischen,
die röntgenologischen und die EKG-Daten.

KNEDEL:
Gerade das hatte ich angedeutet: Der Kliniker gibt zu den Laborbefunden im
Dialog seine persönlichen diagnostischen Informationen. Für uns Klinische
Chemiker ist der Computer das unbedingt notwendige Hilfsmittel, um wirklich optimal zu arbeiten, Daten zu erfassen, zu kontrollieren, richtig zuzu-
ordnen und nicht zu verlieren. Bei den riesigen Zahlen wäre das mit den
konventionellen Schreibmöglichkeiten gar nicht zu realisieren. In Tübingen
liegt eine besondere Situation vor, denn das Tübinger System ist ja zweige-
teilt: Die klinischen Symptome u. a. werden ja mit in das Diagnostik-Informations-System eingegeben. Die Aufgabe, die Herr LUDWIG sich gestellt
hat, ist aus der Konzeption entstanden, daß klinische und klinisch-chemische Daten gemeinsam verarbeitet werden.

DENGLER:
Herr KNEDEL, dieses Terminal auf der Station ist ganz gut für die akute
Situation auf der Intensivstation. Dort werden Sie später zum System eines
Prozeßrechners kommen. Für den täglichen Routinebetrieb würde ich einer
vernünftigen Dokumentation der Krankengeschichten den Vorzug geben.

BÜTTNER:
Ich glaube, daß die Meinung der meisten Kollegen der Klinischen Chemie
sich mit dem deckt, was Herr DENGLER gesagt hat. Das sind genau die Vorstellungen, die auch wir haben bezüglich dessen, was man mit diesen Geräten
machen sollte.

KNEDEL:
Wir vertreten alle das Konzept des Prozeßrechners als Satellit zur Erledigung der Arbeit im Labor. Es ist falsch zu glauben, daß wir in den Laboratorien etwa Diagnose-Computer haben wollen. Wir wollen Computer, die auf unsere Arbeit zugeschnitten sind, und der Zentralcomputer, der die Probleme klinischer Dokumentation bearbeitet, hat eine vollkommen andere Struktur.

ZÖLLNER:
Jetzt möchte ich einmal die Partei der Laborärzte ergreifen: Es ist unbedingt zu fordern, daß den Labors bei jedem Patienten eine möglichst gut verifizierte Abschlußdiagnose mitgeteilt wird, denn nur dann können sie die Befunde, die sie gesammelt haben, optimal auswerten.

LUDWIG:
Unser Hauptproblem ist die Flut von Daten, die auf uns zugekommen ist und die wir verarbeiten und speichern müssen. Die Befundmustererkennung kann u. a. auch als Versuch verstanden werden, der Datenflut Herr zu werden. Das Diagnostikprogramm versucht eine maschinelle Befundinterpretation. Dabei treten einige Probleme auf, die angesprochen wurden. Die Grenzen der Interpretation sind durch die Wertigkeit der Laboratoriumsuntersuchungen gesteckt. Die endgültige Diagnose verlangt zusätzlich den klinischen Befund. Das Programm kann bestenfalls einen Verdacht auf eine typische Krankheit äußern oder auf "Ungereimtheiten" verweisen. Ein weniger versierter Kollege auf der Station mag diese Hilfe begrüßen. Früher wurden die Befunde, die aus dem Labor kamen, unterschrieben, vielleicht mit einem Kommentar versehen. Wer die Unterschrift unter den Laboratoriumsbefund bejaht - aus welchem Grund auch immer -, kann dem Versuch einer kritischen Bearbeitung der Laboratoriumsdaten durch den Computer nicht widersprechen.

ZÖLLNER:
Herr ROMMEL, Ihr Prognosemuster ist sehr interessant und in einem gewissen Rahmen auch für die Klinik wichtig. Herr EGGSTEIN druckt Sternchen an pathologische Werte. Ich glaube, es wäre ganz nützlich, wenn man ein zweites Sternchen an pathologischen Werten anbringen würde, die im Verlauf einer Erkrankung unerwartet auftreten, z. B. wenn 14 Tage nach einem Herzinfarkt die CK erneut ansteigt. Das erkennt Ihr Computer mit Sicherheit, ehe der Wert zum Stationsarzt gelangt. So wie Sie einen deutlich pathologischen Wert außer der Reihe auf die Station schicken, so könnte man durch ein geeignetes Programm auch Werte, die im Vergleich zu vorhergehenden Werten eine deutliche Verschlechterung der Prognose bedeuten, mit einer Extrakennzeichnung extradringlich übermitteln.

ROMMEL:
Wir hatten bei uns zunächst die Intensivstation vorgenommen und dabei an ein entsprechendes Programm mit Messungen des Säure-Basen-Haushalts gedacht. Ein zweites Problem, das wir diskutiert haben, war das Coma diabeticum, das sich von der Labordiagnostik her auch ganz gut eignet. Wir sind jedoch davon abgekommen, weil dies für eine Studie, die kontinuierlich

laufen soll, schwer zu planen ist.

ZÖLLNER:
Das ändert aber nichts an dem, was ich über die Dringlichkeit gesagt habe.

ZUSAMMENFASSUNG
================

L. RŐKA

Unser Gespräch sollte zeigen, wie wir gemeinsam Fortschritte in der Diagnostik erreichen können. Kliniker und Klinische Chemiker sind offenbar
sehr unterschiedliche Partner, darauf hat Herr GROSS bereits zu Beginn
hingewiesen, als er die Medizin und das Personelle auf der einen Seite und
die Naturwissenschaften und das Apparative auf der anderen Seite korreliert
hat, wobei für ihn die Klinische Chemie offenbar stärker durch Apparate
als durch Personen charakterisiert ist. Es ist wichtig, daß wir versuchen,
unsere Leistungen durch Mechanisierung und Standardisierung zu verbessern
und menschliches Versagen weiter zu reduzieren, aber ich glaube, daß wir
dieses Ziel nur gemeinsam erreichen können. Wenn man sich auf ein gemeinsames Ziel einigt oder auch nur ein gemeinsames Ziel plant, dann müssen beide Seiten auf gewisse Freiheitsgrade verzichten. Da beiden Partnern
dasselbe vorschwebt, unseren Einsatz für den Patienten zu optimieren, wie
die einleitenden Referate der Herren GROSS und RICK gezeigt haben, möchte
ich versuchen, das, was wir in diesem Gespräch diskutiert und erarbeitet
haben, in einigen thesenhaften Formulierungen zusammenzufassen.

1. Ich gehe davon aus, daß wir uns darüber einig sind, daß wir die Diagnostik
   optimieren wollen. Für Herrn ZÖLLNER ist die optimale Diagnostik die
   maximale Diagnostik, denn nur dann können alle unerwarteten Symptome
   erkannt werden. Für Herrn DENGLER, Herrn SIEGENTHALER und eine
   Reihe anderer Kliniker ist eine begrenzte Diagnostik erstrebenswert, für
   Herrn LASCH insbesondere eine gezielte Diagnostik.

   Die maximale Diagnostik ist nicht erreichbar, sie ist begrenzt durch
   Preis, Blutmenge u. a., sonst würde, wie wir von Herrn SIEGENTHALER
   gehört haben, bald das gesamte Bruttosozialprodukt durch die Gesundheits-
   vorsorge verbraucht werden. Die international beobachtete Zunahme der
   Analysenfrequenz von 20 % pro Jahr haben wir auch in Gießen über viele
   Jahre erlebt. Diese Steigerungsrate konnte bei uns 1972 zum ersten Mal
   auf 9, 8 % reduziert werden, in Heidelberg sogar auf 6 %. Diese Abnahme
   ist aber nicht auf eine verbesserte Zielgenauigkeit durch die Klinik zurückzuführen, sondern sie ergibt sich aus der Tatsache, daß wir die absolute
   Grenze unserer Kapazität erreicht haben.

   Bei einer praktikablen operationalen Diagnostik soll, wie wir von Herrn
   DENGLER gehört haben, der Quotient Nutzen : Aufwand oder "benefit :
   risk" maximal sein. Nach SIEGENTHALER ist ein Leitkriterium für die
   Diagnostik das Erfassen von Risikofaktoren. In der Klinik wird in der
   Regel an die Erstuntersuchung eine Differentialuntersuchung angeschlos-
   sen. Bei der Erstuntersuchung sollen vor allen Dingen verborgene Symptome bemerkt werden, für die sonst kein Hinweis vorliegt; genannt wurden die Hyperlipidämien, die gestörte Glucoseregulation und die Hyperuricämie (DENGLER). Alle drei Parameter sind jedoch aus zufällig ent-
   nommenen Einzel-Blutproben nicht zuverlässig zu bestimmen; besser
   wäre es, wenn eine definierte Belastung des Patienten vorausgehen würde.

   In der folgenden Tabelle habe ich diejenigen Untersuchungen noch einmal
   zusammengefaßt, die für eine Erstuntersuchung gefordert wurden:

Untersuchungsmuster für die Erstuntersuchung

Hämoglobin, Leukocyten, (Erythrocyten)
BSG
GOT, GPT, AP, γ-GT
Kreatinin
Harnsäure
Blutzucker
Triglyceride, Cholesterin
Harn-Schnelltests (Eiweiß, Glucose, Blut, pH,
    Ketonkörper)

Auffallend ist, daß in diesem Programm einige Bestimmungen fehlen, die
bisher für notwendig gehalten wurden. Die früher allgemein gebräuchliche
Untersuchung des Urinsediments kann nach Meinung der Fachleute weg-
fallen, da sie keine neuen Informationen liefert. Ob im Rahmen der orien-
tierenden Screening-Untersuchung Eisen und/oder Eisenbindungskapazität bestimmt werden sollten, blieb strittig. Es wurde festgestellt, daß
Suchtests dazu geeignet sind, aus einer großen Zahl von Proben die sicher
normalen auszusondern. Schnelltests sind notwendig, wenn Zeitgewinn
wichtiger ist als Genauigkeit, z. B. als Grundlage akuter therapeutischer
Entscheidungen. Da aber die Trennung zwischen "normal" und "pathologisch" bei Schnell- und Suchtests in der Regel nicht scharf ist, d. h., daß
sich im Grenzbereich normale und pathologische Fälle verbergen, müssen
quantitative Bestimmungen nachgeholt werden, wie insbesondere aus den
Beiträgen und Diskussionen der Herren ZÖLLNER, KREUTZ und PRELL-
WITZ hervorging.

Für Differentialuntersuchungen im Anschluß an orientierende Screening-
Methoden wurden verschiedene Programme diskutiert: prä-, intra- und
postoperative Einzeluntersuchungen (VAHLENSIECK, MAURER), pädiatri-
sche Spezialuntersuchungen (KÜNZER) und Untersuchungsmuster zur Differenzierung verschiedener Organerkrankungen (KNEDEL, PRELLWITZ).
Herr DEUTSCH hat ein geeignetes Spektrum zur Diagnostik von Gerinnungsstörungen empfohlen.

Von dieser operationalen Diagnostik ist die Erkenntnisdiagnostik abzugrenzen. Dazu gehören alle Untersuchungen, die einen Erkenntnisgewinn,
aber bisher noch keine therapeutische Konsequenz liefern. Darauf hat
Herr KNEDEL aufmerksam gemacht. Als Beispiel erwähnte er die
immunologische Differenzierung zwischen Kappa- und Lambdaketten bei
monoklonalen Paraproteinämien.

2. Herr GROSS hat gezeigt, daß klinisch-chemische Untersuchungsergebnisse zunächst als Symptome zu werten sind und zusammen mit anderen
   Symptomen zu einer vorläufigen Diagnose verarbeitet werden. In einem

zweiten Schritt haben dieselben Befunde den Wert einer Kontrolle der vorläufigen Diagnose. Für beide Aufgaben ist es unerläßlich, daß die Ergebnisse richtig sind. Falsche Daten sind falsche Symptome und daher schlechter als gar keine Daten. Falsch bestimmte Daten fallen zu Lasten des Laboratoriums. Dabei sind die Abweichungen von den richtigen Werten meist begrenzt. Falsch zugeordnete Daten fallen zu Lasten der Klinik, hier können die Abweichungen extrem sein. Eine gefährliche Rolle spielen verfälschte Daten, d. h. richtig ausgeführte Analysen aus einer nicht repräsentativen Probe, wenn z. B. die Entnahme nicht mit der erforderlichen Sorgfalt erfolgte oder wenn aus Unkenntnis bei der Entnahme nicht alle Einflüsse kontrolliert wurden.

Für die Richtigkeit der Analysen muß das klinisch-chemische Labor sorgen. Insbesondere müssen systematische Fehler früh erkannt und rasch abgestellt werden; falsche Werte dürfen nicht fixiert werden. Für die Richtigkeit der Probengewinnung, des Probentransports und der Zuordnung der Proben ist nach Herrn KREUTZ eine intensive Zusammenarbeit zwischen Klinik und Klinischer Chemie erforderlich. Im Rahmen der Standardisierung sind die Bedingungen der Probenahme im Einzelnen festzulegen. Die Vorteile einer zeitlichen Standardisierung des Arbeitsablaufs hat Herr SZASZ betont.

3. Die Dignität unserer klinisch-chemischen Daten setzt einmal eine präzise Analytik und zum anderen eine gute Repräsentanz für den Patienten voraus. Damit die Probe repräsentativ für den Patienten ist und damit alle Einflüsse, die für die Interpretation der Ergebnisse von Bedeutung sind, berücksichtigt werden, ist es meiner Ansicht nach notwendig, daß der Laborarzt möglichst viel über den Patienten erfährt. Insbesondere muß er all das wissen, was unmittelbar in die Bewertung der Ergebnisse eingeht.

So ist es erforderlich, daß sich nicht nur das analytische System, sondern auch der Patient während der Probenahme in einem stationären Gleichgewicht befindet. Letzteres ist nur dann erreichbar, wenn ausdrücklich darauf geachtet wird. Ungleichgewichte entstehen durch verschiedene, in der Klinik alltägliche Maßnahmen. Allein die Umstellung der Ernährung bei der Klinikaufnahme hat verschiedene Einflüsse, wie wir von Herrn ZÖLLNER gehört haben: Der Harnsäure-Blutspiegel steigt bei alkoholischer Lactacidose oder bei Hungerketonämie an. Die kohlenhydratinduzierbare Hypertriglyceridämie zeigt nach Kohlenhydrat- und nach Fettbelastung unterschiedliche Tagesverläufe des Lipidspiegels. Bei subcalorischer Ernährung muß nach SZASZ mit einem Abfall der Cholinesterase gerechnet werden. Daß fast alle diagnostischen Eingriffe ebenfalls die Laborwerte beeinflussen, wurde ausführlich besprochen: Bei Injektionen muß mit Traumatisierung der Muskulatur gerechnet werden, bei statischer Belastung und bei Veränderung der Kreislaufsituation wird das Gleichgewicht zwischen intra- und extracellulärem Raum gestört. Röntgenkontrastmittel können die Diagnostik verfälschen; dasselbe gilt für eine Reihe von Belastungsproben (OETTE). Daß die größten Ungleichgewichte durch operative Eingriffe entstehen, ist verständlich. Hier kommt es besonders darauf an zu erkennen, welche Veränderungen zwangsläufig zur postoperativen

Phase gehören und welche auf postoperativen Komplikationen beruhen
(MAURER). Eine bedeutende Rolle spielt weiterhin die Beeinflussung der
Ergebnisse durch Medikamente. Herr SIEGENTHALER hat den Einfluß
auf geregelte Systeme in vivo dargestellt, während Herr APPEL auf die
Schwierigkeiten hinwies, die Einwirkungen von Arzneimitteln in vitro,
d. h. auf die Analytik selbst, zu beurteilen. Hier müssen noch sehr viele
Informationen gesammelt werden, bis wir uns ein genügend klares Bild
machen können. Insbesondere ist zu klären, ob sich das Befundmuster
durch Medikamente obligat oder fakultativ verschiebt, wie rasch sich ein
medikamentenbedingtes Befundmuster nach Beginn der Medikation ein-
stellt und wann das Befundmuster nach Absetzen des Medikaments wieder
in das unabhängige Grundmuster zurückkehrt. Dabei muß zwischen Kurz-
zeitmedikation und Langzeitmedikation unterschieden werden. Bei der
Langzeitmedikation darf die vom Patienten selbst gewählte Dauerbehand-
lung nicht übersehen werden, insbesondere mit Laxantien, Sedativa,
Ovulationshemmern usw. Zu diesem Problem lassen sich wirklich brauchbare Daten nur in enger Zusammenarbeit mit den Klinikern sammeln.

Um die Güte unserer analytischen Daten zu verbessern, ist anzustreben,
daß alle verwendeten Methoden spezifisch sind. Wir sind uns bewußt, daß
wir dieses Ziel bisher nicht vollständig erreicht haben. Die Spezifitäts-
anforderungen und Verfahren zur Prüfung der Spezifität hat Herr STAMM
dargestellt. Um die Richtigkeit unserer Ergebnisse zu verbessern, benötigen wir brauchbare Referenzmethoden und geeignete Prüfkollektive.
Beim Sammeln der Prüfkollektive sind wir wiederum auf die Zusammenarbeit mit der Klinik angewiesen.

4. Unabhängig von der Forderung nach Spezifität braucht der Kliniker vergleichbare Befunde. Das setzt voraus, daß die Laborergebnisse mit standardisierten Methoden gewonnen werden. Auch hier sind wir erst auf dem
Wege zum Ziel. Obwohl auch in Zukunft noch Verfahren verwendet werden müssen, die noch nicht standardisiert sind, sollte man möglichst
viele Arbeitsvorschriften und Geräte normen. Dabei sollten einheitliche
logische Prinzipien und klar definierte Kriterien zugrunde gelegt werden.
Zur Zeit ist die Standardisierung der Methoden zur Bestimmung von
Enzymaktivitäten akut. Die Gesellschaft für Klinische Chemie hat Empfehlungen für optimierte Standardmethoden ausgearbeitet und publiziert. Es
wurden Bedingungen gewählt, bei denen die Enzyme möglichst hohe Aktivitäten bei verbesserter Reproduzierbarkeit zeigen. Herr SCHMIDT berich-
tete, daß in Deutschland jährlich schätzungsweise 200 Millionen Enzym-
aktivitätsmessungen durchgeführt werden, wobei sicher in vielen Fällen
unter ungeeigneten Reaktions- und Meßbedingungen gearbeitet wird. Um
die Vorteile der Standardisierung auszunutzen und vergleichbare Werte
zu erhalten, sollte man jetzt einheitlich auf die optimierten Methoden umstellen, wie Herr BÜTTNER betonte. Eine Einigung auf internationaler
Ebene ist erst nach Ablauf längerer Zeit zu erwarten.

Neueinführungen sind immer mit Schwierigkeiten verbunden. Wie Herr
SCHMIDT betonte, liegt die größte Schwierigkeit bei der Umstellung auf
die standardisierten Methoden zur Bestimmung von Enzymaktivitäten

darin, daß sich außer dem Normalbereich auch der ganze Diagnoseraster
ändert. Frau SCHMIDT hat darauf aufmerksam gemacht, daß es nicht
damit getan ist, die Normalbereiche neu festzulegen, sondern daß jeder
Meßwert, der vom Normalbereich abweicht, auf seine diagnostische Bedeutung hin neu eingeordnet werden muß. Dieser Prozeß ist unausweich-
lich und muß trotz der damit verbundenen Schwierigkeiten in Kauf genommen werden. Damit die Übergangszeit möglichst kurz ist, sollten Kliniker und Klinische Chemiker die Umstellung auf die optimierten Methoden
gemeinsam unterstützen. Durch Zusammenarbeit können wir eine Standardisierung erreichen, die für längere Zeit wirksam ist (LANG).

5. Über die Ermittlung von Normalbereichen hat Herr BÜTTNER berichtet.
   Voraussetzungen für die Festlegung solcher Bereiche sind, daß Daten
   verwendet werden, deren analytische Dignität möglichst hoch ist, und
   daß ein geeignetes Kollektiv ausgewählt wird. Auch dies ist ein Gebiet,
   auf dem wir mit der Klinik eng zusammenarbeiten müssen, damit die
   Probanden ärztlich ausreichend charakterisiert sind.

6. Zum Schluß unseres Gesprächs wurden Möglichkeiten diskutiert, die Diagnostik durch Auswertung von Befundmustern zu verbessern (LUDWIG
   und EGGSTEIN, ROMMEL). Drei Ziele sollen damit erreicht werden:

   a) Eine sichere Erkennung von Fehlbestimmungen,
   b) eine Verbesserung der Differentialdiagnose,
   c) eine Erhärtung der Prognose.

   Hier stehen wir noch ganz am Anfang. Vielleicht gelingt es eines Tages,
   individuelle Befundmuster festzulegen und individuelle Normalbereiche
   abzugrenzen; dann würden sich schon geringe Abweichungen von diesen
   Normalmustern sicherer und früher als bisher erkennen lassen. Um den
   Anfang eines Krankheitsprozesses zu erfassen, müßten diese Befundmuster nicht nur klinisch-chemische Informationen enthalten, sondern
   alle Symptome, die man von einem Patienten gewinnen kann. Die Befunde
   jedes Menschen sollten so gespeichert werden, daß sie bei jeder ärztlichen Versorgung - vor allem in Notfällen - leicht abgerufen werden können. Um für einen Patienten alle diese Daten - einschließlich der klinisch-
   chemischen - speichern zu können, führt auch der Computer zu einer
   engen Zusammenarbeit zwischen allen Beteiligten.

Bei der Lösung all dieser Probleme sollten Kliniker und Klinische Chemiker kreativ zur Erreichung des gemeinsamen Ziels - einer verbesserten
Medizin - beitragen.